Errata zu **Der Westerwald**

Naturgeschichte eines rheinischen Mittelgebirges

Hrsg.: H. J. Roth; unter Mitwirkung von B. P. Kremer

2022. XV, 188 Seiten, 130 Abbildungen, **11** (nicht 9) Tabellen.

ISBN 978-3-510-65528-1

- Aufgrund von erheblichen, vom Autor nicht freigegebenen Überarbeitungen im Kapitel 4.4 (Sektion „Erzlagerstätten des Westerwalds") durch die Herausgeber wünscht der Autor Dr. Dr. Holger Adelmann, Köln, für diese Sektion nicht als Autor angesehen zu werden.
- Der Nassauische Verein für Naturkunde wurde 1829 und nicht 1823 gegründet, das Vereinslogo ist nicht vollständig abgebildet, korrekte Version nebenstehend.
- Auf Seite X muss das Autorenportrait des Autors Prof. Dr. Manfred Niekisch lauten: Prof. Dr. Manfred Niekisch, aus Nürnberg, Direktor des Frankfurter Zoos (2008 - 2017); Professur "Internationaler Naturschutz" an den Universitäten Greifswald und Frankfurt am Main; hatte Lehraufträge an verschiedenen Hochschulen im In- und Ausland und ist ehrenamtlich seit Jahrzehnten vielseitig im Naturschutz engagiert.
- Im Kapitel 4 wurden einige Abbildungen durch die Herausgeber ergänzt.
- Auf Seite 33 muss die Legende zu Abb. 26 (Blockbild) lauten:
  Dillgebiet in Mittel- und Oberdevon. Vereinfachter Rekonstruktionsversuch vom Vorreiter der Westerwälder Heimatkunde Dr. h.c. Karl Löber († 1982), Heimatmuseum Haiger.
- Seiten 34/35; Legenden zu Abb. 27 links und rechts:
  S. 34, Abb. 27 links: Strukturelle Gliederung des Lahn-Dillgebietes traditionell in Lahn-Mulde und Dill-Mulde mit dazwischen liegender Hörre-Zone (Ausbiss verkleinert).
  S. 35, Abb. 27 rechts: Strukturelle Gliederung des Lahn-Dillgebietes nach neuen wissenschaftlichen Erkenntnissen; aktuell unterschieden in autochthones Lahn-Dill-Gebiet mit Lahn-Mulde und Dill-Eder-Mulde sowie allochthones Lahn-Dill-Gebiet mit verschiedenen, hier zusammengefassten Deckeneinheiten (Ausbiss verkleinert), Näheres im Text S. 45 ff.
- In Abb. 45 auf Seite 61 muss die Zeitskala zwischen Devon und Kreide um ein „System" nach unten verschoben werden. Das Devon beginnt bei 417 Mio. Jahren, das Karbon bei 359 Mio. Jahren, die Kreide beginnt vor 142 Mio. Jahren, die restliche Abbildung ist korrekt.
- Das auf Seite 54 in Abb. 41 gezeigte Mineral ist **kein Hämatit**, sondern ein **Siderit**.
- Auf Seite 71 muss die Legende zu Abb. 51 lauten:
  Devonpflanzen ("Wahnbach-Flora", nach H.-J. Schweitzer).
- Seite 76, Kapitel 5.4.9: Die Funde in Gönnersdorf bei Neuwied liefern Aufschlüsse über das ausgehende **Pleistozän** (nicht über das **Tertiär**).
- Das Glossar auf den Seiten 63/64 enthält auch Begriffe aus den Kapiteln 2, 5 und 10.

Die Ungenauigkeiten bitten Verlag und Herausgeber zu entschuldigen.
Für Rückfragen steht der Verlag gerne zur Verfügung (editors@schweizerbart.de).

Stuttgart, Stand 18. Januar 2022

Der Westerwald

Hermann Josef Roth
Bruno P. Kremer

Der Westerwald

Naturgeschichte eines rheinischen Mittelgebirges

Herausgegeben von
Hermann Josef Roth

unter Mitwirkung von
Bruno P. Kremer

Mit 130 Abbildungen und 9 Tabellen

E. Schweizerbart'sche Verlagsbuchhandlung
(Nägele u. Obermiller) 2022

Der Westerwald. Naturgeschichte eines rheinischen Mittelgebirges
Hrsg. Hermann Josef Roth unter Mitwirkung von Bruno P. Kremer

Umschlagbild: Scharfenstein (ND) bei Hardt, Säulenbasalt

Die Umschlagrückseite zeigt von oben nach unten:

- Silberreiher an der Westerwälder Seenplatte
- Burgruine Hartenfels („Schmanddippe“) im Abendlicht
- Impression von der Seenplatte
- Kleinbiotop: Blüte des Fingerhut mit Spinne
- Kranstein (ND) bei Weltersburg: Säulenbasalt in Meilerstellung
- Zentgarbenstein (ND), im Hintergrund Burgruine Hartenfels

ISBN 978-3-510-65528-1
Information on this title: www.schweizerbart.de/9783510655281

Dieser Band ist auch Beiheft 43 der Reihe Decheniana des
Naturhistorischen Vereins der Rheinlande und Westfalens (NHV)

Verlag: E. Schweizerbart'sche Verlagsbuchhandlung (Nägele u. Obermiller)
Johannesstr. 3A, 70176 Stuttgart, Germany
mail@schweizerbart.de
www.schweizerbart.de

∞ Gedruckt auf alterungsbeständigem Papier nach ISO 9706-1994
Printed in Germany by Druckerei Gulde GmbH

FSC www.fsc.org MIX Papier aus verantwortungsvollen Quellen FSC® C116305

Sponsoren

NASPA-Stiftung
Webergasse 9, 65183 Wiesbaden

Georg von Neumayer Stiftung (gegr. 1906)
c/o Pollichia, Haus der Artenvielfalt

Keramikmuseum Westerwald
Deutsche Sammlung für Historische und Zeitgenössische Keramik
Lindenstraße 13, 56203 Höhr-Grenzhausen
kontakt@keramikmuseum.de

Landschaftsmuseum Westerwald
Leipziger Straße 1, 57627 Hachenburg
info@landschaftsmuseum-ww.de

Eingetragene Vereine (e.V.)

Arbeitsgemeinschaft Westerwald-Ton
Engerser Landstr. 44, 56564 Neuwied
info@westerwald-ton.info

Dokumentationszentrum Kannenbäckerland (DZK)
c/o Keramikmuseum Westerwald
http://www.dzk-kannenbaeckerland.de

Landesgemeinschaft Natur und Umwelt (LNU)
– gegründet 1976 als Dachverband der Naturschutzvereine NRW
Heinrich-Lübke-Str. 16, 59759 Arnsberg (Hüsten)
LNU.NRW@t-online.de

Nassauischer Verein für Naturkunde – gegründet 1823
c/o Museum Wiesbaden
Friedrich-Ebert-Allee 2, 65185 Wiesbaden
webmaster@naturkunde-online.de

Naturhistorischer Verein der Rheinlande und Westfalens (NHV)
– gegründet 1843
c/o Zoologisches Forschungsmuseum Alexander Koenig
Adenauerallee 160, 53113 Bonn
geschaeftsstelle@naturhistorischerverein.de

Nähere Informationen zum NHV siehe S. 185

Naturschutzbund (NABU) – gegründet 1899 als
Deutscher Bund für Vogelschutz (DBV; seit 1990: NABU)
– Regionalstelle Rhein-Westerwald –
Alte Schule/Hauptstraße 5, 56412 Holler
info@nabu-westerwald.de

Naturschutzinitiative e.V. (NI)
Naturschutzverband zum Schutz von Landschaften, Wäldern,
Wildtieren und Lebensräumen
Am Hammelberg 25, 56242 Quirnbach
info@naturschutz-initiative.de

Pollichia – Verein für Naturforschung und Landespflege
(gegr. 1840)
Erfurter Straße 7, 67433 Neustadt a. d. Weinstraße
kontakt@pollichia.de

Grußwort

Nicht nur wissenschaftliches Interesse ist es, das mich seit langem mit dem Westerwald verbindet. Er liegt in der Mitte zwischen meinem früheren Wohnort im Rhein-Sieg-Kreis und meiner jetzigen Heimat am Südrand des Taunus. Ob von Norden oder aus dem Süden kommend, war und ist er so für mich seit fast einem halben Jahrhundert ein gut zu erreichendes Ausflugsziel. Kleinbäuerliche Kulturlandschaften, reich an Vogelarten, traditionsreiche und naturnahe Wälder, kaum bewirtschaftete Teiche mit üppigen Vorkommen von Molchen, Fröschen und Kröten, das harmonische Geläut von Gelbbauchunken in einer Tongrube, entfalteten mir stets ihre Anziehungskraft auch als Gebiet der Erholung.

Umso erstaunlicher ist es, dass es über dieses an Natur und Kultur so reiche Mittelgebirge bisher kein Buch gab, das eine naturräumliche Gesamtschau bietet. Vielleicht liegt es daran, dass der Westerwald Anteile in den drei Bundesländern Hessen, Rheinland-Pfalz und Nordrhein-Westfalen hat, also politisch etwas zersplittert ist. Seine wissenschaftliche Erforschung ist immerhin getragen vom ehrenamtlichen Engagement durch hier ansässige Bewohnerinnen und Bewohner, von kundigen Heimatforschern und akademischen Mitarbeitern der Universitäten. Einige ihrer herausragenden Akteure haben sich zusammengefunden, um die verfügbaren naturkundlichen Informationen zusammenzustellen und in attraktiver Form einem breiten Publikum zugänglich zu machen.

Daraus entstand dieses Kompendium über die Natur dieser Landschaft zwischen Rhein, Lahn und Sieg, und damit ist eine wichtige Grundlage verfügbar geworden, für einen faktenbasierten Naturschutz und eine zukunftsorientierte Landschaftsplanung. Denn auch am Westerwald gehen der Bau von Straßen und Siedlungen, die Industrialisierung der Landwirtschaft und der Klimawandel nicht spurlos vorbei. Der Schutz der Landschaft, der sie bewohnenden Tier- und Pflanzenarten, geologischer Besonderheiten und auch traditioneller Bewirtschaftungsformen sind nötiger denn je zuvor. Dazu bedarf es sachkundiger Blicke auf die Region, über punktuelle Ansätze hinaus, und solider fachlicher Grundlagen. Nun erhalten die Naturschutzbehörden über die Ländergrenzen hinweg, ehrenamtlich engagierte Naturschützer und ihre Verbände sowie die weitere wissenschaftliche Erforschung mit dem vorliegenden Buch einen tief gehenden Überblick über die aktuelle Lage der Natur und die Notwendigkeiten ihres Schutzes. Und alle, die den Westerwald einfach mögen und genießen, haben damit Zugriff auf ein schönes Bildungsangebot.

So ist es nicht nur meine langjährige persönliche Verbundenheit mit dem Westerwald oder mein wissenschaftliches Interesse, sondern es sind ganz besonders die Wirkungen, welche die Autoren mit ihren Veröffentlichungen zu erzielen suchen, derentwegen ich diesem Buch eine weite Verbreitung wünsche.

Prof. Dr. Manfred Niekisch

Autoren

Dr. med. Dr. phil. Holger Georg Adelmann

aus Oberbiel, Facharzt für Klinische Pharmakologie in Köln. Fellow der Royal Microscopical Society, Oxford (1997). Betreibt nebenberuflich Mikroskopie zur Geologie des Rheinischen Schiefergebirges, speziell Paläovulkanismus, Erzmikroskopie der Lagerstätten Siegerland-Wied und Westerwald.

Prof. Dr. Eberhard Fischer

aus Montabaur, Botaniker und Biodiversitätsforscher, Prof. und Leiter der Abt. Biologie an der Universität Koblenz-Landau; grundlegende Arbeiten zur Vegetation und Flora des tropischen Afrika und von Rheinland-Pfalz; Vorsitzender des NHV

Prof. Dr. Heiner Flick

aus Pommern, Geologe, Universität Heidelberg (1975–1984), seitdem dort PD/apl. Prof. Revisionskartierungen im Lahn-Dill-Gebiet für das Hessischen Landesamt für Naturschutz, Umwelt und Geologie, Wiesbaden

Dr. Bruno P. Kremer

aus Linz am Rhein, Botaniker, bis 2012 Hochschullehrer (AR) an der Universität Köln. Veröffentlichte zur Umweltbildung, Naturerlebnispädagogik und rheinischen Naturkunde

Antonius Kunz

aus Gehlert, Oberstudienrat, GNOR, Ornithologe, gilt als bester Kenner der Avifauna des Westerwaldes

Prof. Dr. Manfred Niekisch

aus Pommern, Direktor des Frankfurter Zoo's (1998–2008); Professur „Internationaler Naturschutz“ an der Universität Greifswald sowie als apl. Prof. an weiteren Hochschulen; weitgespanntes ehrenamtliches Engagement u. a. im DNR

Dr. Hermann Josef Roth

aus Montabaur, Studiendirektor i. R., beschäftigte sich umfassend mit der Naturkunde und geschichtlichen Landeskunde der Rheinlande, insbesondere des Westerwaldes; www.cist-natur.de

Prof. Dr. Karl-Josef Sabel

aus Großholbach, ehem. Ltd. Geologiedirektor, Dez. Bodenkundliche Landesaufnahme, Hess. Landesamt für Naturschutz, Umwelt und Geologie, Wiesbaden

Dipl. Biol. Philipp Schiefenhövel

Naturschutzreferent der Will und Liselott Masgeik-Stiftung für Natur und Landschaftsschutz, Molsberg

Bildnachweis

Fandler, Martin, aus Detmold, arbeitet als Naturfotograf im Bereich des Westerwälder Seenplatte, (MFA); Facebook: langenbaum plus 5
Umschlagrückseite und Abb. 64, 65, 67, 70–72, 85, 86, 90, 105

Koenigswald, Prof. Dr. Wighart von, aus Potsdam, Steinmann-Institut für Geologie, Mineralogie und Paläontologie, Universität Bonn
Abb. 53, 54

Neidhöfer, Anne, aus Nassau, Amateurfotografin
Abb. 98, 100, 102–104, 106, 107

Neumann, Harry, stammt vom Hohen Westerwald, Fotograf und Naturschützer, Vorsitzender der Naturschutz-Initiative (NI);
www.naturschutz-initiative.de
Umschlagrückseite, Abb. 96, 99

Weidenfeller, Marcel, NABU Hundsangen
Abb. 108

Tannenberg, Stefan, Koblenz
Abb. 91–94, 104, 106, 109

Ferner:

Feig, Guido, Montabaur	Abb. 63 (Repro)
Fischer, Eberhard	Abb. 66, 68, 69, 74–89
Flick, Heiner	Abb. 19–25, 27-30, 32-34, 36, 38–40, 43–45 (z. T. n. Vorlage)
Geschichtswerkstatt Hachenburg	Abb. 56
Kremer, Bruno P.	Abb. 4
Landschaftsmuseum Westerwald	Abb. 97
Naturhistorisches Museum, Landessammlung Rheinland-Pfalz, Mainz	Abb. 129
Naturhistorischer Verein der Rheinlande und Westfalens (NHV)	Abb. 112, 117, 121
Pohl, Karl (†), Wetzlar, war Feinmechaniker bei Ernst Leitz und angesehener Ornithologe	Abb. 18
Roth, Hermann Josef	Umschlagvorderseite, Abb. 5–14, 16, 17, 31, 37, 41, 42, 46, 48, 49, 52, 55, 57–59, 62, 73, 84, 95, 113 (Repro), 124
Schiefenhövel, Philipp	Abb. 88, 89
Schorn, Stefan	Abb. 139
Schweitzer, Prof. Dr. Hans-Joachim (†), war Paläobotaniker an der Universität Bonn	Abb. 51

Handzeichnungen

Angelika Massing aus Trais-Karden, Lehrerin i. R.
Abb. 1, 2, 35, 50, 125–127

Ferner:

Bruno P. Kremer	Abb. 3 (Repro)
Dr. Karl Löber (†), Rektor i. R.	Abb. 26

Sonstige Bildquellen

„Erdschatz“ Judith Steinbach-Hass, Kirchdorf, www.erdschatz.de;
„Mineralienatlas“ (Stefan Schorn), Kirchseeon, www.natural-minerals.de;
Nachlässe: Karl Pohl, Wetzlar; Christine und Wolfgang Rebske, Bergisch Gladbach;
Kurt Viertel, Montabaur; Claus Volkening, Holler

Inhalt

1

Einführung

Bruno P. Kremer und Hermann Josef Roth

Zwischen den rechtsrheinischen Tallandschaften von Lahn und Sieg bezieht der Westerwald durch seine natürliche Ausstattung eine gegenüber anderen Teilen des Rheinischen Schiefergebirges herausragende Position, die bereits Friedrich Ratzel betont hat (1889). Dennoch hat es die Heimatkunde bisher nicht geschafft, die natürlichen Grundlagen der Gegend und ihre naturkundliche Erforschung in einem grundlegenden Werk umfassend darzustellen.

Dabei haben bedeutende Heimatforscher das Anliegen schon früh formuliert und für die nähere Umgebung ihres Wohnortes exemplarisch gezeigt, wie die Verwirklichung auszusehen hätte: Philipp Wirtgen (1806–1870) für Neuwied und Karl Löber (1901–1982) für den Hohen Westerwald. Angelehnt an diese Vorbilder hat eine Arbeitsgemeinschaft in jahrelanger Arbeit Beiträge zu einer „Naturgeschichte des Westerwaldes“ geleistet, die zusammengenommen in gewisser Hinsicht eine Ergänzung der bereits vorliegenden „Landesgeschichte des Westerwaldes“ (1987) darstellen mag.

Wir sprechen bewusst von Naturgeschichte oder Naturkunde, obwohl diese Begriffe heute nicht mehr allzu geläufig sind. In Zeiten hochgradiger Spezialisierung stellen wir dem einen interdisziplinären Ansatz entgegen. Dabei haben wir im Hinblick auf die Fülle des Stoffes die herkömmliche Sammelbezeichnung eingeengt auf Lebens- (Botanik, Zoologie) und Erdwissenschaften (Geologie, Paläontologie), samt Hinweisen auf mineralogische und klimatische Erscheinungen sowie ökologische Zusammenhänge. Astronomie, Physik und andere Naturwissenschaften blieben ausgeklammert, weil sie nur wenig zum Verständnis unserer Landschaft beitragen.

Während Hellmuth Gensicke (1917–2006) noch allein die „Landesgeschichte“ bewältigen konnte, verlangt die gewaltige Datenfülle unseres Projektes eine interdisziplinäre Zusammenarbeit. Im Team sind deshalb gleichberechtigt Vertreter der Botanik, Geologie, Historie, Medizin, Ökologie und Zoologie tätig.

Als Ergebnis liegt das nuancenreiche Bild einer Mittelgebirgslandschaft vor, deren Bedeutung und Gefährdung als Drehscheibe des europäischen Fernverkehrs enorm zugenommen hat. Allein schon deswegen erscheint ein solches Kompendium als Handreichung sowohl für Entscheidungsträger als auch für alle Beteiligten an demokratischen Prozessen nützlich.

Das seit langem gehegte Vorhaben ließ sich nur mit Hilfe hochherziger Spender verwirklichen, deren Verdienste eigens in diesem Buch gewürdigt werden. Das Buch erfüllt ebenso einen Bildungsauftrag, der von kompetenter Stelle so beschrieben worden ist: „Das Wissen der Menschheit soll sich derzeit jeweils in weniger als zehn Jahren verdoppeln. Niemand kann es umfassend verfolgen, auch nicht in seiner eigenen Wissensdisziplin. Wichtig ist es aber, die Grundlage zu kennen, klassische Arbeiten festzuhalten und von Zeit zu Zeit neu zu bearbeiten.“ (Freiburger Universitätsblätter 30, H. 112, 1991, S. 148).

Zur Darbietung sei Folgendes angemerkt. Jedem der Autoren blieb es von vornherein unbenommen, wie er sein Thema behandeln würde. Die Ausführung ist überwiegend in kleinen Schritten erfolgt. Bei längeren Beiträgen erschließt sogar eine detaillierte numerische Gliederung den Stoff. Das alles dürfte Lesbarkeit und Verständnis erleichtern. Angesichts der Fülle an Stoff kann das Register nur einen Auszug bieten. Es erfasst hauptsächlich Stichworte, die zur Orientierung nötig oder für den Westerwald geradezu typisch sind.

Weil wir uns an einen breiten Leserkreis richten, mussten wir unseren Autoren – allesamt hervorragende Fachleute auf ihrem Gebiet – mitunter erheblichen Verzicht zumuten, wenn wir redaktionell Texte gekürzt, Fachjargon übersetzt und stilistisch der gehobenen Umgangssprache angenähert haben. Davon unberührt halten wir die Originalmanuskripte bei begründeten wissenschaftlichen Vorhaben zur Einsicht bereit.

Ortschaften sind im fließenden Text nur geographisch benannt, nicht also mit den verwaltungstechnisch üblichen Doppelnamen oder bei Eingemeindungen allein mit dem übergeordneten Städtenamen, die sich ändern könnten.

Etwas anders gestalteten sich unsere Überlegungen bezüglich der Literatur. Trotz aller Effizienz der Internetrecherche bleiben für diese immer noch manche Inhalte unerreichbar, weil sie an entlegener Stelle publiziert („graue Literatur“) oder gar nicht digitalisiert worden sind. Statt jedoch einigen Autoren darin zu folgen, dem jeweiligen Kapitel ein Literaturverzeichnis anzuhängen, haben wir die betreffende Literatur am Schluss des Buches nach Sachgebieten gegliedert zusammengefasst. Dieses Literaturverzeichnis lassen wir jedoch erst mit dem Erscheinungsjahr 1989 beginnen und verweisen auf die von uns vorgelegte „Naturkundliche Bibliographie“ (Planaria Bd. 3; ISSN 0931-3737), die gegen Gebühr auch als CD/DVD erhältlich ist.

Abb. 1: Siegen-Eiserfeld, Stollen-Mundloch, technisches Kulturdenkmal

Auf Museen oder Sammlungen finden sich – wo angebracht – im laufenden Text zwar Hinweise, allerdings ohne nähere Angaben wie Öffnungszeiten oder Eintrittsgelder. Erst recht wird auf entsprechende Listen verzichtet, wie wir sie in früheren Veröffentlichungen gebracht haben. Das Internet ist diesbezüglich schneller. Für Exkursionen oder Felduntersuchungen sind als Übersichten weiterhin brauchbar: Westerwald. Naturschönheiten unserer Heimat (1975); Naturschutz im Westerwald. Eine Handreichung für die praktische Naturschutzarbeit zwischen Rhein, Lahn und Sieg. Hrsg.: Westerwald-Verein (1981); Siegerland, Westerwald, Lahn und Taunus. Geologie, Mineralogie und Paläontologie mit Exkursionen (1983, 1993).

Dieser Sammelband darf sich rühmen, die erste das Gesamtgebiet des Westerwaldes umfassende „Naturgeschichte“ zu sein. Dennoch sind sich die Autoren bewusst, lediglich eine Etappe auf dem Weg der Erkenntnis zurückgelegt zu haben. Wir hoffen, damit aber einen Weg für anschließende Forschungen zu bahnen. Einige neuere Publikationen sprechen immerhin für das wachsende Interesse an der einst als spröde empfundenen rechtsrheinischen Landschaft zwischen Lahn und Sieg.

2

Der Westerwald – Porträt einer Landschaft

Bruno P. Kremer

Aus der Perspektive eines Wettersatelliten oder auf einer physischen Karte Mitteleuropas sieht das Rheinische Schiefergebirge tatsächlich aus wie ein Schmetterling mit weit ausgebreiteten Flügeln. Das Mittelrheintal, die wichtigste Strukturachse dieser Region, nimmt darin die Lage des Rumpfes ein. Ein respektabler Teil von dessen rechtem Vorderflügel ist der Westerwald, genauer das Bergland, welches die Talzüge von Lahn und Sieg nahezu lückenlos umsäumen.

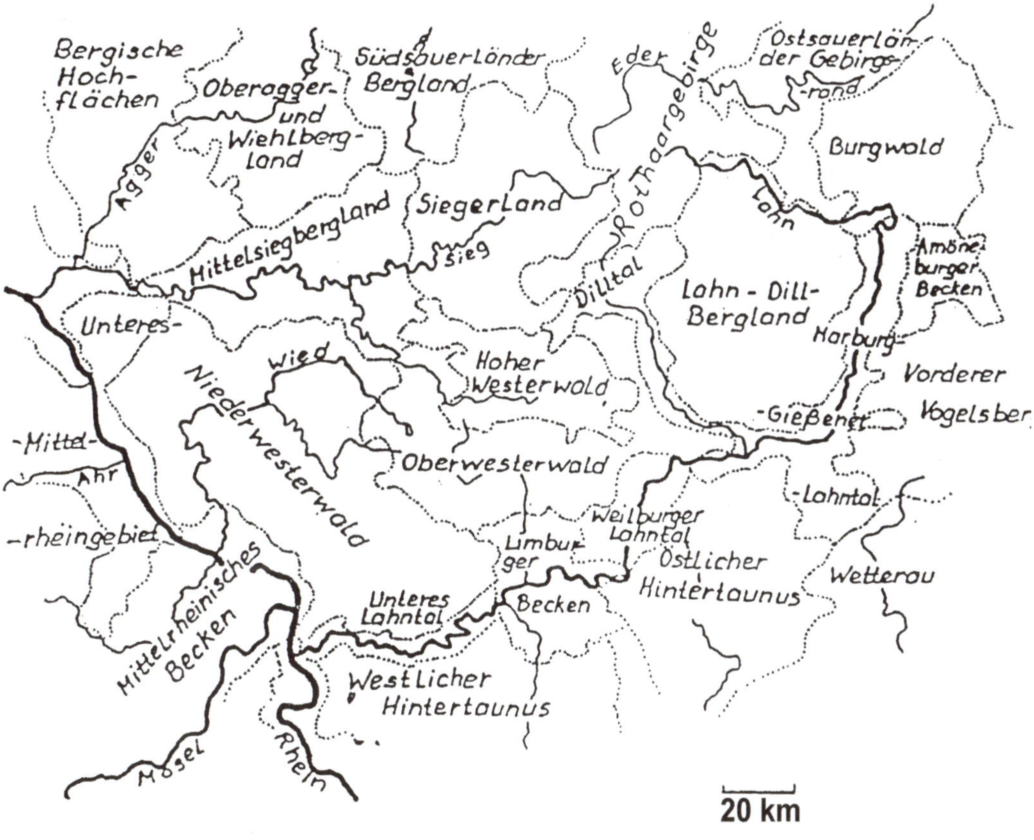

Abb. 2: Übersichtskarte Naturlandschaften

Abb. 3: Kartendarstellung aus dem Jahr 1550 mit Eintrag „Westerwald"

Ursprünglich bezeichnete eine Urkunde aus dem 11. Jahrhundert mit Westerwald ein paar Ländereien westlich des Königshofes von Herborn. Zunehmend verlagerte sich im späteren Sprachgebrauch die Grenzziehung in Richtung zum Rhein. Ein in diesem Zusammenhang bemerkenswertes Dokument ist eine Kartendarstellung etwa aus dem Jahre 1550, erschienen in Kapitel 165 der berühmten Landesbeschreibung Cosmographia des aus Ingelheim stammenden Franziskaners Sebastian Münster. Sie vermerkt am linken Kartenrand bezeichnenderweise die eindeutige Eintragung Westerwald. Die Kartenvorlage lieferte seinerzeit der Trierer Arzt Simon Rischwin. In ihrer Zeit vielleicht das einzige greifbare bzw. taugliche Informationsmittel, löst sie heute vielleicht eher ein mitleidiges Lächeln aus, denn im Unterschied zur aktuellen Kartenkonvention ist die Darstellung gesüdet – der Mittelgebirgsnordrand befindet sich auf der Münster-Karte demnach in der unteren Blatthälfte. Neuwied ist übrigens noch nicht eingetragen, denn diese heutige wichtige Kreisstadt war zum Erscheinungszeitpunkt der Cosmographia noch nicht gegründet.

Seit mehr als 100 Jahren kennen die Karten den Westerwald in der heute weithin üblichen Abgrenzung mit den Flusstälern von Rhein, Sieg, Lahn und Dill. Diese Flusstäler sind jedoch selbständige Landschaftseinheiten und insofern nicht integraler Bestandteil des Westerwälder Schiefergebirgsflügels. Diese zweifellos erlebniswerten Tallandschaften werden daher in dieser Übersicht nicht weiter berücksichtigt.

2.1 Klare Binnengliederung

Einige kleinere Landschaftseinheiten helfen bei der genaueren Ortsbestimmung und Orientierung innerhalb des Westerwälder Schiefergebirgsblocks: Das vulkanische Siebengebirge am Südzipfel der Niederrheinischen Bucht bildet die imposante Nordwestbastion des Westerwaldes – landschaftlich mag man es als eigenständige Einheit auffassen, aber nach geologischen Kriterien gehört es zweifelsfrei der Westerwälder Gesamtlandschaft an, denn überall im Umfeld des Siebengebirges und in seinem Unterlager stehen die Schichtgesteine des Unterdevons an. Zudem reichen seine vulkanischen Zeugnisse mit etlichen und eigenartig in mehreren Linien aufgereihten Basaltkuppen weit nach Süden auf die Linzer Höhe und bis fast an die Wied.

Dieser Teil des Westerwaldes ist ein welliges und meist relativ niedriges Hochflächengebiet, das im Gegensatz zu den östlichen Gebietsteilen in den vergangenen Jahrzehnten recht unterschiedliche Benennungen mit wechselndem Begriffsumfang erhalten hat: In den älteren landeskundlichen Darstellungen erscheint diese Teillandschaft als Vorderwesterwald oder Unterwesterwald auf, wohingegen die neuere Regionalgeographie die Bezeichnung Niederwesterwald bevorzugt oder sogar eine völlige Neugliederung mit den folgenden Landschaftsteilen vornimmt:

- Westlicher Westerwald, gelegentlich als Rheinwesterwald bezeichnet, umfasst das schmale, rund 40 km lange Talterrassenband des Rheins sowie sein angrenzendes Hinterland vom Siebengebirge bis zum Sayntal und bildet somit in seiner gesamten Ausdehnung die Westgrenze zur Tallandschaft des Neuwieder Beckens und des Unteren Mittelrheins.
- Vorderwesterwald, auch als Vorderwesterwälder Hochflächen ausgegliedert, schließt das wellige, bei etwa 250–350 m liegende Hochland zwischen dem Rheinwesterwald im Westen, dem Siegtal im Norden, dem Oberwesterwald im Osten und dem Montabaurer Westerwald (bis zum Lahntal) im Süden ein. Diese weithin geschlossen und relativ einheitlich aussehende Landschaft bildet somit ei-

Abb. 4: Talkante bei Leutesdorf

nen breiten Übergang von der tiefen Talfurche des Unteren Mittelrheins zu den Hochflächen des Hohen Westerwaldes und stellt hinsichtlich Lage und Flächenausdehnung den Kernbereich des gesamten Westerwaldes dar.

- Südlicher Westerwald, häufig auch noch Montabaurer Westerwald oder Unterwesterwald genannt, besteht aus den Landschaftsteilen im Winkel von Sayn im Norden, Mittelrheinbecken im Westen und Lahn im Süden. Im Osten begrenzt das weiträumige Limburger Becken diese Einheit. Sie enthält zu großen Teilen die bedeutende Westerwälder Kulturlandschaft des Kannenbäckerlandes, der wir noch eine gesonderte Betrachtung widmen.

Bei Linz im Kernbereich des Unteren Mittelrheintals lassen sich im Übergang von der Talaue bis auf die Randhöhen alle Glieder der komplexen Terrassenfolge des Rheins bis zur ersten im Spättertiär angelegten Spülmulde nachweisen. Manche sind nur fragmentarisch erhalten und im Gelände nicht einfach erkennbar, ergeben aber in ihrer Summe ein höchst eindrucksvolles Gesamtbild der gewaltigen Erosionsleistung des Rheins während der zurückliegenden rund drei Jahrmillionen.

Die rheinnahen Teile des Westerwaldes rechts und links der Wied gehen ohne landschaftlich markante Grenze in den Oberen sowie in den Hohen Westerwald über. Der Oberwesterwald umfasst eine bergig-hügelige Rumpfflächenlandschaft. Er umfasst südlich und westlich im Hufeisenbogen den Hohen Westerwald, eine nach Südwesten geneigte, an den Rändern stärker zerlappte Basalthochfläche in 500–600 m Höhenlage.

Nordöstlich schließen sich das Siegerland, östlich im Lahnbogen der Dill-Westerwald und südöstlich das breitflächige Limburger Becken an.

Politisch haben an diesem Landstrich im Rheinischen Schiefergebirge gleich drei Bundesländer Anteil, nämlich Nordrhein-Westfalen, Hessen und Rheinland-Pfalz. Daher ist der Westerwald auch in der Vergangenheit immer ein innerdeutsches Grenzland mit ständig wechselnden Flurmarken zwischen weltlichen und kirchlichen Territorien gewesen und war dabei gewöhnlich permanent ein Gebiet in Randlage.

2.2 Uraltes Unterlager

Wie in den benachbarten Schiefergebirgsregionen gehört auch das Gesteinsfundament des Westerwaldes zu großen Teilen den rund 400 Millionen Jahre alten Schichtverbänden aus dem Unterdevon an. Nur im Westerwälder Ostflügel stehen auch mittel- oder sogar oberdevonische Gesteinspartien an. Vom einst hohen Gebirge, das gegen Ende des Erdaltertums von mächtigen Schubkräften in der Erdkruste aufgefaltet wurde, ist heute allerdings nicht viel geblieben. Viele Jahrmillionen lang hat nämlich die chemische und mechanische Verwitterung das ursprüngliche Bergland nachhaltig abgeschliffen und damit bis auf den Sockel eingerumpft. So präsentiert sich die Westerwälder Landschaft heute gar nicht so sehr als wild dramatisches Bergland, sondern eher als eine weithin flachwellige Höhenflur.

Selbst ihre höchsten Erhebungen, Fuchskaute (657 m) und Stegskopf (654 m), überragen die umgebende Hochfläche betont breitrückig allenfalls um 60–80 m. Lediglich

Abb. 5: Hoher Westerwald, Blick von Stein-Neukirch ostwärts

aus der Auenperspektive der umrahmenden oder querenden Bach- und Flusstäler oder im Bereich der vulkanischen Kuppen zeigt die Landschaft ein stärker beschwingtes Relief – aus der rundum geschlossenen Taleinrahmung ebenso wie aus den engen Talzügen von Nister, Dill, Sayn oder Wied, die allesamt im Hohen Westerwald entspringen.

2.3 Vulkanische Überprägung

In einigen Teilgebieten ist die weitgehend ebene Grundgebirgs-Höhenflur allerdings auffällig mit kegeligen Kuppen durchsetzt. Darin dokumentiert sich bis heute erlebbar die feurige Vergangenheit dieser Region – der tertiärzeitliche Vulkanismus mit seinen zahlreichen basaltischen und trachytischen Ausbruchspunkten. Südwestlich vom Siebengebirge, auf der kuppigen Linzer Höhe, reihen sich Dutzende von Vulkanbergen wie die Perlen auf mehreren parallel von Nordwest nach Südost verlaufenden Ketten.

Nordöstlich von Montabaur gruppieren sie sich eher im Halbrund um eine geschlossene, bis 100 m mächtige und über 150 km^2 große Basaltdecke, die ein besonders ergiebiges Ausbruchsgeschehen vor etwa 20 Mio. Jahren über den Hohen Westerwald ausgebreitet hat. Im Wiedtal (Bertenauer Kopf, Telegraphenhügel) sowie im Einzugsgebiet der unteren Sayn gibt es ein paar Vulkane aus dem Spättertiär bzw. Frühquartär, die zeitlich und räumlich bereits zum deutlich jüngeren quartärzeitlichen Vulkanismus der Osteifel überleiten.

Vor und zum Teil noch während der Zeit der Vulkanausbrüche zersetzten sich im feuchtwarmen Klima der Tertiärzeit die anstehenden devonischen Tonschiefer und Sandsteine. Heftige Niederschläge schwemmten die solchermaßen gelockerte Verwitterungsrinde ab und führten sie in großen Senken erneut als Sedimente zusammen. So entstanden vor allem im westlichen Westerwald die bedeutendsten Tonlagerstätten Europas – Grundlage einer hochentwickelten Keramikindustrie, die der Region schon vor Jahrzehnten die Bezeichnung Kannenbäckerland eingetragen hat.

2.4 Eine weitflächige abwechslungsreiche Kulturlandschaft

Im Westerwald gibt es heute praktisch keine großflächig erhaltene Naturlandschaft mehr. Wenn außerhalb verdichteter Siedlungsbänder oder Industriezonen zwar nahezu flächendeckendes Grün in den Blick tritt, so handelt es sich dabei bestenfalls um naturnahe oder Natur ersetzende Landschaftselemente.

Die nacheiszeitliche Entwicklung unserer Landschaften lief schon vor etlichen Jahrtausenden auf eine weithin geschlossene Waldbestockung hinaus. Der größte Teil des Westerwaldes war damit ursprünglich ein weitgehend einheitliches Waldland vor allem mit Rotbuchenwäldern, denen je nach Hanglage und Bodenbeschaffenheit auch Eichen-Hainbuchenwälder oder weitere Waldgesellschaften (u. a. Eschen-Schluchtwald) beigestellt waren. In den südwestexponierten Hanglagen, vor allem der begrenzenden Talzüge, entwickelten sich in den klimatisch günstigen Abschnitten der Nacheiszeit verschiedene wärmeliebende Pflanzengesellschaften.

Die reale Mittelgebirgslandschaft des Westerwaldes sieht heute völlig anders aus. Spätestens mit der Jungsteinzeit begann der Mensch, die Naturlandschaft mit ihrer geschlossenen Waldbedeckung zu verändern, sie über Rodungsinseln aufzulockern und überall Ackerflächen und Feldfluren anzulegen. Er wandelte die Naturlandschaft über Jahrhunderte und Jahrtausende immer mehr zur Kulturlandschaft um. So weist diese neu entstandene Kulturlandschaft eine ungleich größere Vielfalt an Lebensraumtypen und einen reichhaltigeren Artenbesatz auf. Wirtschaftsbedingt erfuhr die einstige Waldlandschaft mit kleinen Siedlungen, Grünland und Ackerfluren somit eine überraschende Anreicherung und Belebung. Diese Entwicklung betrifft nun die Forste mit meist nicht gebietstypischen Baumarten.

Die anhaltende Dürre samt Borkenkäferkalamität haben begonnen, die erst seit wenig mehr als zwei Jahrhunderten eingeführte Fichte allmählich wieder aus dem Landschaftsbild verschwinden zu lassen. Landschaftsökologisch gesehen ist das geradezu ein Gesundungsprozess.

2.5 Genuine Westerwälder Landschaften

Wenigstens einige wenige Teilräume seien etwas eingehender vorgestellt. Da wäre vor allem das Kannenbäckerland im Winkel zwischen Sayn und Lahn. Diese Landschaftsbezeichnung ist vielschichtig, überschneiden sich darin doch die Sichtweisen sowohl der Erdgeschichte mit dem Werdegang ihrer Bodenschätze und Lagerstätten als auch der naturräumlichen Gegebenheiten der heutigen Landschaft und ihrer historisch-wirtschaftsgeographischen Entwicklung.

2.5.1 Das Kannenbäckerland

Mehrere klar umschreibbare Kleinlandschaften setzen den Südlichen bzw. Montabaurer Westerwald als Flächenmosaik zusammen. Das westliche Vorfeld der Montabaurer Höhe im Anschluss an den südöstlichen Rand des Neuwieder Beckens bildet die so genannte Kannenbäcker Hochfläche um Nauort, Höhr-Grenzhausen und Hillscheid. Sie wird vom Vallendarer Bach und seinen Nebentälern sowie vom besonders windungsreichen Brexbachtal tief durchfurcht und reicht nördlich bis zum ebenfalls tief eingeschnittenen Sayntal.

Die südliche Umrahmung der Montabaurer Höhe bilden die Emsbach-/Gelbach-Höhen und ihre tiefen Talfurchen. Sie leiten ihrerseits zur Tallandschaft der Unteren Lahn über und bestehen aus einer Anzahl naturräumlicher Mosaiken (Horchheimer Höhe, Hochfläche von Welschneudorf, Eppenroder Hochfläche, Emsbachtal, Gelbachtal).

Abb. 6: Malberg bei Moschheim, eine landschaftsprägende Staukuppe aus Phonolith; im Vordergrund Tongruben

Landschaftlich ungleich auffälliger ist der bis 546 m aufragende Höhenzug der Montabaurer Höhe mit seinen beiden Quarzitkuppen Köppel und Hölzberg, welcher die flache Ransbacher Mulde trennt. Mit ihren – vom Mittelrheintal aus betrachtet – annähernd 500 m Höhenunterschied ist die Montabaurer Höhe besonders niederschlagswirksam, da sie die von Westen heran driftenden Wolkenmassen erneut zum Aufstieg und damit zum Abregnen zwingt.

Östlich dieser Höhe aus verwitterungsbeständigem Quarzit schließt sich die Montabaurer Senke bis zum Westfuß des Oberwesterwaldes und nördlich bis zum Sayntal bei Selters. Sie stellt einen aus mehreren Mulden bestehenden tektonischen Senkungsraum um Mogendorf, Wirges und Siershahn sowie einer Anzahl vulkanischer Kuppen und Kegel dar, unter denen der bilderbuchreife, 422 m hohe Malberg bei Moschheim als landschaftlich im Wortsinn herausragende Einzelerscheinung die Blicke auf sich zieht und tatsächlich aus weitem Umkreis sichtbar ist.

Wegen ihrer Bedeutung für das Kannenbäckerland wäre hier noch die Dierdorfer Senke anzuschließen, die meist schon der Landschaftseinheit Vorderwesterwald zugeordnet wird. Dieser Teilraum ist wiederum eine vom Gebirgsbau bedingte, fast kreisrunde Eintiefung, die sich von etwa 325 m Höhenlage um Roßbach/Herschbach nach Südwesten auf rund 275 m bei Dierdorf neigt. Sie wird von breiten Wiesentälern (Aubachtal, Holzbachtal) durchzogen, ist relativ dicht besiedelt und weist bei geringem Waldanteil ausgedehnte Acker- und Grünlandfluren auf.

Die historisch gewachsene, rund 120 km^2 Gesamtfläche umfassende Kulturlandschaft Kannenbäckerland übergreift erwartungsgemäß das naturräumlich abgrenzbare Gefüge, da für ihre Entwicklung eher territoriale Grenzziehungen von Belang waren. Außerdem hat sich der Geltungsraum dieser Bezeichnung allmählich verlagert und beträchtlich ausgedehnt. Obwohl sich die Herstellung keramischer Produkte in dieser Region bis auf die jungsteinzeitliche Bandkeramik zurückverfolgen lässt, tritt der Begriff Kannenbäckerland erstmals im Jahre 1788 in einem kurtrierischen Pachtvertrag in Erscheinung. Wilhelm Heinrich Riehl spricht 1853 im ersten Band seiner „Naturgeschichte des Volkes“ vom Krug- und Kannenbäckerland.

Die neuzeitlichen Keimzellen der Wirtschaftsregion waren, als im Jahre 1643 die erste Kannenbäckerzunft gegründet wurde, nur die Kannenbäckerorte Baumbach, Bendorf, Grenzau, Grenzhausen, Hilgert, Hillscheid, Höhr und Sayn. Zur Zeit der ersten urkundlichen Erwähnung des Gebietsnamens war damit immer noch ein kleines Gebiet im „Radius von fünf Meilen um Grenzhausen“ gemeint.

Schon das ausgehende 18. Jahrhundert brachte indes eine gewisse Ausdehnung auf mehrere damals bestehende Territorien. Kannenbäckerorte waren jetzt vor allem Hillscheid, Höhr und Vallendar (einst Herrschaft Sayn-Wittgenstein); ferner Baumbach, Caan, Deesen, Ellenhausen, Nauort, Oberhaid, Ransbach, Sessenbach und Wittgert als ehemaliges kurtrierisches Gebiet; Bendorf und Weitersburg (ehem. zu Sachsen-Eisenach) sowie Alsbach, Grenzhausen, Hilgert, Hundsdorf, Mogendorf, Nordhofen und Vielbach (Wiedisches Gebiet). Bereits das Wappen der Kannenbäckerzunft von 1717 vereinigt die heraldischen Formeln der ursprünglich beteiligten und besitzenden Landesherrschaften.

Nach naturräumlich-landeskundlichen Gesichtspunkten gehören zum ursprünglichen Kannenbäckerland somit Flächenanteile des Mittelrheinischen Beckens (Bendorf, Vallendar), der Kannenbäcker Hochfläche (Caan, Hillscheid, Höhr-Grenzhausen, Nauort, Sessenbach), der Montabaurer Höhe (Hilgert, Hundsdorf, Ransbach-Baumbach), der Montabaurer Senke (Mogendorf, Nordhofen, Siershahn, Wirges). Die alten Kannenbäckerorte Breitenau und Wittgert liegen bereits in der Landschaftseinheit Isenburger Sayntal des Vorderwesterwaldes.

Seit Mitte des 19. Jahrhunderts erweitert sich das Kannenbäckerland um die Fördergebiete um Boden, Meudt, Nentershausen, Girod und Dernbach. Tonlagerstätte und Produktionsstandort sind jetzt nicht mehr deckungsgleich. Die traditionelle Grenzziehung der Kulturlandschaft Kannenbäckerland ist also nicht identisch mit dem heute bekannten Verbreitungsgebiet ihres Rohstoffes Ton. Nutzbare und tatsächlich im Abbau befindliche Tonlagerstätten befinden sich auch in Teilen des Ober- und des Hohen Westerwaldes. Vorkommen und Abbaugebiet der Westerwälder Tone reichen bei Dresselndorf sogar noch auf nordrhein-westfälisches Gebiet.

Die auf Grundlage der Tonvorkommen hergestellten Produkte liehen der Gegend ihren Namen, der vereinzelt zu Ende des 18. Jahrhunderts auftaucht. Daneben sprechen die Akten häufiger von „Kannenbäckerortschaften". Abgrenzung und Gebrauch des Begriffs Kannenbäckerland wechselten im Laufe der Zeit. Derzeit umfasst er die Städte Höhr-Grenzhausen, Ransbach-Baumbach und Wirges sowie Ebernhahn, Hilgert, Hillscheid, Hundsdorf, Mogendorf, Moschheim, Siershahn und Staudt. Entsprechend den damaligen Produktionsstätten fand er früher Anwendung nördlich bis Deesen, Oberhaid, Nordhofen und Selters, westlich bis Caan, Nauort, Bendorf und Vallendar, südlich bis Ehrenbreitstein und Arzbach.

Ton, in einer alten Beschreibung des Amtes Selters auch als „Weißes Gold" bezeichnet, ist ein besonderes Lockergestein, das seine Entstehung der Verwitterung, Abtragung und Einschwemmung in räumlich begrenzten Sedimentfallen verdankt. Ausgangsmaterial der Verwitterung sind die überall anstehenden unterdevonischen Schichtgesteine, vor allem die harten Emsquarzite. Schroffe Temperaturwechsel und intensive Sonneneinstrahlung zermürbten unter dem tropischen Klima des Erdmittelalters Jahrmillionen lang das oberflächennahe Gestein des Grundgebirges zunächst mechanisch. Die überall an der Erdoberfläche natürlich vorkommende Kohlensäure, leitete ihrerseits die chemische Verwitterung ein und wandelte das gesamte mineralische Gefüge um. Eisen-, Mangan- und andere Verbindungen, welche die charakteristisch braune bis rostrote Färbung des bergfrischen Devongesteins hervorrufen, gingen in saurer Umgebung in Lösung und wurden von Fließ- oder Sickerwasser weggeführt.

Eines der häufigsten, auch in den Sand- und Siltsteinen des Westerwaldes reichlich vorhandenes Mineral ist der Feldspat. Unter Säureeinwirkung und Wasseraufnahme wandelte er sich in das Sekundärmineral Kaolinit (Aluminiumsilikat, $Al_2Si_2O_3(OH)_4$) um, das sich im mikroskopischen Bild als Ansammlung eckiger, kristalliner Plättchen zeigt. Kaolinit ist der mineralische Hauptbestandteil von Kaolin. Andere im Ton enthaltene Sekundärmineralien sind beispielsweise Montmorillonit, Illit, Sericit und Quarz.

Je nach Ausgangsgestein und Witterungsverlauf bieten die daraus entstehenden Tone ein recht unterschiedliches Gesamtbild. Auch die Tone der Westerwälder Lagerstätten sind keineswegs einheitlich oder in den verschiedenen Tagebauen in gleicher Sortierung anzutreffen. Schon seit langem unterscheiden die Pfeifen- und Kannenbäcker bei ihrem Rohstoff nach handwerklich-technischen Kriterien zwischen mageren, halbfetten und fetten Tonen oder hell-, beige- oder rotbrennendem Material. Chemisch lassen sich solche Merkmale auf den jeweiligen Mineralgehalt oder die beteiligten Teilchengrößen zurückführen. Die rotbrennenden, beispielsweise im Raum Meudt und Boden gewonnenen, Tone enthalten bis 35% Kaolinit und größere Mengen an fein verteiltem Goethit. Die beigebrennenden Tone etwa von Obertiefenbach führen dagegen höhere Anteile an Titanoxiden. Die besonders wertvollen Blautone sind extrem feinkörnig und weisen die höchsten Kaolinitgehalte auf. Fetter Ton (Siershahn, Mogendorf) ist kaolinitreich, magerer Ton (Langenaubach) enthält größere Sandbeimengungen.

Nur zum Teil befinden sich die aus der Verwitterungsrinde des Unterdevons hervorgegangenen Tone des Westerwaldes

Abb. 7: Die historische Aufnahme zeigt einen Basaltblock, der beim Tonabbau oberhalb von Boden freigelegt worden ist. Hier war einst glutflüssige Lava in die Tonschicht eingedrungen

noch heute am Ort ihrer Entstehung. Viele Tonvorkommen sind eher sekundär entstandene Lagerstätten. Die Abschwemmung mit fließendem Niederschlagswasser hat sie im frühen bis mittleren Tertiär aus der primären Lagerung fortgeführt, dabei nach Körnung sortiert und anderswo in abflusslosen, tektonisch entstandenen Seebecken oder Senken (beispielsweise in der Höhrer, Ransbacher und Siershahner Mulde) wieder abgesetzt.

Dieser Umlagerungsprozess dauerte mehrere Millionen Jahre an. Nach den fossilen Sporen und Pollen, die sich in den Tonschichten erhalten haben, kann man zwei zeitlich getrennte Bildungsphasen der Westerwälder Lagerstätten unterscheiden, eine ältere im jüngeren Eozän/Unteroligozän (vor ca. 35 Mio. Jahren, vor allem im südwestlichen Teil des Verbreitungsgebietes) und eine weitere, ungleich bedeutendere während des Oberoligozäns (vor ca. 25 Mio. Jahren, beispielsweise in den Abbaufeldern um Siershahn und Mogendorf).

Die Jahrmillionen lange Materialzufuhr hinterließ abbauwürdige Tonlager von 30–70 m Schichtmächtigkeit. Während der langen Umlagerungs- und Absetzzeit der Tonmineralien aus der von Bächen und kleineren Flüssen mitgeführten Trübung veränderten sich die im Gebiet vorhandenen Sedimentationsräume ständig. Angesichts des Grundgebirgsbaus und der beachtlichen Verschiedenartigkeit selbst eng benachbarter Tonvorkommen, hat man wohl nicht von einem einzigen, zusammenhängenden tertiärzeitlichen See auszugehen, sondern von einer vielgliedrigen Seenplatte. In Zeiten langsamerer tektonischer Eintiefung der materialaufnehmenden Seebecken oder abflusslosen Senken, kam es örtlich und zeitweilig zur Entwicklung von Moorflächen – daraus wurden später die in die Tonvorkommen eingeschalteten Braunkohlenflöze. Hin und wieder kam es auch zur stärkeren Einschüttung von Sanden oder zur Verkieselung einzelner Sedimentlagen. Mit dem Absetzen der obersten Tonschichten begann im Westerwald der oben erwähnte tertiärzeitliche Vulkanismus mit seinem phasenreichen Ausbruchsgeschehen. Daher enthalten die Tonvorkommen auch Zeugnisse aus der gesamten vulkanischen Förderfolge, beispielsweise Trachyt- und Basalttuffe als eingeschaltete Linsen oder als flächige Decklagen.

Abb. 8: Mittleres Wiedtal von der Weißenfelser Ley

2.5.2 Im Tal der Wied

Nach dem Kartenbild erscheint die Wied vielleicht eher unspektakulär. Im direkten Erleben vor Ort erweist sie sich aber als besonders reizvolle und zu allen Jahreszeiten bemerkenswerte Landschaft. Die Wied entwässert ein rund 770 km^2 großes Gebiet im Ober- und Niederwesterwald. Nur ihre letzten 0,5 km vor der Mündung sind schiffbar und verbinden den am Wiedufer gelegenen Industriehafen der Rasselstein-Werke mit dem Rhein.

Ab der Einmündung ihres wichtigen Zuflusses Holzbach gilt die Wied nach amtlich-hydrographischen Kriterien übrigens als Fluss (Gewässer 2. Ordnung) mit eigener Gewässerkennzahl (DE 2716). Dennoch spricht man in der Region meist vom Wiedbachtal.

Im weiten Umfeld des Quellgebietes der Wied zeigt sich die Westerwaldlandschaft als allenfalls sanft gewellte, aber ansonsten ziemlich ebene Hochfläche. Hier ist die Wied noch wenig in ihre direkte Umgebung eingetieft, sondern läuft in breiten, im Landschaftsaspekt eher wenig auffälligen Spülmulden ab. Dieser Landschaftseindruck besteht auch in den östlichen und schon dem Landkreis Neuwied zugehörigen Anteilen des Naturparks Rhein-Westerwald. Vor allem auf der mit nur geringem Relief ausgestatteten Sayn-Wied-Hochfläche entsteht im Landschaftsaspekt nicht unbedingt der Eindruck, dass man tatsächlich im Rheinischen Schiefergebirge unterwegs ist. Berge fallen hier nirgendwo in den Blick, und nur selten bietet sich auf der geschlossenen Hochfläche ein Blick in den Gesteinsuntergrund – die umgebende Landschaft ist eben, weithin und lückenlos mit jüngeren Lockermassen der bewirtschafteten Böden überkleidet.

Nach Passieren der Kreisgrenze Neuwied ändert sich der Landschaftseindruck zumindest aus ihrer Talperspektive erheblich. Die Wied wird zum deutlich eingetieften Mittelgebirgsabfluss mit steilen Talflanken und einer meist ziemlich schmalen Flussaue. Ihre tatsächlich etliche Jahrzehntausende umfassende erosive Eintiefung in den Untergrund des Westerwälder Schiefergebirges ist im Wesentlichen ein Werk der letzten rund 700 000 Jahre und nur eine direkte zeitnahe Folge der Entwicklung des Unteren Mittelrheintals. Der Rhein als Vorfluter der Wied hat hier aus verschiedenen Gründen seine Erosionsbasis ständig nach unten verlagert und daher seine sämtlichen Nebenflüsse zu ähnlicher Wirkung veranlasst. Was man also im mittleren Wiedtal etwa auf der Höhe von Roßbach oder Waldbreitbach im aktuellen Landschaftsbild wahrnehmen kann, ist ausschließlich mittelbare Folge der geologisch folgenreichen Abläufe (auch) im Unteren Mittelrheintal, und diese waren im Wesentlichen nur von den schroffen Klimawechseln der jüngsten Eis- bzw. Kaltzeiten diktiert.

2.5.3 Paradebeispiel Westerwälder Seenplatte

Strenggenommen sind diese Gewässer keine Seen und eigentlich auch keine Weiher, sondern – da in Quellmulden künstlich angelegt und mit Stauwehren gesichert – besonders groß bemessene Teiche zwischen knapp 10 und 123 ha Flächeninhalt. Schon im Mittelalter waren hier im flachen Wasserscheidegebiet von Wied, Sayn und Nister Fischteiche aufgestaut, weil das nassfeuchte Wiesengrünland anderweitig nicht zu nutzen war. Immerhin fallen hier im Regenstau vor dem Hohen Westerwald jährlich bis zu 1000 mm Niederschläge. Ihre heutige Größe und Gestalt erhielten die Fischteiche erst auf Veranlassung von Graf Friedrich von Wied unmittelbar nach dem Dreißigjährigen Krieg (um 1650).

2.5.3.1 Bemerkenswerte Gewässer

Sieben (bzw. neun) Gewässer umfasst die landschaftlich ungemein reizvolle, auf wenig mehr als 400 m ü. NN gelegene Seenplatte. Nach ihrer räumlichen Verteilung bilden sie drei südöstlich/nordwestlich orientierte

Abb. 9: Abfischen des Seeweihers (historische Aufn., ca. 1951)

Weihergruppen:

Dreifelder Gruppe
- Dreifelder Weiher (Seeweiher), 123 ha, im Südteil NSG
- Haidenweiher, knapp 29 ha, NSG
- Hoffmannsweiher, 16 ha

Freilingen-Steinener Gruppe
- Brinkenweiher, 21,5 ha, NSG
- Postweiher, 13,3 ha
- Hausweiher, 9,6 ha

Wölferlinger Gruppe
- Wölferlinger Weiher, ca. 1 ha, heute weitgehend verlandet
- zwei kleine, namenlose Teiche, etwa 3 km südöstlich der Freilinger Weihergruppe in der Ursprungsmulde der Sayn beim Dorf Wölferlingen gelegen.

Dreifelder Weiher und Haidenweiher werden von der jungen Wied gespeist, der Hoffmannsweiher vom links zufließenden Fehlchesbach. Die Teiche der Freilingen-Steinener Gruppe versorgt der Holzbach, der weiter wiedabwärts von links zufließt. Der Wölferlinger Weiher erhält sein Wasser aus dem Quellgebiet der Sayn, die bei Bendorf in den Rhein mündet. Alle Weiher der Dreifelder und Freilinger Gruppe stehen über Kanäle untereinander in Verbindung. Außer ihnen gibt es noch kleinere Teiche, die der Fischereiwirtschaft unter anderem als Hälterungsanlagen dienen.

In den Teichen der Seenplatte wurden vor allem Karpfen, Hechte, Schleien, Zander und Welse gezogen. Obwohl künstlich angelegt haben sich diese Gewässer schon vor Jahrzehnten zu äußerst wertvollen Lebensräumen entwickelt. Vor allem sind sie als Brut-, aber nicht weniger auch als Rastgebiet vieler Vogelarten von Bedeutung.

Die weitflächigen Schlammböden im Uferbereich sind nicht gerade ein publikumswirksamer, dafür aber ökologisch einzigartiger Lebensraum. Hier entwickeln sich dann kurzlebige Pflanzengesellschaften mit etlichen raren Arten, zum Beispiel mit dem nur knapp münzgroßen Scheidenblütengras, einer der seltensten Grasarten Europas. Überhaupt weist das Gebiet, wie der Westerwald insgesamt, in seiner floristischen und faunistischen Artenbestückung eine biogeographisch interessante Übergangslage zwischen dem mehr kontinental geprägten Mitteleuropa und seinem atlantischen Westen auf.

Im Herbst 2019 sind alle sieben Teiche der Seenplatte in das Eigentum der NABU-Stiftung Nationales Naturerbe übergegangen – für den praktischen und vor allem nachhaltigen Naturschutz in der Region eine glückliche Lösung.

Die mit dem Umbau der Naturlandschaft einhergehende kulturlandschaftliche Bereicherung hielt etwa bis in die Zeit der industriellen Revolution an und dauerte ungefähr bis in die ersten beiden Jahrzehnte nach dem letzten Weltkrieg fort.

3

Bedrohte und geschützte Landschaft

Bruno P. Kremer und Hermann Josef Roth

Der Drachenfels wäre heute eine Schutthalde! Aber schon 1827 empörten sich Heimatfreunde über die rücksichtslose Ausbeutung der Landschaft des Siebengebirges. Ihnen ist es zu verdanken, dass der Drachenfels zum meist bestiegenen Berg Deutschlands werden konnte – lange bevor es einen staatlichen Naturschutz gab!

Im gesamten Westerwald wäre der Naturschutz ohne die zähe Kleinarbeit von Einzelpersönlichkeiten und privaten Gruppen überhaupt nicht denkbar gewesen. Vor dem Zweiten Weltkrieg hatte sich eine eigene „Naturschutzkommission" unter der Leitung von Forstmeister H. Behlen, Weilburg, in zäher Kleinarbeit um den Objektschutz

Abb. 10: Drachenfels mit gleichnamiger Burgruine und neugotischer Drachenburg, Sitz der Stiftung Naturschutzgeschichte. „Hinter den sieben Bergen" erstreckt sich der Niederwesterwald

bemüht, durch naturkundliche Beobachtungen und Bestandsaufnahmen sowie auf diesen fußend durch die Information der Öffentlichkeit und der staatlichen Stellen.

Freilich artikulierte sich der Naturschutz noch im Stile einer für romantische Betrachtungen empfänglichen Heimatliebe. Ökologische Gesichtspunkte kamen eher indirekt zum Tragen. Aber sicherlich wurde deren späterer Siegeszug bereits in der Zwischenkriegszeit stimmungsmäßig vorbereitet. In den Aufbaujahren nach dem Zweiten Weltkrieg hatten andere Themen Vorrang. Erst während der Siebziger Jahre setzte eine mächtige ökologische Neubesinnung ein. Das seitdem verfeinerte Rechtssystem hat die Naturschutzarbeit übersichtlicher gestaltet und formal erleichtert. Den darin definierten Kategorien folgend sei eine gedrängte Übersicht versucht.

Abb. 11: „Kirchlinde" (Sommerlinde, ND) Rückeroth, vermutlich im 16. Jh. gepflanzt

„Naturparke sind … großräumige Landschaften, die für die gesamte Landeskultur von entscheidender und übergebietlicher Bedeutung sind und durch die Pflege ihrer Naturschönheit sich in hervorragender Weise für die Erholung eignen …", definiert der um das Siebengebirge hoch verdiente Oberlandforstmeister Dr. Herbert Offner diese von ihm entwickelte Idee (1967). Beträchtliche Teile des Westerwaldes gehören zu solchen Naturparks. Beiderseits der unteren Lahn besteht der Naturpark Nassau (580 km^2). Er findet nördlich seine Fortsetzung im Naturpark Rhein-Westerwald (446 km^2), der bis zum Naturpark Siebengebirge (42 km^2) reicht. Zwischen Weilburg und Arfurt greift der Naturpark Hochtaunus (1208 km^2) nördlich über die Lahn und bezieht einen Zipfel des Westerwaldes mit ein. Bis zur Landesgrenze zwischen Nordrhein-Westfalen und Rheinland-Pfalz reicht der Naturpark Bergisches Land, der Teile des Siegtales und den Leuscheid einschließt.

Abb. 12: Stangenstein (ND) im Fockenbachtal

Landschaftsschutzgebiete sind laut gesetzlicher Regelung „durch Rechtsverordnung bestimmte und abgegrenzte Landschaftsräume oder Teile von diesen, in denen ein besonderer Schutz zur Erhaltung eines ausgewogenen Landschaftshaushaltes oder wegen ihrer Eigenart, ihrer Schönheit oder ihres Erholungswertes im öffentlichen Interesse erforderlich ist“ (1972).

Als Naturdenkmale gelten „rechtsverbindlich festgesetzte Einzelschöpfungen der Natur, deren besonderer Schutz aus wissenschaftlichen, naturgeschichtlichen oder landeskundlichen Gründen oder wegen ihrer Seltenheit, Eigenart oder Schönheit erforderlich ist“ (1976). Die Festlegung kann auch die für den Schutz des Naturdenkmals notwendige Umgebung einbeziehen.

Das geschützte Objekt kann durchaus auch Folge menschlicher Tätigkeit sein. In Donsbach bei Dillenburg beispielsweise hat einst der Gesteinsabbau den Donsbacher Sattel angeschnitten, eine Spezialstruktur des Oberdevon mit stark verfalteten oberdevonischen Plattenkalken, Tuffen, Schiefern und reichen Fossillagen. Oberhalb erinnert außerdem eine Pinge namentlich an die mit der Schufterei verbundene Hoffnung auf „Bergmannsglück“.

Die Schutz- und Verwaltungsmaßnahmen werden durch die untere Naturschutzbehörde (Kreisverwaltung) geregelt, die eine amtliche Liste nach vorgeschriebenem Muster, das „Naturdenkmalbuch“, führt. Die bisher einzige Liste aller im gesamten Westerwald bestehenden Naturdenkmäler fertigte 1980 der Hauptnaturschutzwart des Westerwald-Vereins an.

„Naturschutzgebiete sind rechtsverbindlich festgesetzte Gebiete, in denen ein besonderer Schutz von Natur und Landschaft in ihrer Ganzheit oder in einzelnen Teilen 1.) zur Erhaltung von Lebensgemeinschaften oder Lebensstätten bestimmter wildwachsender Pflanzen- oder wildlebender Tierarten, 2.) aus wissenschaftlichen, na-

Abb. 13: Ehemaliger Gemeindesteinbruch Donsbach (ND), Aufschluss Donsbacher Sattel

turgeschichtlichen oder landeskundlichen Gründen oder 3.) wegen ihrer Seltenheit, besonderen Eigenart oder hervorragenden Schönheit erforderlich ist." Diese Definition des Bundesnaturschutzgesetzes von 1976 wurde Grundlage ergänzender Bestimmungen in den Landespflegegesetzen der Länder sowie in der neueren Gesetzgebung des Bundes (2009/10). Die Neufassungen legen ihr Augenmerk jetzt besonders auf den Biotopschutz und Biotopverbund.

Überörtliche Bedeutung haben das Siebengebirge und die Naturschutzgebiete im Raum Breitscheid-Langenaubach wegen ihrer geologischen Phänomene sowie die Westerwälder Seenplatte als einzigartiges ökologisches Refugium mit wertvoller Vegetation samt entsprechender Fauna und Flora.

Die ersten Naturschutzgebiete im Gebiet, nach dem Drachenfels, wurden 1926 ausgewiesen. Sie bestehen fast alle noch heute: Wildweiberfelsen bei Langenaubach, Steinkammern bei Erdbach, Heidenhäuschen bei Hadamar, Dornburg und Blasiusberg bei Frickhofen, ferner Malberg bei Moschheim und Trödelsteine bei Neunkirchen (Westfalen). Nur die prähistorisch bedeutende Höhe Wildscheuer bei Steeden fiel nach dem Zweiten Weltkrieg dem Kalkabbau zum Opfer.

Abb. 14: Dreifelder oder Seeweiher (NSG) mit der Seeburg im Hintergrund, einem altem wiedischen Anwesen (erb. 1683)

Historische Nutzungsarten hinterließen Flächen, die heute als schutzwürdig gelten, angefangen etwa vom Spießweiher bei Montabaur bis zu den Haubergen im Siegerland sowie im ganzen Gebiet alte Huteweiden. Als Naturschutzgebiete ausgewiesen sind die

Abb. 15: Steinkammer im NSG Erdbacher Höhlen

Fuchskaute oder die Hörbacher Viehweide bei Herborn. Weitere, bei extensiver landwirtschaftlicher Nutzung in vorbildlicher Weise dem Naturschutz gewidmete Großflächenweiden gibt es in den Gemeinden und Gemarkungen Burbach, Lippe, Breitscheid, Rabenscheid, Rennerod, Amdorf und Niederlemp. Davon wird noch einmal die Rede sein, gilt es doch, langfristig Natur und Kultur in Einklang zu bringen.

3.1 Naturschutz und Kulturdenkmalpflege

Seit Ende des letzten Weltkrieges hat die Umwandlung des ehedem kleinteilig genutzten Kulturlandes zur Agrarsteppe industriellen Zuschnitts mit großflächiger Ausräumung und Vereinheitlichung nicht nur zur Gesichtslosigkeit mancher Landstriche geführt, sondern auch zu ihrer ökologischen Verarmung. Kulturdenkmalpflege und Naturschutz stehen gemeinsam vor der Aufgabe, wichtige Landschaftselemente zu bewahren oder landespflegerisch zu entwickeln.

3.1.1 Hecken, Raine, Flurgehölze

Ob eine Landschaft als besonders schön empfunden wird, hängt tatsächlich nur von wenigen Strukturelementen ab: Völlig unabhängig von der jeweiligen Eigenart des natürlichen Reliefs gilt die Agrarflur außerhalb geschlossener oder aufgelockerter Waldgebiete immer dann als ansprechend, wenn

Abb. 16: Sommerlinde (ND) am Heilborn, Kapelle (1692, 1875) mit heilkräftiger Quelle bei Dernbach

darin auch eine größere Anzahl von Flurgehölzen vorkommt.

Gebüschvorkommen, Heckenzeilen oder Gruppen von Einzelbäumen sind raumwirksame Versatzstücke oder Kulissen landschaftlicher Szenerien, ob sie nun Wege und Straßen begleiten oder Parzellengrenzen zwischen den einzelnen Äckern und Feldern nachzeichnen. Sträucher und Bäume – vereinzelt stehend, zu Bändern aufgereiht oder zu größeren Gehölzensembles zusammengefügt – betonen fast immer die besonderen Formen der Geländegestalt.

Alle überwiegend aus Straucharten zusammengesetzten Gebüsche und Flurgehölze verdanken ihre Entwicklung und Beschaffenheit nur dem bäuerlich wirtschaftenden Menschen und sind somit echte Elemente der Kulturlandschaft. Vor allem Hecken, die es in vergleichbarer Form oder Zusammensetzung in der Naturlandschaft nicht gibt, verdienen in diesem Zusammenhang besondere Berücksichtigung, weil sie neben ihrer Wirkung auf die Landschaftsästhetik auch wertvolle Kleinlebensräume darstellen. Häufig sind sie aus lebenden Zäunen oder anderweitig der Abgrenzung dienenden Anpflanzungen hervorgegangen. Neben ihrem Aussehen und ihrer Artenzusammensetzung sind vor allem die räumlichen Verteilungsmuster in der freien Flur von Bedeutung: Gehölzstreifen, Strauchgruppen oder gemischte Bestände mit Einzelbäumen verschaffen dem bewirtschafteten Land ein naturnahes, strukturreiches Gliederungsgefüge.

3.1.2 Streuobstwiesen

Eine Wiese mit extensiv genutztem Baumbestand ist sozusagen ein Trittstein im Gefüge der naturnahen Kulturlandschaft. Früher gehörten mehr oder weniger dichte Obstwiesen-Gürtel zum Erscheinungsbild vieler Westerwald-Dörfer besonders der tieferen Lagen. Die meisten dorfnahen Streuobstbestände verschwanden inzwischen durch Nutzungsaufgabe, Umwandlung in Kleingartengelände oder häufiger durch Ausweisung zum Neubaugebiet. Gerade das dorfnahe Umland erhielt durch seine Obstbaumbestände etliche – auch in landschaftsästhetischer Hinsicht nicht zu unterschätzende – Züge, abwechslungsreich im Aussehen, wohltuend in der durchgliedernden Wirkung, zu allen Jahreszeiten in einem anderen Gewand vom ersten Ergrünen über die spektakulären Blühwellen bis hin zum üppigen Fruchtschmuck. Vor allem stellen die Obstbaumwiesen eine wirkliche Lebenshilfe für zahlreiche Kleintiere und bedrohte Vogelarten dar.

3.1.3 Offenland-Lebensräume

Besonders Hoher und Dill-Westerwald weisen eine weitere ausgefallene Kulturlandschaft auf – nämlich weitflächige, 20 bis 140 ha große Gemeindeviehweiden. Dieses

Abb. 17: Huteeichen und -buchen (ND) bei Greifenstein

Kulturgrünland umfasst in seinem Artengefüge zwar keine natürlichen Lebensgemeinschaften, zeichnet sich aber durch einen enormen Reichtum an schützenswerten Pflanzen- und Tierarten aus.

Diese gemeindlichen Viehweiden verdanken ihre Entstehung einer seit vielen Jahrhunderten praktizierten Trift- oder Hutbeweidung. Dabei wurde der Viehbestand der Gemeinde gemeinsam eingehütet und auf die im Umkreis liegenden gemeindeeigenen Weiden getrieben. Weithin erhaltene Wacholderhaine, einzeln oder in Gruppen zusammenstehende Weißdorngebüsche, mächtige Hutebuchen und die vielen Lesesteinhaufen aus Basaltblöcken deuten auf den Hochebenen auf eine ehemalige Gemeindehutung hin. Abholzung, selektiver Verbiss durch das Weidevieh und fehlende Düngung waren auf steinig-trockenen oder zeitweilig vernässten, für den Ackerbau ungeeigneten Böden die Voraussetzung für die Entwicklung dieser zunehmend seltenen Lebensgemeinschaften.

Mager- und Trockenrasen, Zwergstrauch-Heiden sowie binsen- und seggenreiche Nassweiden zeigen praktisch das gesamte Kaleidoskop des vorindustriellen Kulturgrünlandes. In den lückigen Rotschwingelrasen, Borstgrasrasen und bodensauren Halbtrockenrasen kommen mancherlei floristische Kostbarkeiten vor, darunter beispielsweise Weißzüngel und Mondraute, Preiselbeere und Keulen-Bärlapp. Etliche Arten aus der Gruppe der Perlmutter- und Scheckenfalter, dazu verschiedene Bläulinge und Augenfalter sind auf Hunds-Veilchen, Wiesen-Hornklee oder Teufelsabbiss als Nahrungspflanze für ihre Raupen angewiesen. Unter vorjährigen Altgrashorsten von Rasenschmiele und Rot-Schwingel sowie in bultigen, strauchdurchsetzen Weiden brüten Goldammer, Baum- und Wiesenpieper, Neuntöter und Raubwürger. In quelligen und zeitweise vernässten Weiden und hochstaudenreichen Feuchtbrachen mit ihren üppigen Beständen verschiedener Binsen-, Mädesüß-, Kratzdistel-, Wollgras- und Seggen-Beständen erreichte das Braunkehlchen beachtliche Bestandsdichten.

Aufgrund geringerer Höhenlage, etwas geringerer Niederschläge und im Sommer zur Austrocknung neigender Böden sind im Dill-Westerwald bei ähnlicher Bewirtschaftung bodensaure Halbtrockenrasen entstanden. Bereits im Mai blühen Kleines Knabenkraut und Brand-Knabenkraut, Wiesen-Schlüsselblume, Behaartes Veilchen und Manns-Knabenkraut. Ende Juni folgen Färber-Ginster, Alpen-Klee und Stengellose Kratzdistel, im August dann Heide-Nelke und Thymian sowie im September Feld-Enzian und Herbst-Drehähre, eine kennzeichnende heimische Orchidee magerer Schafhutungen. Heidegrashüpfer und Blauflügelige Ödlandschrecke, Frühjahrs-Scheckenfalter, Schwalbenschwanz und Kommafalter, Heidelerche und Wendehals sind nur einige der vielen faunistischen Besonderheiten. Ihr Erhalt innerhalb der Kulturlandschaft wäre ohne extensive Weidenutzung fraglich. Als historische Kulturlandschaft sind Gemeindeviehweiden oder Allmenden seit 1987 gesetzlich geschützt.

3.1.4 Weitere Lebensadern für die Landschaft

Wege, Straßen, Bahnstrecken, Stromtrassen und andere Bauwerke haben zu einer starken Zerteilung fast aller Lebensräume geführt. Die „Verinselung der Kulturlandschaft“ hat Populationen wildlebender Pflanzen und Tiere voneinander isoliert und zunehmend zersplittert. Der allgemeine Artenrückgang hat sicher nicht nur in Flächenverbrauch und direkter Biotopzerstörung seine Ursache, sondern auch in der zu geringen Restgröße verbleibender Lebensräume oder in deren randlicher Beeinträchtigung. Ein allseitig beschnittener, gestörter und von lebensfeindlichem Umfeld umsäumter Restbiotop ist im Vergleich zur unzerstückelten Landschaft nicht mehr richtig aktionsfähig.

Hecken und Gebüschzeilen in der freien Flur sind eine hochwirksame Möglichkeit, zerstreut liegende Restlebensräume untereinander zu verknüpfen. Sie bilden zusammen mit den möglichst ununterbrochenen Gehölzbeständen in den Auen der Bäche und Flüsse ein Biotopverbundsystem.

Westerwald – über seine Höhen pfeift zugegebenermaßen der Wind, aber gewiss nicht kälter als anderswo. Die so ganz und gar unaufdringliche Natur- und Kulturlandschaft des Westerwaldes mit ihren weiten Höhenzügen, breiten Bachtälern, engen Flussschluchten, mit aufgelassenen Steinbrüchen und Tongruben und einer Vielzahl schmucker Dörfer erschließt sich nicht auf den ersten Blick und schon gar nicht, wenn man sie auf der A3 in knapp einer Stunde und mit dem ICE gar in wenigen Minuten durcheilt. Verweilen, Ruhen, Betrachten und Wirken sind hier angesagt, damit der kleinste Sonnenschein auch wirklich tief ins Herz eindringen kann.

Abb. 18: Vogelschutz am Hinstein

4

Der Westerwald aus geologischer Sicht

Heiner Flick und Holger Adelmann

Der Westerwald bildet einen Ausschnitt aus dem Rechtsrheinischen Schiefergebirge. Dabei ist der Begriff des Westerwaldes für die landschaftlich/naturräumliche Gliederung viel älter als der des Rheinischen Schiefergebirges, und dieser wurde erst im Zusammenhang mit der Nutzung der Schiefer nach 200 Jahren geprägt, als ein den Gesamtraum umfassendes Merkmal. Bis dahin reichte die Gliederung in die verschiedenen landschaftlichen Teilräume.

Die Begrenzung des Westerwaldes ist je nach Herangehensweise unterschiedlich gefasst. Geographisch-naturräumlich bieten sich die Flusstäler von Rhein, Sieg und Lahn geradezu an. In den letzten Jahrzehnten hat sich allerdings eine Begrenzung nach Osten durch die Dill und eine Bezeichnung für den Raum östlich davon bis zur Lahn als Lahn-Dill-Bergland eingebürgert. Aus geologischer Sicht gibt es hierfür keine Begründung; auch würden wesentliche Aspekte zum Verständnis der erdgeschichtlichen Entwicklung im Westerwald fehlen. Zumal das Lahntal zwischen Marburg und Gießen im Groben den Ostrand des Rheinischen Schiefergebirges markiert, wird hier der Westerwald mit Einschränkung in seiner althergebrachten naturräumlichen Eingrenzung durch die genannten Flüsse verstanden.

Nicht einbezogen wird hier am Westrand der Bereich des Neuwieder Beckens, das vom Rhein gequert wird und in Zusammenhang mit dem Eifel-Vulkanismus einen landschaftlich eigenen Raum darstellt. Ebenso bleibt das Siebengebirge außen vor, dessen vulkanisch geprägter Landschaft abseits von den Westerwälder vulkanischen Aktivitäten im Allgemeinen eine Eigenständigkeit zuerkannt wird und zudem bereits zur Einbruchsstruktur der Niederrheinischen Bucht gehört.

4.1 Einführung

Der Westerwald als Teil des Rheinischen Schiefergebirges gibt die erdgeschichtliche Entwicklung des mitteleuropäischen Raumes in zwei unterschiedlichen geologischen Stockwerken wieder, zum einen in dem durch eine Gebirgsbildung (Orogenese) entstandenen Grundgebirge und zum anderen in dem diskordant, d. h. in einem Winkel darüber liegenden Deckgebirge. Beide Stockwerke sind nicht lückenlos, aber in ausreichendem Maße aufgeschlossen, um die geologische Geschichte nachzuvollziehen. Dabei steht der Begriff des Schiefergebirges mit dem Grundgebirge als unterem Stockwerk in Zusammenhang, wobei dieses einen Ausschnitt des Variszischen Gebirges darstellt. Dessen Verständnis hat sich in den letzten 50 Jahren seit dem Aufkommen und der Verfestigung der geotektonischen Theorie der Plattentektonik grundlegend gewandelt. Hierzu haben gerade Provenienzanalysen an detritischen Zirkonen in Sandsteinen in den letzten Jahren wesentliche Fortschrit-

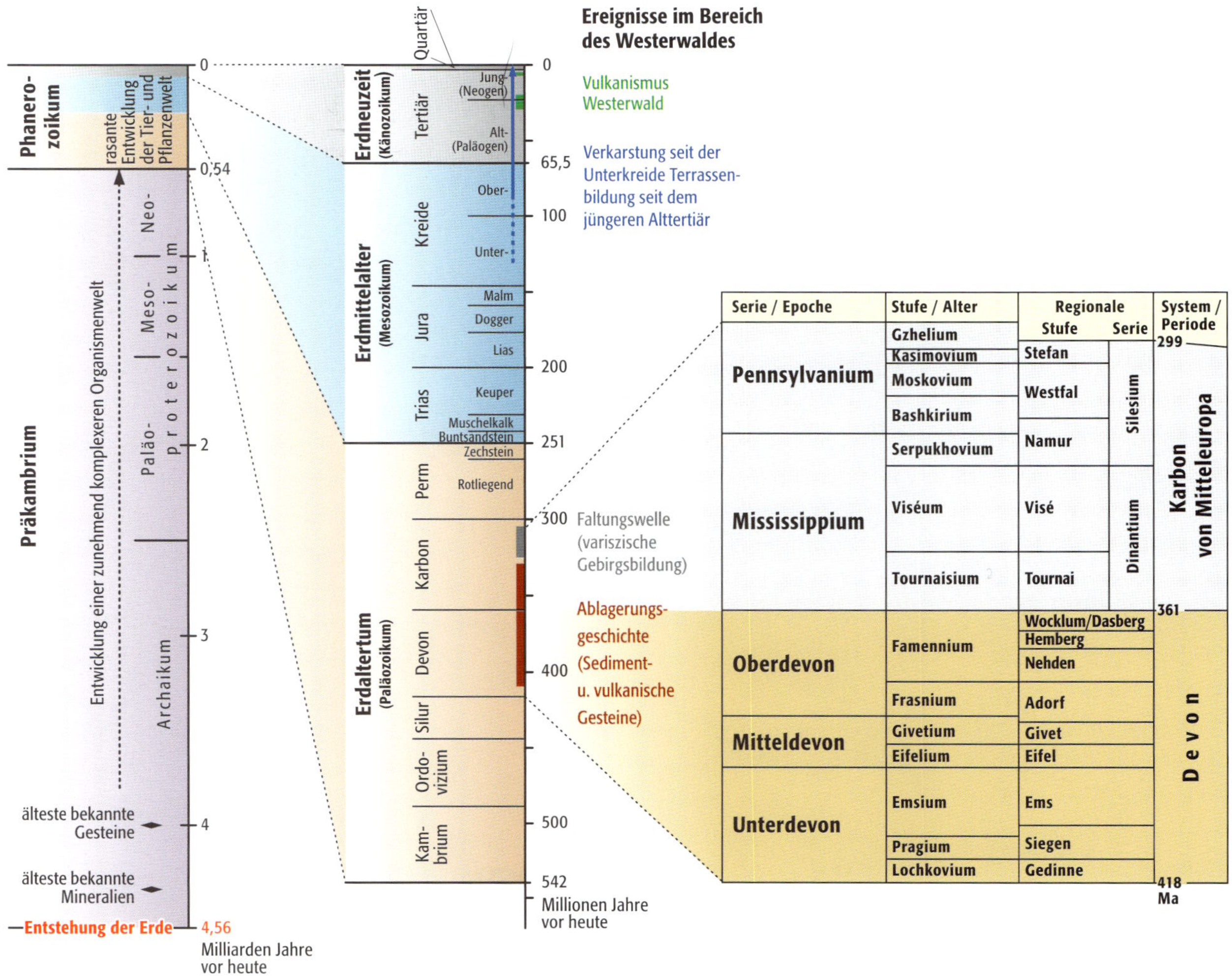

Abb. 19: Erdgeschichtliche Tabelle für Devon und Karbon (Dt. Stratigraphische Kommission, nach Schindler u. Herbig)

te gebracht. Dadurch wurde es möglich, das Liefergebiet der Sande zu bestimmen.

Das Variszische Gebirge entstand im Rahmen mehrerer Plattenkollisionen gegen Ende des Erdaltertums, als mehr oder weniger alle Kontinente und deren Bruchstücke, die Mikrokontinente, zu Pangäa (Gesamterde) vereinigt wurden. Die in Mitteleuropa beteiligten Mikrokontinente spiegeln sich in der Zonengliederung quer zum Streichen der Strukturen wider, die von Kossmat (1927) aufgrund von deren unterschiedlicher geologischen Ablagerungs- und Entwicklungsgeschichte aufgestellt wurde. Darin gehört das Rheinische Schiefergebirge - und damit der Westerwald - zur Rhenoherzynischen Zone, weshalb es im Weiteren dessen geologische Geschichte in diesem Kontext zu beleuchten gilt. Nach einer geologisch gesehen schnellen Abtragung des Grundgebirges, findet diese ihre Fortsetzung in den Ablagerungen des Deckgebirges.

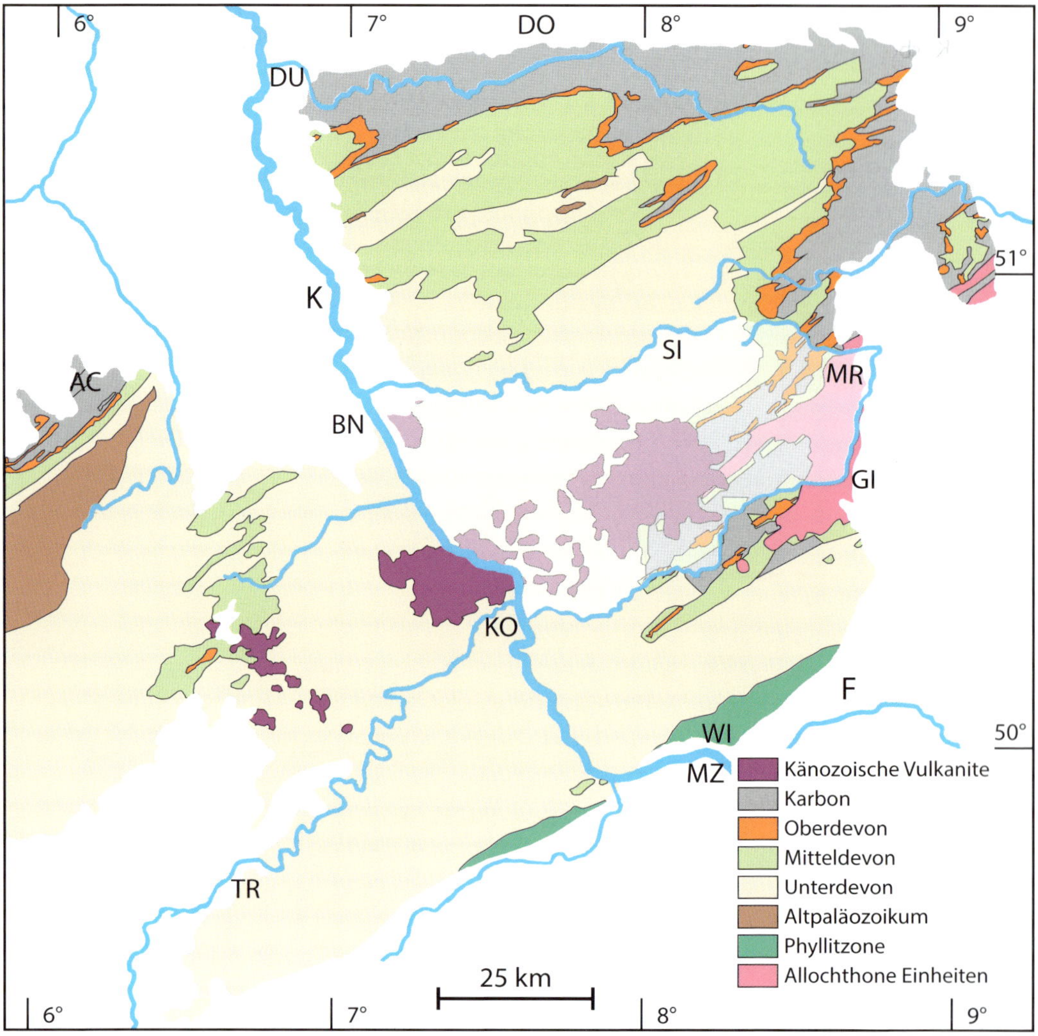

4.2 Das Grundgebirge

4.2.1 Vordevon

Die Rhenoherzynische Zone stellt einen Ausschnitt des Krustenblocks (Terran) Avalonia dar, der sich vom Nordrand eines ehemaligen Südkontinents Gondswana gelöst hat. Näher hin ist der europäische Teilraum gemeint, den man als Ostavalonia bezeichnet und der wiederum aus mehreren Teilstücken besteht. Die in der Rhenoherzynischen Zone aufgeschlossenen Ablagerungen gehören schwerpunktmäßig in die Zeitspanne vom Devon bis in das Karbon.

Im Karbon wurde dieser Raum von der Variszischen Gebirgsbildung (Orogenese) überrollt und damit die Entwicklung des Grundgebirges abgeschlossen. Devon/Karbon ist die Zeitspanne, die in den Ablagerungen des Westerwaldes sichtbar wird.

Aus dem Rheinischen Schiefergebirge sind Ablagerungen aus der Zeit vor dem Devon an nur wenigen Stellen bekannt, und zwar dort, wo Sattelstrukturen das Liegende zu den devonischen Schichten in zumeist nicht durchgehender stratigraphischer Abfolge aufgeschlossen haben.

4.2.2 Devon

Die weite Verbreitung devonischer Ablagerungen im Rheinischen Schiefergebirge, und damit auch im Westerwald, hat dieses zu einem der klassischen Gebiete für die geologische Devonforschung werden lassen. Kumuliert wird von einer Mächtigkeit bis zu 10 000 m ausgegangen, wobei sich die Sedimentationsschwerpunkte im Verlauf der Zeit verschoben haben. Die Ablagerungen zeigen eine dreistufige Entwicklung, die stratigraphisch zur Unterscheidung in die drei Epochen Unter-, Mittel- und Oberdevon geführt hat.

Diese Gliederung gilt weiterhin, auch wenn durch international vereinbarte Neudefinitionen stratigraphische Grenzen verschoben wurden, weil inzwischen v.a. mittels Conodonten feinere Gliederungen möglich wurden. Conodonten gehören zu den Mikrofossilien, die i. A. verbreiteter und leichter zu gewinnen sind als die Makrofossilien,

Abb. 21: Geologie des Westerwaldes, Ausschnittvergrößerung von Abb. 20

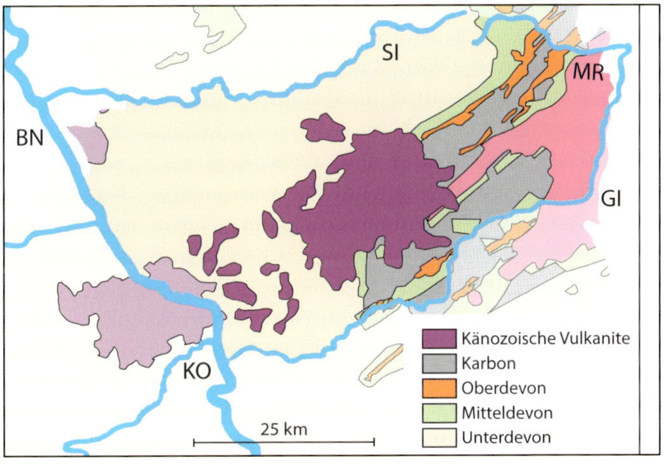

Abb. 20: Vereinfachte geologische Karte des Rheinischen Schiefergebirges, Bereich des Westerwaldes farblich abgesetzt

durch die als Leitfossilien die stratigraphische Gliederung entwickelt wurde. Aus der Parallelisierung mit der Conodontenstratigraphie lassen sich auch andere Fossilgruppen zumindest für gröbere Einstufungen nutzen. Die entsprechend der Makrofossilien traditionell in Deutschland eingeführten stratigraphischen Begriffe sind weiterhin im Gebrauch, z. T. auch neben den internationalen. Dabei ist zu beachten, dass auch bei gleicher Benennung die Grenzen nicht unbedingt identisch sind. Für das Oberdevon erlaubt die Schichtenfolge im Rhenoherzynikum eine feinere Untergliederung als international im Gebrauch ist (sechs statt zwei Stufen). Ökologisch war die Zeit des Devons von grundlegender Bedeutung für die Entwicklung der Erde, indem die Gefäßpflanzen ausgehend vom Meeressaum zunehmend das Festland eroberten und so erstmals in eine grüne Landschaft verwandelten. Gerade Funde aus dem Rheinischen Schiefergebirge und damit aus dem Westerwald haben hierzu viele Beiträge geliefert, das schließt den Westerwald ein. Das hatte gleichzeitig Auswirkungen auf die Vorgänge der Verwitterung, Abtragung und Sedimentation und schuf neue Lebensräume für die Tierwelt, die diese zu nutzen wusste. Aus den Fischen, die sich im Devon durch besondere Vielfalt auszeichneten, entwickelten sich die ersten Vierfüßer (Tetrapoden), und zwar Amphibien, die zu Landbewohnern wurden. Auf der anderen Seite war das Oberdevon von einem der größten Aussterbeereignisse der Erdgeschichte betroffen, dem sogenannten Kellwasserereignis, das auch im Rheinischen Schiefergebirge die zahlreichen Riffe absterben ließ.

4.2.2.1 Unterdevon

Der Raum des Rheinischen Schiefergebirges bildete im Devon einen Teilbereich vom südlichen Schelf des Old-Red-Kontinentes. Dies wird besonders während des Unterdevons deutlich. Aus der Abtragung des Kaledonischen Gebirges brachte und verteilte ein Flusssystem grob- bis feinklastische Sedimente, deren wiederholt rote Farbe auf ihre Herkunft weist. Nach anfänglichen grobklastischen Schuttfächern im unteren Unterdevon (Gedinne-Stufe) wurde im Raum des Rheinischen Schiefergebirges ein Flussdelta aufgebaut, das als Nordfazies nach Süden in eine offen marine Zentralfazies und weiter in eine Südfazies überging. Darin umfasste der Raum des Westerwaldes einen Ausschnitt von der Nord- bis zur Zentralfazies.

Nach mehr oder weniger stagnierender Größe im Mittleren Unterdevon (Siegen-Stufe) weitete sich das Delta im oberen Unterdevon (Ems-Stufe) erheblich nach Süden aus und reichte bis in den Raum von Koblenz, bevor es im oberen Ems verhältnismäßig schnell zurückgenommen wurde. Von seiner Ausbildung und Größe braucht das unterdevonische Schiefergebirgs-Delta den Vergleich mit dem heutigen Mississippidelta nicht zu scheuen.

In der Nordfazies hat sich ausgehend von terrestrischen Ablagerungen am Nordrand des Rheinischen Schiefergebirges in einem Vogelfußdelta ein kleinräumiger Fazieswechsel aufgebaut. Dieser reichte vom terrestrischen Milieu zum Süßwasser der oberen Deltaebene über Brackwasser im Gezeitenbereich der unteren Deltaebene hinaus, bis zum Meerwasser an der Deltafront im Übergang zum Rhenoherzynischen Becken. Entsprechend konnte sich eine große Vielfalt nicht nur der Tier-, sondern auch der Pflanzenwelt entwickeln. Mit dem Auf-

→

Abb. 22: Entwicklung des Unterdevons im Querschnitt des Rheinischen Schiefergebirges (nach Stets & Schäfer 2002), Bereich des Westerwaldes gekennzeichnet (nach Flick 2013)

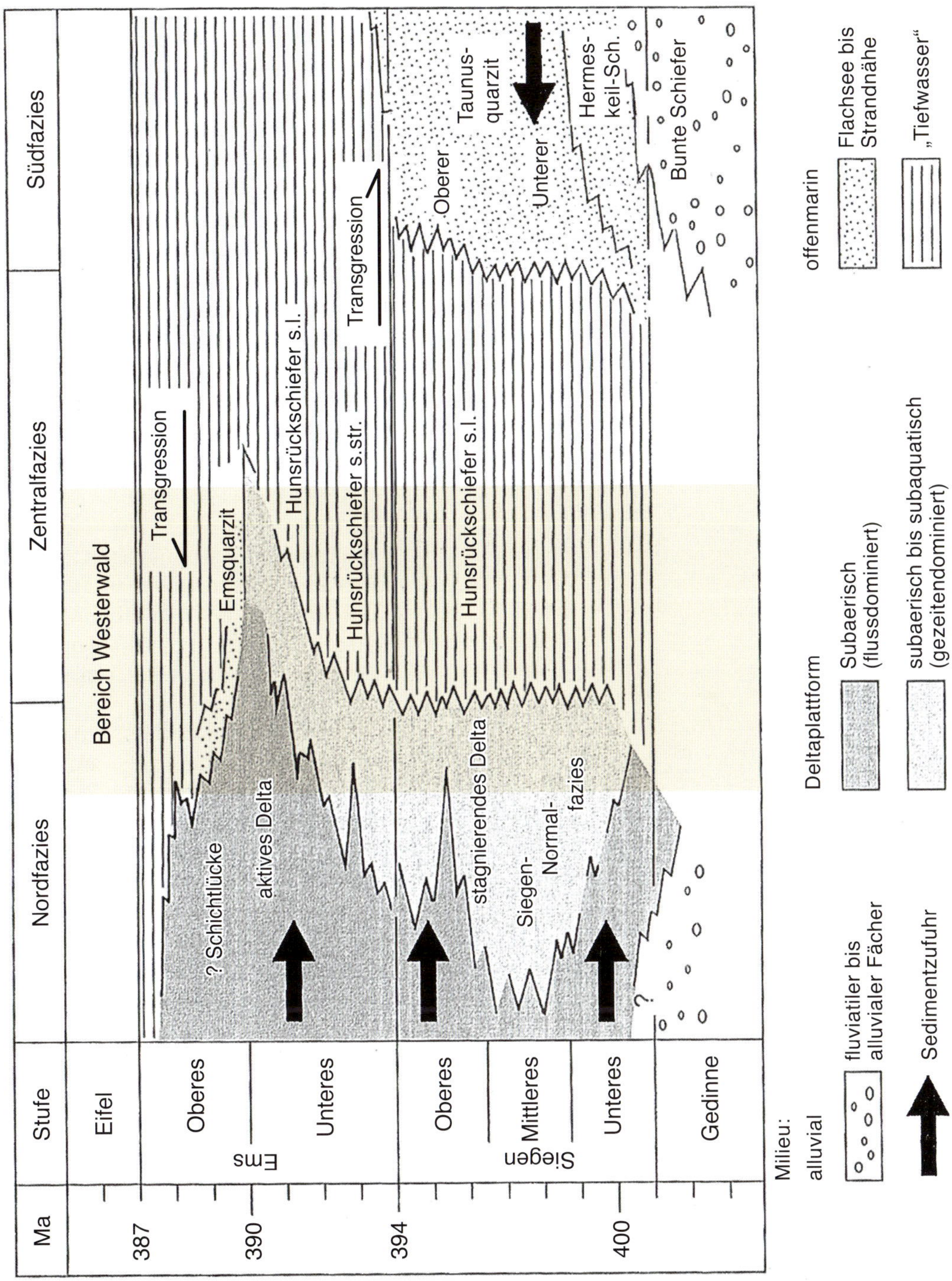
Ma
387
390
394
400
Stufe
Eifel
Ems
Oberes
Unteres
Siegen
Oberes
Mittleres
Unteres
Gedinne
Nordfazies
Zentralfazies
Südfazies
Bereich Westerwald
? Schichtlücke
aktives Delta
stagnierendes Delta
Siegen-Normal-fazies
Transgression
Emsquarzit
Hunsrückschiefer s.l.
Hunsrückschiefer s.str.
Hunsrückschiefer s.l.
Transgression
Oberer
Taunus-quarzit
Unterer
Hermes-keil-Sch.
Bunte Schiefer
Milieu:
alluvial
fluviatiler bis alluvialer Fächer
Sedimentzufuhr
Deltaplattform
Subaerisch (flussdominiert)
subaerisch bis subaquatisch (gezeitendominiert)
offenmarin
Flachsee bis Strandnähe
„Tiefwasser"

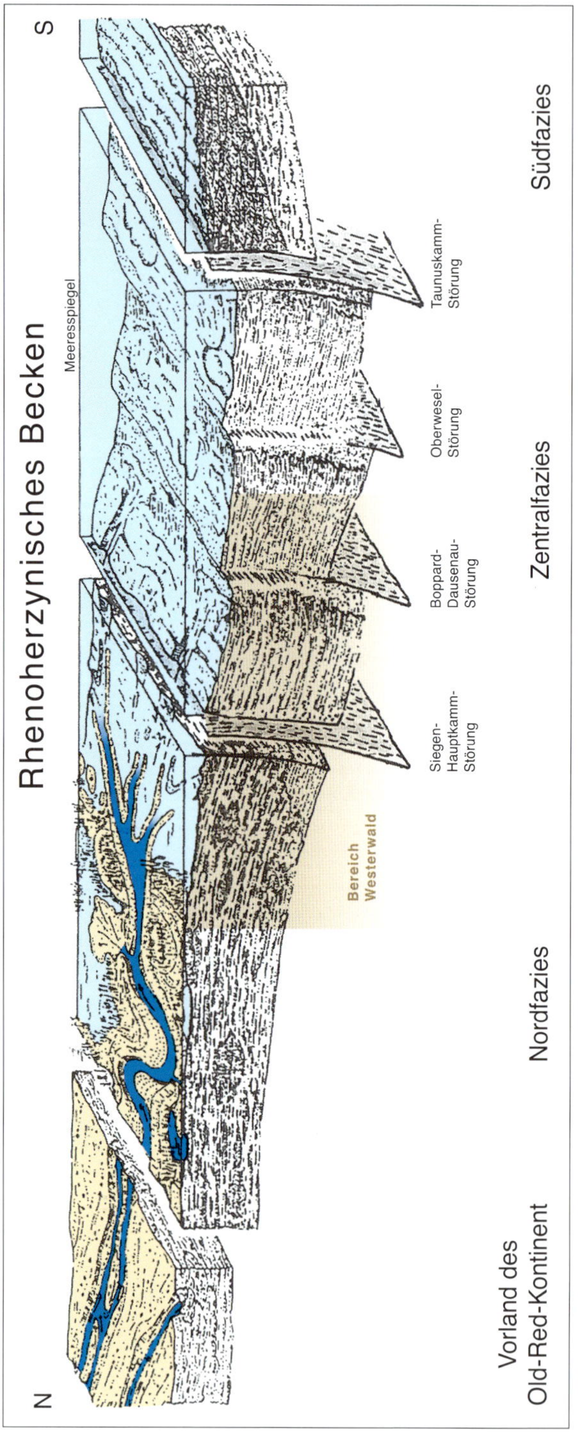

Abb. 23: Blockbild zur paläogeographischen Faziesentwicklung im Rheinischen Schiefergebirge während des Unterdevons (nach Stets & Schäfer 2009, leicht verändert), Bereich des Westerwaldes gekennzeichnet

bau des Deltas setzte eine Dehnung des Schelfbereichs ein, die sich vor allem in mehreren großen Störungssystemen äußerte. Zwei hiervon, die Siegener Hauptstörung und die Boppard-Dausenau-Störung (auch Boppard-Görgeshausen-Überschiebung), liegen im Abschnitt des Westerwaldes.

Mit dieser Dehnung und dem damit einhergehenden Absinken des Meeresbodens konnte der Schelfraum die sich zu 10 000 m Mächtigkeit kumulierende Sedimentmenge aufnehmen und die Deltabedingungen stabil halten. Das Zurückweichen des Deltas gegen Ende des Unterdevons war eine Folge des Nachlassens der Sedimentzufuhr, der Senkung des Meeresbodens infolge der Dehnung wie auch eines globalen Anstiegs des Meeresspiegels.

In der Siegen-Stufe entspricht die deltaische Nordfazies, die bis zur Siegener Hauptstörung aufgeschlossen ist, in der Sedimententwicklung der *Siegener Normalfazies*. Diese wird nochmals in Untere, Mittlere und Obere Siegen-Schichten bzw. Tonschiefer-, Rauhflaser- und Herdorf-Gruppe unterteilt, wobei vom Sedimentcharakter unreine Mittel- bis Feinsandsteine bis Siltsteine vorherrschen.

Mit dem Vorrücken des Deltas im Unteren Ems nehmen auch die grobklastischen Sedimente zu. Am

Abb. 24: Schräggeschichtete Barrensandsteine aus der gezeitenbeeinflussten Front im Unterdevondelta (Nordfazies) des Rheinischen Schiefergebirges, Obere Siegen-Gruppe (Herdorf-Schichten), Anschnitt an Weinberg bei Unkel/Rhein

Wechsel vom Unter- zum Ober-Ems, d. h. dem Übergang zum Zurückweichen des Deltas, damit dem Wechsel vom flussdominierten zum gezeitendominierten Delta, steht der Ems-Quarzit, dessen besonderer Sedimentcharakter als (nachträglich verkieselter) Quarzit auf die Aufarbeitung der Sande durch den Ebbstrom an der Frontbasis von Prielen unterhalb des Gezeitenbereichs zurückgeführt werden kann. In Anbetracht der stärker wechselnden Sedimentvorgänge im Ems ist es verständlich, dass sich dieses in einer stärkeren Untergliederung äußert, die als kartierbare Einheiten (Formationen) mit Lokalnamen belegt wurden.

Die Zentralfazies bestand aus dem offenen marinen Raum vor dem Delta, dem Rhenoherzynischen Becken, das abgesehen von gelegentlichen Sandschüttungen durch Turbiditströme durchgehend das feinklastische (tonig/siltige) Sedimentmaterial aufnahm. Hieraus wurden die relativ eintönig wirkenden, als Hunsrückschiefer bezeichneten Tonschiefer. Dabei werden die im engeren und die im weiteren Sinne unterschieden, weil der Begriff für erstere, die aus der Ems-

Abb. 25: Gut geschichtete (Ortho-)Quarzite der Emsquarzit-Formation (Lahnstein-Unterstufe, Ems-Stufe), entstanden durch wiederholte Aufarbeitung unterhalb des Gezeitenniveaus, Anschnitt am rechten Lahnufer bei Lahnstein

Stufe, geprägt wurde und vom Gesteinscharakter her als Sammelbegriff für die aus der Siegen-Stufe erweitert wurde. Man rechnet für die Hunsrückschiefer mit Mächtigkeiten von 4 bis 5 000 m, möglich geworden durch die mit Schollenkippungen einhergehende Dehnung des Schelfraums.

Die enthaltene Vergesellschaftung einer bodenlebenden Fossilfauna belegt einen offenen, allerdings kaum 100 m Wassertiefe unterschreitenden Meeresraum. Erben (1962) prägte hierfür den Begriff der herzynischen Magnafazies, im Unterschied zur rheinischen Magnafazies des Flachwassers mit entsprechend robusten Faunenelementen. Im Verlauf des Unterdevons entwickelte sich die Zentralfazies zum dominierenden Faziesraum, indem sie auf die Südfazies zu Beginn und dann auf die Nordfazies zu Ende der Emsstufe übergriff. Die Südfazies hat nicht bis zum Gebiet des Westerwaldes gereicht, sondern nur bis wenige Kilometer südlich der Lahn.

In den Schichten des Ems im Randbereich der Dill-Eder-Mulde (früher: Dill-Milde), demnach schon innerhalb des Westerwaldes, finden sich verschiedentlich geringmächtige Tuffhorizonte, die auf die Lenne-Vulkanite bezogen werden, aber auch keinen direkten Bezug erlauben. Für die Siegen-Stufe sind keine entsprechenden Belege bekannt, wobei solche durch die Sedimententwicklung zerstört worden sein dürften. Es ist aber denkbar, dass auch noch von dort Tuffhorizonte bekannt werden.

Im südlichen Randbereich des Westerwaldes sind in Schichten des Unterems als Singhofener Porphyroid bezeichnete Einschaltungen von Vulkaniklastiten anzutreffen. Auch hier gibt es eine größere Anzahl von Horizonten. Es handelt sich um Absätze aus Schlammströmen, die auf ihrem Transport in unterschiedlichem Maße Sedimentmaterial aufgenommen haben. Ihre Herkunft ist unsicher.

Das Ausgangsmaterial für alle diese Vulkanprodukte, die als Einschaltungen die weitere Devonzeit hindurch bis in unterkarbonische Sedimentfolgen aufzufinden sind, waren mehr oder weniger felsige Schmelzen von sehr beständigem Chemismus. Sie lassen sich geotektonisch auf einen Vulkanbogen beziehen, der in Zusammenhang mit einer nordwärts gerichteten Abtriftung (Subduktion) des Rheischen Ozeans stand.

4.2.2.2 Mitteldevon

Ablagerungen aus dem Grundgebirge jünger als Unterdevon sind im Westerwald auf seinen als Lahn-Dill-Gebiet bekannten Nordostbereich beschränkt. Dies ist eine Folge des in diese Richtung abfallenden Faltenspiegels, wodurch dort erst die jüngeren Schichtfolgen durch die Erosion angeschnitten werden. Das Lahn-Dill-Gebiet, das geographisch die Nordostecken von Taunus (südlich der Lahn) und Westerwald (nördlich der Lahn) besetzt, ist ein geologisch definierter Raum im südöstlichen Rheinischen Schiefergebirge. Die traditionelle Dreitei-

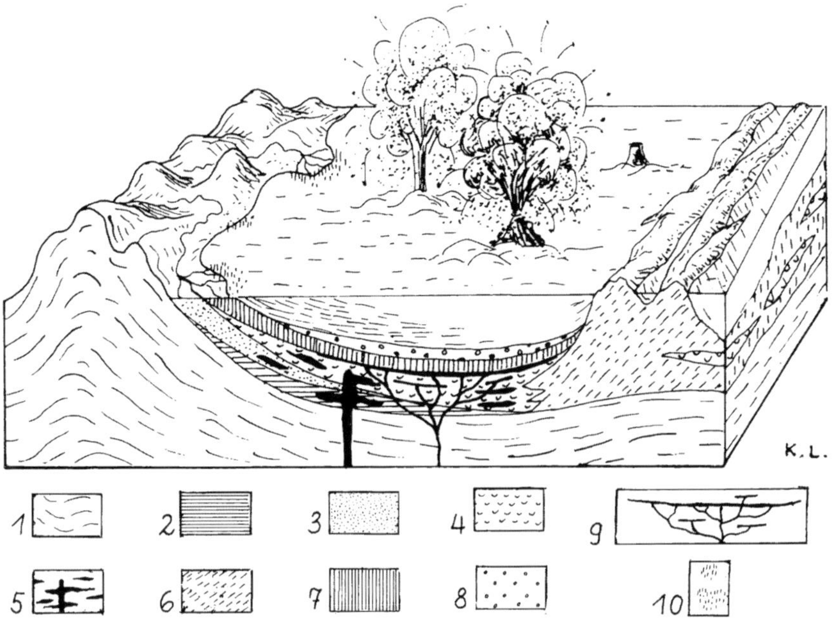

1 Siegener Sattel; 2 Wissenbacher Schiefer; 3 Eifel-Sichten; 4 Schalstein; 5 Gang-Diabas; 6 Korallenriff; 7 Tonschiefer; 8 verschiedene Tuffe; 9 Erzzubringerspalten mit Roteisenstein-Grenzlager; 10 Pflanzen der Strandzone

Abb. 26: Dillgebiet im Mittel- und Oberdevon (Rekonstruktion: Karl Löber sen.)

lung mit Dill- (Eder)-Mulde im Nordteil und Lahn-Mulde im Südteil, mit zwischenliegender Hörrezone, ist nach jüngeren tektonischen Erkenntnissen nicht mehr aktuell.

Das Lahn-Dill-Gebiet wird mit dem Einsetzen der Fazies der Wissenbacher Schiefer der Eifel-Stufe abgegrenzt. Durch die angesprochene Verschiebung der Unter-/Mitteldevongrenze setzen sie jetzt im höchsten Unterdevon ein. Dessen geologische Abgrenzung steht in Zusammenhang mit den früheren auf Roteisenstein umgehenden Bergbauaktivitäten in dieser Region. Die Vererzungen gehören zur devonischen Schichtenfolge und sind als Lahn-Dill-Typ bekannt geworden.

Zur Ausbreitung der Zentralfazies mit feinkörnigen Sedimenten der Tiefsee zum Ende des Unterdevons kommt ein Umschwung in den Sedimentationsbedingungen, indem ein Kalkgehalt hinzutritt. Dieser äußert sich in Knollen und Linsen sowie gelegentlichen Bänken in den als Wissenbacher Schiefer bekannten Schichten. Weil deren stratigraphische Reichweite regional unterschiedlich weit ist, werden sie inzwischen auch als Tonschiefer der Wissenbacher Fazies bezeichnet und mit einem Lokalnamen versehen.

Überwiegend enden sie mit der Eifel-Stufe, im Südwesten der Dill-Eder-Mulde noch innerhalb. Dort werden sie vom

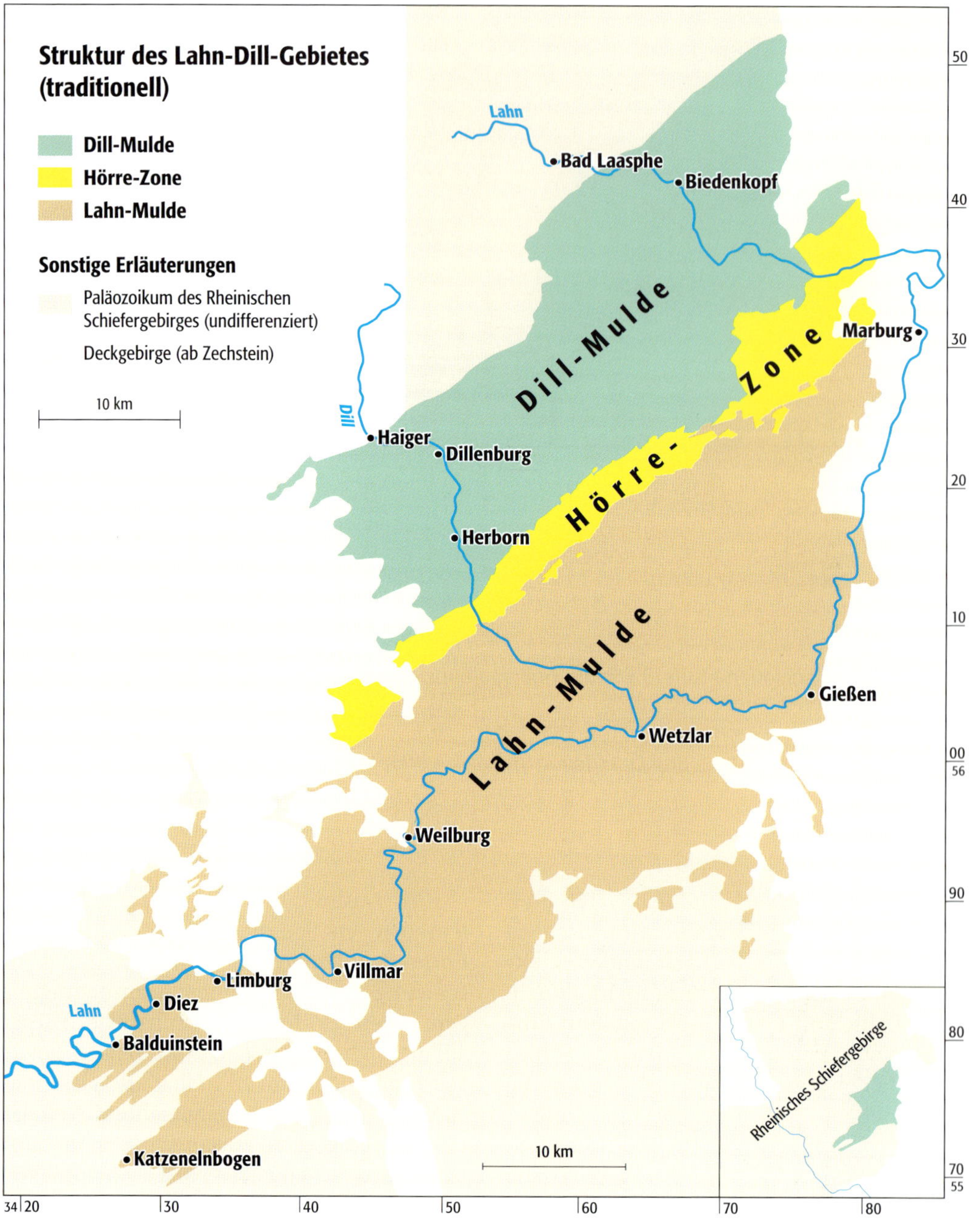

Abb. 27: Haigerhütte. Kartenausschnitt zum geologischen Profil am Übergang vom Unter- ins Mitteldevon, vom Siegener Hauptsattel zur Dill-Eder-Mulde (aus Flick 2010)

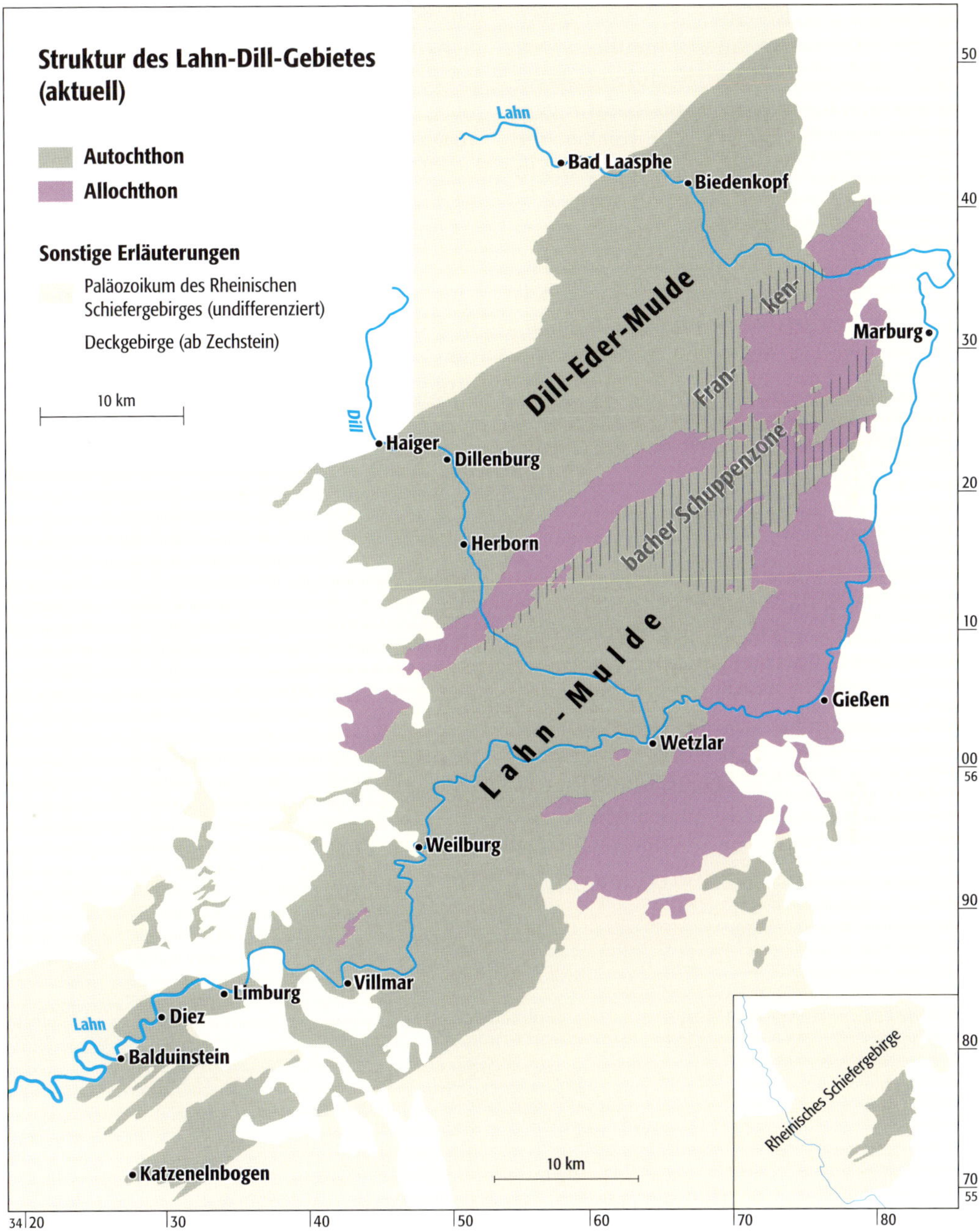
Struktur des Lahn-Dill-Gebietes (aktuell)
Autochthon
Allochthon
Sonstige Erläuterungen
Paläozoikum des Rheinischen Schiefergebirges (undifferenziert)
Deckgebirge (ab Zechstein)
10 km
Lahn
Bad Laasphe
Biedenkopf
Dill-Eder-Mulde
Fran-
ken-
bacher Schuppenzone
Marburg
Dill
Haiger
Dillenburg
Herborn
Lahn-Mulde
Gießen
Wetzlar
Weilburg
Villmar
Limburg
Diez
Lahn
Balduinstein
Katzenelnbogen
10 km
Rheinisches Schiefergebirge
50
40
30
20
10
00
56
90
80
70
55
34 20
30
40
50
60
70
80

Abb. 27

sogenannten Eifel-Quarzit überlagert, eine von mehreren unterschiedlich weit reichenden, vom Old-Red-Kontinent stammenden turbiditischen Sandschüttungen. Im Südwesten der Lahn-Mulde reichen die Tonschiefer der Wissenbacher Fazies bis in die Givet-Stufe (Oberes Mitteldevon).

Die Tonschiefer der Wissenbacher Fazies haben eine mittel- bis dunkelgraue Farbe, hervorgerufen durch einen hohen Gehalt an zu Anthrazit inkohlter organischer Substanz, und standen vielerorts als Dachschiefer in Abbau. Ihre Verwendung als Dachschiefer war allerdings durch den Gehalt an Karbonat wie auch an Pyrit beeinträchtigt. Wegen ihrer dunklen Farbe werden sie immer wieder irrtümlich für Schwarzschiefer gehalten. Es herrschten zwar keine aeroben, sondern als dysaerob bezeichnete Lebensbedingungen, d.h. trotz eines gewissen Sauerstoffmangels war vielfach ein Bodenleben möglich, wie entsprechende Fossilfunde zeigen. Im oberen Mitteldevon (Givetium) setzte sich die pelagische Sedimentation in den Styliolinen oder Tentakulitenschiefer.

Bedeutender als die klastische Sedimentation wurde im Givet ein bimodaler Vulkanismus, der bis in das frühe Oberdevon andauerte und deshalb als Givet-Frasne-Phase bezeichnet wird. Bimodal bedeutet, dass neben basischen auch saure, d.h. kieselsäurereiche Schmelzen gefördert wurden. Mit diesen Aktivitäten wurde eine Intensivierung der Dehnung und damit weitere Ausdünnung der Kruste im Old-Red-Schelf angezeigt. Hierbei scheinen die vulkanischen Aktivitäten im Lahn-Dill-Gebiet besonders intensiv gewesen zu sein, gefördert durch eine verstärkte Zerblockung des Untergrundes. Bis zur Bildung ozeanischer Kruste hat die Dehnung im Rhenoherzynikum allerdings nicht gereicht. Erst weiter westlich hat die Dehnung im sogenannten Rhenoherzynischen oder Gießen-Lizard-Ozean zu ozeanischer Kruste geführt.

Metabasalte, als Diabase bekannt, überwiegen bei weitem. Sie sind aus alkalibasaltischen bis basanitischen Schmelzen hervorgegangen. Dehnungsbrüche, die sich zu Halbgräben von nur wenigen Kilometern Abstand staffelten, ermöglichten deren Aufstieg. Hierbei entstanden sich mit ihren Produkten überlappende Zentral- und keine Spaltenvulkane, wie sich aus der Faziesverteilung in den Vulkangebäuden wie auch aus der Fließorientierung der Schmelzen ableiten lässt. Zur Zentralfazies gehören die Fördergänge mit den davon abgehenden Laven,

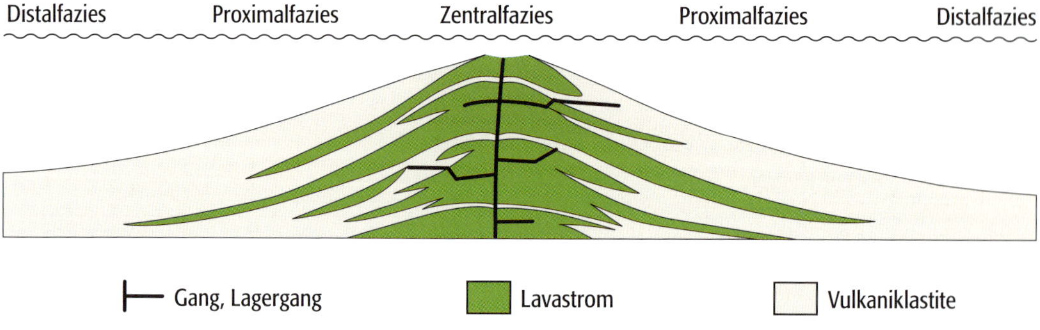

Abb. 28: Faziesmodell eines submarinen Vulkangebäudes der Givet-Frasne-Phase im Lahn-Dill-Gebiet (nach Flick & Nesbor 1990)

Fragmentierung	**pyroklastisch** *pyroklastisch: magmatisch*	**hydroklastisch** *pyroklastisch: phreatomagmatisch*	*hyaloklastisch*	autoklastisch	epiklastisch
Vorgang	explosive Entgasung	Granulation und Dampfexplosion	Granulation	mechanisches Zerbrechen	Erosion
auslösender Faktor	magmatische Gase	externes Wasser	externes Wasser	Fließvorgang	gravitative Massenverlagerung
fragmentiertes Material	Schmelze	Schmelze und Nebengestein	Lava	erkaltete Lava-krusten	ältere vulkanische und sedimentäre Gesteine
Klastentypen	Pyroklasten	Pyroklasten und xenolithische Lithoklasten	Hyaloklasten	Hyaloklasten, Pillow- und Deckenlavafragmente	Pillow- und Deckenlavafragmente, Hyaloklasten, Pyroklasten, Metatrachyt- und Riffkalkbruchstücke etc.
Blasengehalt	hoch	gering	gering	gering	gering bis hoch

Abb. 29: Fragmentierungsmechanismen vulkaniklastischer Gesteine der Givet-Frasne-Phase im Lahn-Dill-Gebiet (aus Nesbor 1993)

die als Decken- oder Kissenlaven entwickelt sein können. Nach außen treten im Bereich der Proximalfazies vulkaniklastische Produkte hinzu, wobei diese vor allem aus den zerbrechenden und zerfallenden Laven gebildet wurden. Die Distalfazies besteht schließlich nur noch aus den durch unterschiedliche Vorgänge entstandenen Vulkaniklastiten, wie das folgende Faziesschema für die Vulkanbauten zeigt.

Die Faziesbeziehungen lassen die Dimensionen der sich überschneidenden Vulkanbauten abschätzen, die nur selten die Meeresoberfläche durchbrochen haben. Bei Höhen von einigen 100 m wurden Basisdurchmesser zwischen 10 und 20 km erreicht. Intrusionen als Lagergänge sind in den Vulkangebäuden häufiger, im sedimentären Unterbau aber nur relativ selten anzutreffen.

Volumenmäßig haben die auf unterschiedliche Weise entstandenen vulkaniklastischen Ablagerungen den größten Anteil am Vulkangebäude der Givet-Frasne-Phase. Aufgrund ihres Erscheinungsbildes wurde diesen von den früheren nassauischen Bergleuten die Bezeichnung Schalstein gegeben, die das damit verknüpfte Eisenerz abbauten. Dieses Eisenerz, ein Roteisenstein, ist als Lahn-Dill-Typ in die Literatur eingegangen. Vergleichbare Lagerstätten wurden auch andernorts im Rhenoherzynikum gewonnen. Als letztes Bergwerk wurde die Grube Fortuna in Oberbiel bei Wetzlar 1983 stillgelegt und dient jetzt als Besucherbergwerk.

In marinem Milieu setzen nach der Ablagerung, gefördert durch eingeschlossenes Meerwasser und die vulkanische Restwärme, bereits im frühen diagenetischen Stadium mineralogische Veränderungen ein: aus dem basaltischen Ausgangsmaterial wurde ein Grünstein. Maßgeblich für die grüne Farbe ist das Schichtsilikat Chlorit; es ist ärmer an Eisen als die Ausgangssubstanz. Dieses wanderte zusammen mit weiteren Elementen ab, vor allem Kieselsäure, die bei den Alterationsprozessen freigesetzt wurde, und wurde am Meeresboden ausgeschieden. So kam es zur Lagerstättenbildung vom Lahn-Dill-Typ. Für diesen Prozess war der Schalstein mit durch die Abschreckung ursprünglich glasigen und damit besonders reaktionsfähigen Partikeln und einem großen Volumen von im

Abb. 30: Aus Massenstrom hervorgegangener Lapillituff. Die flächige Ablösung durch Schieferung führte zur Bezeichnung „Schalstein“ durch nassauische Bergleute, Grube Fortuna bei Oberbiel 1971

Porenraum eingeschlossenem Meerwasser geradezu prädestiniert.

Zu bauwürdigen Erzanreicherungen ist es erst zum Ende der vulkanischen Aktivitäten im sogenannten Grenzlager gekommen, das ungefähr mit dem Ende des Mitteldevons gleichzusetzen ist. Mitunter geben sich die Aufstiegswege der metallbeladenen Porenwasserströme durch den Schalstein an

Abb. 31: Diabas, Bomben-Schalstein (Langenaubach, Dasberg-Stufe, Ober-Devon)

ihrer roten Farbe zu erkennen. Wenn man von Temperatur und Metallinhalt absieht, lassen sie sich mit den aus der heutigen Tiefsee bekannten „Black Smoker“ vergleichen und zum Unterschied als „Red Smoker“.

Mit dem devonischen Vulkanismus im Lahn-Dill-Gebiet sind neben den alkalibasaltischen auch alkalitrachytische bis peralkalische rhyolithische Produkte verknüpft. Deren Entstehung wird immer noch kontrovers diskutiert. Im Unterschied zu den basaltischen Vulkanbauten haben sie häufig Inseln aufgebaut. Da diese weitgehend der Erosion zum Opfer gefallen sind, ist die tatsächliche Bedeutung der traditionell als Keratophyre und Quarzkeratophyre bezeichneten Produkte nur schwer abzuschätzen. Sie haben allerdings neben den Untiefen durch die submarinen Basaltvulkane eine wichtige Rolle bei der Entwicklung von Riffen des südlichen Rheinischen Schiefergebirges gespielt.

Das Devon war weltweit eine Zeit großer Riffbildungen, wo Klima und geringe Was-

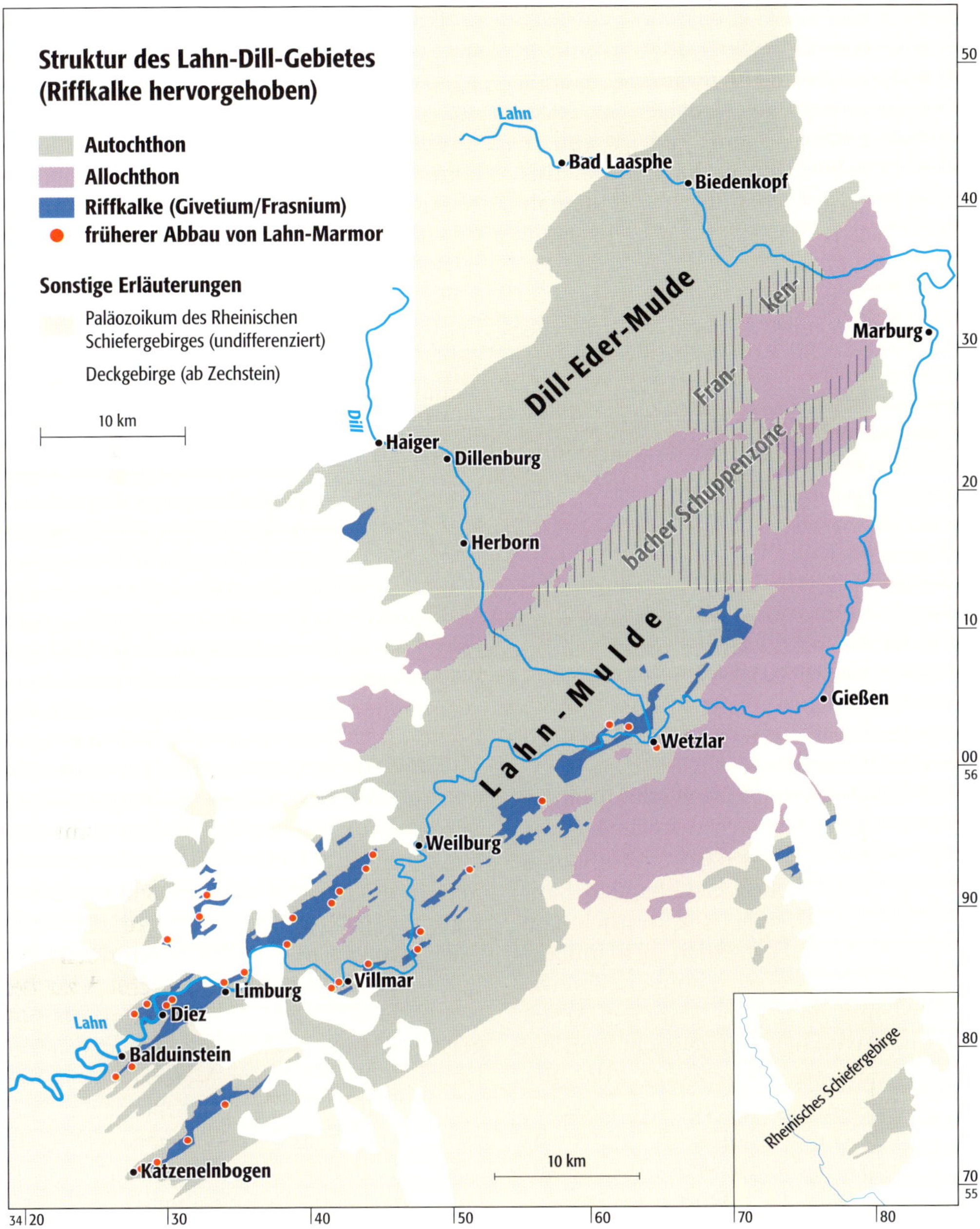

Abb. 32: Lahn-Dill-Gebiet. Hervorgehoben: Verbreitung der mittel-oberdevonischen Riffkalke, Gewinnungsstellen für Lahn-Marmor (nach Becker & Kirnbauer 1998)

sertiefe für geeignete Lebensräume sorgten. Die wichtigsten Riffbauer waren Stromatoporen (Verwandte der Schwämme), Korallen sowie Spuren von Blaualgen in Form von Stromatolithen. Damit gab es andere Lebensgemeinschaften als heutzutage. Das Grundprinzip des Riffaufbaus galt damals schon: Riffkern aus dem aufwachsenden Riff, Vorriff aus dem durch die Brandung erzeugten und in das Becken davor geschütteten Riffschutt und Rückriff mit der im Schutz des Kernriffs ruhigen Sedimentation, häufig als Lagune und übersalzenem Wasser ausgebildet. Möglichkeiten zur Riffentwicklung bot das Rheinische Schiefergebirge zum einen als Barriere- oder Wallriff, das sich im Prinzip von der Eifeler Nord-Süd-Zone über das Bergische Land bis in das Sauerland erstreckte, zum anderen als Saumriff an den Vulkanbauten im südlichen, offenen Schelf, zu dem das Lahn-Dill-Gebiet gehörte. Aufgrund ihres internen, dichten Gefüges und der Mächtigkeit bis etliche 100 m werden die devonischen Riffkalke zusammenfassend als Massenkalke bezeichnet.

Im Lahn-Dill-Gebiet sind sie in ihrer Verbreitung sehr ungleich verteilt. Aus der Dill-Eder-Mulde ist nur das weiterhin auch durch einen Steinbruch erschlossene Langenaubach-Breitscheider Riff westlich von Herborn bekannt. Es handelt sich um ein ehemaliges Atoll, dessen komplexe interne Faziesbeziehungen in der klassischen Arbeit von Krebs (1966) bekannt gemacht wurden. Hinweise auf weitere ehemalige Riffe gibt es nicht, im Unterschied zur Lahn-Mulde, deren zahlreiche Vorkommen beiderseits der Lahn über den Südrand des Westerwaldes hinausreichen. Dort wird noch in zwei Vorkommen Material gewonnen. Die frühere Bedeutung der Riffkalke lag jahrhundertelang in ihrer Nutzung als sogenannter Lahn- oder Nassauer-Marmor, da sie einen attraktiven Dekorationsstein lieferten, der selbst nach Übersee verschifft wurde. In großer Zahl verteilten sich die Abbaue über die ganze Lahnmulde. Die letzten Betriebe schlossen Ende der sechziger Jahre. Durch die gesägten Wände sind viele Details augenscheinlich, leider nur noch in drei Vorkommen nachzuvollziehen.

Da neben der Saumriffbildung lokal der Bewuchs der Inseln mit den frühen Landpflanzen durch Pflanzenfossilien und Wurzelhorizonte nachweisbar ist, ist die Bezeichnung des Raumes des südlichen Rheinischen Schiefergebirges bei seiner Lage, südlich des damaligen Äquators, als devonische Südsee durchaus angebracht. Ein wichtiger Unterschied zu den rezenten Verhältnissen besteht darin, dass keine ozeanische, sondern eine kontinentale Kruste in geringerer Tiefe den Unterbau bildete und statt Palmen (kleinere) Psilophyten (Urfarne) wuchsen. Das globale Aussterbeereignis im tieferen Oberdevon brachte das Riffwachstum weltweit für viele Millionen Jahre zum Erliegen.

4.2.2.3 Oberdevon

Vulkanische Aktivitäten wie auch Riffwachstum haben im Verlauf des höheren Mitteldevons mit Fortsetzung in das tiefe Oberdevon zu einer starken Reliefentwicklung im Meeresraum geführt. Dieses spiegelt sich in einer entsprechenden Faziesvielfalt bei den Ablagerungen im weiteren Oberdevon des Lahn-Dill-Gebietes wider. Die abgestorbenen Riffe bildeten Hochschwellen, die von geringmächtigen Kalken überlagert wurden. Dabei können wenige Meter das gesamte Oberdevon abbilden. Im Oberdevon kam es auch schon zur Verkarstung, wie durch karbonatische Spaltenfüllungen belegt wird. Das Langenaubach-Breitscheider Riff wurde allerdings erst im Unterkarbon wieder in den Sedimentationsraum einbezogen.

Die Beckenräume füllten sich mit einer besonders in der Frasne-Stufe vielfältigen Sedimentfolge. Unter den klastischen Ablagerungen sind die Adorf-Bänderschiefer, charakterisiert durch einen Wechsel von hell- und dunkelgrauen Lagen, von besonderer Bedeutung. Dazu kommen lokal Kieselschiefer und Plattenkalke sowie im Dill-Gebiet die Dillenburg-Formation. Sie besteht aus einer polymikten Folge aus vor allem Vulkanitklasten, die zu der früheren Bezeichnung Dillenburger Tuffe geführt haben. Die Ablagerungen der Dillenburg-Formation bilden den Abtragungsschutt von Vulkanbauten, eingeschlossen Tuffe und Tuffite, an denen die Alkalitrachyte bis peralkalischen Rhyolithe einen besonderen Anteil haben. In der Lahn-Mulde sind solche Ablagerungen homogener und wurden in den schon länger erschienenen Erläuterungen zu den geologischen Messtischblättern als Keratophyr-Schalstein oder Keratophyr-Tuffe bezeichnet. Das angesprochene Aussterbeereignis am Ende der Frasne-Stufe äußert sich in zwei geringmächtigen schwarzen Einschaltungen, im Schwellenbereich karbonatisch, in den Beckenbereichen tonig entwickelt. Sie werden nach einer Fundstelle im Harz als Kellwasserhorizonte benannt und sind Anzeiger einer euxinischen Fazies (d.h. O_2-freies Meerwasser ließ kein Bodenleben und damit keinen Abbau von organischer Substanz zu). Entsprechend findet sich darin keine bodenlebende Fossilfauna.

Nach dem Frasnium war die Sedimentation in den Beckenbereichen bereits ausgeglichener. Es herrschten als Cypridinenschiefer bekannt gewordene Ton- und Siltsteine vor. Cypridinen ist die frühere Bezeichnung für die relativ häufig auf Schichtflächen anzutreffenden Ostracoden. Die verbreitet rote Farbe rührt vom Eintrag vom Old-Red-Kontinent her und ist auf die dortige lateritische Verwitterung zurückzuführen (mdl. Mitt. J. Dvořak, Brünn 1991). Den Übergang von der Karbonatfazies zur klastischen Fazies bilden die Kalkknotenschiefer, in denen die Trennung der bei der Ablagerung enthaltenen Kalkkomponente in Kalkknollen und -knoten von einer frühdiagenetischen Sammelkristallisation herrührt.

Abb. 33: Kalkknotenschiefer aus dem mittleren Oberdevon (tiefere Famenne-Stufe) am Schiffstunnel in Weilburg (Mittlere Lahn-Mulde)

Bis zum Ende des Oberdevons machte sich der Old-Red-Kontinent immer wieder durch Sandschüttungen bemerkbar, die durch Suspensionsströme verteilt wurden und selten bis in den Bereich der Lahn-Mulde reichten.

Aus dem höheren Oberdevon sind lokal noch einmal vulkanische Aktivitäten mit der Förderung von sogenannten primitiven alkalibasaltischen Schmelzen bekannt. Das dokumentiert sich darin, dass bei einem schnellen Aufstieg ohne Unterbrechung (in Stunden bis wenigen Tagen) keine Veränderungen im Chemismus der Schmelze erfolgten, d.h. keine Differentiationsvorgänge abliefen. So konnten Mantelbruchstücke (ehemalige Lherzolithknollen) bis zur Oberfläche gefördert werden. Bisher sind solche Meta-Lherzolithknollen in der Dill-Eder-Mulde und der Lahn-Mulde gefunden worden. Vulkanische Nachphasen mit primitiven Schmelzen nach einigen Millionen Jahren Unterbrechung sind sehr typisch für einen Intraplattenvulkanismus.

Im Verlauf des höheren Oberdevons (Famennium) konnten die vielfältigen Ablagerungen das submarine Relief weitgehend ausgleichen. Das Ende des Devons, die Dasberg-Stufe, brachte im Bereich des Westerwaldes mit den grauen bis grüngrauen Hangenberg-Schiefern eine geringmächtige einheitliche, lückenhaft verbreitete Tonsedimentation, die in die Periode des Karbons überleitet.

4.2.3 Karbon (Unterkarbon)

Wie eben angeführt, ist der stratigraphische Übergang vom Devon zum Karbon unauffällig gleitend. Allerdings hat sich damit ein Wechsel in den Sedimentationsbedingungen angekündigt. Die Zufuhr von klastischem Material vom Old-Red-Kontinent auf den Schelfraum des Rhenoherzynikums kam zum Erliegen, so dass der karbonische Anteil der Hangenberg-Schiefer zwar das gesamte Unterkarbon I (unteres Tournaisium) einnimmt, dies aber bei nur wenigen Metern Mächtigkeit. Das Nachlassen der Sedimentzufuhr geht auf die inzwischen soweit fortgeschrittene Abtragung auf dem Old-Red-Kontinent zurück, dass das Meer weit übergreifen konnte und die Zufuhr klastischen Materials auf den Schelf zum Erliegen brachte. In der Folge wurde der Sedimentationsraum zweigeteilt. Landnah konnte sich im sogenannten Kohlenkalk eine riesige Karbonatplattform entwickeln, die bis in das heutige Nordamerika reichte, aber randlich noch auf den Nordwesten des rechtsrheinischen Schiefergebirges übergriff. Rutschmassen von dort erreichten im höheren Unterkarbon den Raum des Westerwaldes.

Der Beckenbereich vor dem Kohlenkalk gehörte zur Kulmfazies, die sich im weiteren Verlauf durch eine sogenannte Hungersedimentation auszeichnete. Die Hangenberg-Schiefer werden nach oben zunehmend dunkler und im Unterkarbon II (*Pericyclus*-Stufe, mittleres bis höheres Tournaisium) von den Liegenden Alaunschiefern abgelöst. Es handelt sich um tiefschwarze (kohlenstoff- und pyritreiche), etwas kieselige Tonschiefer, die auch nur bis 15 m Mächtigkeit erreichen und als euxinisches Sediment erneut fehlenden Sauerstoff im Meerwasser anzeigen.

Typisch ist dabei das Auftreten von Phosphoritknollen. Der Name Alaunschiefer bezieht sich auf deren frühere Nutzung zur Gewinnung von Alaun. Dazu wurden die Schiefer den Atmosphärilien ausgesetzt. Hierbei führte die Oxidation des Pyrits zur Bildung von Schwefelsäure, die sich wiederum in einer Zersetzung der Tonschiefer auswirkte. Das dadurch aus den Tonmineralien freigesetzte Kalium und Aluminium reagierte seinerseits mit der Schwefelsäure unter der Bildung von Alaun.

Die Alaunschiefer gehen in die schwarzen („Lydite") und nach oben zunehmend bunten Kulm-Kieselschiefer über, die das weitere Unterkarbon II (höheres Tournais, tieferes Visé) vertreten. Zentimeterdünne kieselige Lagen wechseln mit tonigen Lagen, an denen dünne rhyodazitische Tuffe beteiligt sind.

Die Kieselschiefer schwanken stark in ihrer Mächtigkeit. Sie können örtlich auch fehlen, weil sich nach unbedeutenden Vorläufern seit Ende des Oberdevons ein zweiter vulkanischer Zyklus voll entwickelt und dabei ein neues submarines Relief geschaffen hat. Die hierbei erkennbare größere Tiefe der submarinen Eruptionen belegt die noch andauernde Dehnung auf dem Old-Red-Schelf, die den Aufstieg der Schmelzen beförderte.

Abb. 34: Pillowlava aus dem mittleren Unterkarbon (Tournais-Stufe), Böschung an Sportplatz Herborn-Seelbach (Dill-Eder-Mulde)

Im Unterschied zum devonischen vulkanischen Zyklus wurden im Karbon tholeiitische (subalkalische) basaltische Schmelzen gefördert, die in ihren geochemischen Merkmalen aber ebenfalls ein Intraplattenmilieu belegen. Auch in ihrem Erscheinungsbild unterscheiden sich die als Deckdiabas bekannt gewordenen karbonischen Vulkanite, bedingt durch eine geringere Viskosität bei gleichzeitig einem primär geringeren Gehalt an Fluiden. In der Folge ist es bei diesen submarinen Eruptionen nur zu einer schwachen Entgasung in den Laven gekommen, woran vulkaniklastische Produkte einen nur verhältnismäßig geringen Anteil haben. Die Schmelzen wurden weitgehend als Pillowlaven gefördert, der typische Vulkan im Unterkarbon war ein Pillowvulkan. Der Begriff Pillows (Kissen) schließt isolierte Körper, die es auch gibt, mit ein. In geeigneten Aufschlussverhältnissen zeigt sich jedoch, dass es in erster Linie um Lavaschläuche geht, die sich überschneiden und auch verzweigen.

Aufschlussbedingt werden die Pillows bevorzugt im Querschnitt angetroffen. Dabei wird deutlich, dass die unterkarbonischen Pillows etwas anders ausgebildet sind als die devonischen. Die Speichenrisse sind besonders stark ausgeprägt, so dass die Pillows häufig daran zerbrechen, nicht selten schließen sie auch Sedimentmaterial ein. Dagegen ist die im Devon typische Anreicherung der Gasblasen, die die Außenform nachzeichnen, nur schwach entwickelt oder fehlt. An der im Dilltal Herborn umgehenden Bundesstraße sind die Pillowlaven großflächig aufgeschlossen.

Insgesamt steht die Förderung der tholeiitischen Schmelzen den alkalibasaltischen im Devon kaum nach, etliche 100 m Mächtigkeit kommen zusammen. Wie aus der gebräuchlichen Bezeichnung Diabas, genauer Deckdiabas, für die unterkarbonischen Meta-Basalte abgeleitet werden kann, wurden sie ebenfalls von einer diagenetischen Alteration (Vergrünung) erfasst, die zu einer Abfuhr von Elementen analog zu den Vorgängen der Roteisensteinbildung im Devon geführt hat. Allerdings ist hierbei das Eisen nicht in dem Umfang mobilisiert worden, so dass nur vergleichsweise geringe Erzmengen entstanden und somit die Abbauversuche höchst selten erfolgreich waren. Als Eisenkiesel bezeichnet, bilden die hauptsächlich aus Kieselsäure bestehenden, überwiegend auffällig rot gefärbten zum Teil sehr großen Klippen, wie die Wilhelmsteine nordöstlich Dillenburg. Ihre Verbreitung kann genutzt werden, um unterschiedliche Ergüsse der Meta-Basalte zu trennen. Das zeigt, dass die Alteration der Laven in dem marinen Raum schon unmittelbar nach der Ablagerung und damit sehr früh begonnen haben muss.

Die heutigen Vorkommen des unterkarbonischen Deckdiabas beschränken sich auf die Dill-Eder-Mulde und die östliche Lahn-Mulde. Dass dieser ursprünglich in der ganzen Lahn-Mulde und darüber hinaus verbreitet war, lässt sich aus dem Auftreten von tholeiitischen Intrusionen erschließen. Sie finden sich in der gesamten Region im sedimentären Unterbau, besonders im Bereich der oberdevonischen Ablagerungen.

Die Schmelzen drangen zumeist schichtparallel ein und bildeten Lagergänge mit bis über 100 m Mächtigkeit und mehrere Kilometern Länge. Als Dolerite (grobkörnige Basalte) entwickelten sie ein charakteristisches Korngrößen- und Verwachsungsgefüge. Dabei konnte sich verschiedentlich im Liegenden ein pikritischer Bodensatz ansammeln. Örtlich kam es auch zu eigenständigen pikritischen Intrusionen wie bei Eschenburg-Hirzenhain. Die Pikrite wurden früher auch zu Dekorationszwecken abgebaut, heute nur noch zu Schotterzwecken. Als homogene grobkörnige Gesteine neigen sie in besonderem Maße zur Wollsackverwitterung. Im tiefen Unterkarbon III (*Goniatites*-Stufe, Mittleres Visé) hat es erneut eine alkalibasaltische Nachphase mit primitiven Schmelzen gegeben, die im Raum Oberscheld (Dill-Eder-Mulde) anhand von Vulkaniklastiten nachgewiesen werden konnte. Und gleichfalls sind damit Nebengesteine (Meta-Lherzolithe) verknüpft, die als solche wegen ihrer starken diagenetischen Überprägung erst vor wenigen Jahren als solche erkannt wurden.

Zur sedimentären Abfolge in der *Pericyclus*-Stufe gehören örtlich fossilreiche Kalkeinschaltungen. Nach ihrer Erstbeschreibung auf dem erwähnten Langenaubach-Breitscheider Riff, das nunmehr wieder in den Sedimentationsraum einbezogen wurde, werden sie als Erdbach-Kalke bezeichnet. Sie sind nicht auf diesen Raum beschränkt und finden sich ebenfalls anderswo im Unterkarbon II als Bänke, Zwickelfüllungen von Kissenlaven oder als Karst- und Spaltenfüllungen der mittel-/oberdevonischen Riffe.

Die *Goniatites*-Stufe (Mittleres bis Ende Visé) brachte einen Wechsel im Sedimentationsgeschehen, indem dieses nunmehr von Süden bestimmt wurde. Dies wurde eingeleitet durch die Kulm-Tonschiefer, die distale Turbiditschüttungen zu den Flyschablagerungen sind und damit eine Vorankündigung der herannahenden Variszischen

Abb. 35: Poseidonsmuschel *Posidonia venusta,* Leitform des Oberdevon; (*P. becheri*: vgl. Abb. 124)

Gebirgsbildung darstellen. Örtlich sind einzelne Kalkbänke enthalten. Als häufiges Fossil ist die Poseidonsmuschel *Posidonia becheri* Bronn im tieferen Abschnitt der Kulm-Tonschiefer anzutreffen, sich überschneidend die Schichtflächen bedeckend, weshalb synonym auch der Begriff Posidonien-Schiefer gebraucht wird.

Nach oben schalteten sich zunehmend Grauwackenbänke ein, die die mittlere Fazies der Flyschablagerungen darstellen, wobei deren Einsetzen nach Norden immer jünger wird. In der Folge verloren gegenläufig die Tonschiefer zunehmend an Bedeutung, so dass sie im höheren Abschnitt kaum noch oder gar nicht mehr vertreten sind und die Kulm-Grauwacken dominieren. Dabei werden diese so homogen und massig, dass es schwierig wird, eine Schichtung zu erkennen. Mit den Grauwacken endete die Sedimentation im Bereich des Westerwaldes. Die fazielle Verzahnung von Grauwacken und Tonschiefern in den Turbidit-Schüttungskörpern, dazu die fehlende stratigraphische Überdeckung und die tektonische Zerstückelung, verhindern eine einigermaßen verlässliche Mächtigkeitsangabe für diese nunmehr in der Grauwacke-Formation zusammengefassten Sedimente. Einige Hundert Meter kommen auf jeden Fall zusammen.

4.3 Variszische Gebirgsbildung (Oberkarbon)

Einleitend wurde herausgestellt, dass das Grundgebirge in Mitteleuropa – und damit auch der Unterbau des Westerwaldes – ein Produkt der Variszischen Orogenese ist, als im Prinzip alle Kontinente einschließlich der zwischenliegenden Mikrokontinente zum Großkontinent Pangäa vereinigt wurden. Dies vollzog sich unter Schließung des Rheischen Ozeans zwischen Avalonia und dem Armorikanischen Terran-Ensemble und wurde mit dem Andocken von Gondwana bei Schließung des Paläo-Tethys-Ozeans vollendet.

Die jüngsten Grundgebirgsablagerungen im Westerwald-Raum, die vom Armorikanischen Terran-Ensemble geschütteten Tonschiefer und Grauwacken im Visé, belegen den ersten Kontakt. Die einengende Deformationswelle erreichte den Raum aber erst im Oberkarbon im Verbund mit einer intensiven Deckentektonik. Deren Ausmaß ist erst in den letzten Jahren so richtig deutlich geworden. Dabei nimmt im Rheinischen Schiefergebirge, neben dem Kellerwald, der Raum des Lahn-Dill-Gebietes und damit des östlichen Westerwaldes eine Schlüsselrolle ein. Aus diesem Grund hat sich für das Lahn-Dill-Gebiet eine Trennung in autochthone und allochthone Struktureinheiten als sinnvoll erwiesen.

4.3.1 Gebietseigenes Schiefergebirge

Die variszische Deformation erreichte knapp 330 Ma vor heute, d. h. am Ende des Visé, den Südrand des Rheinischen Schiefergebirges und erfasste den Nordrand vor

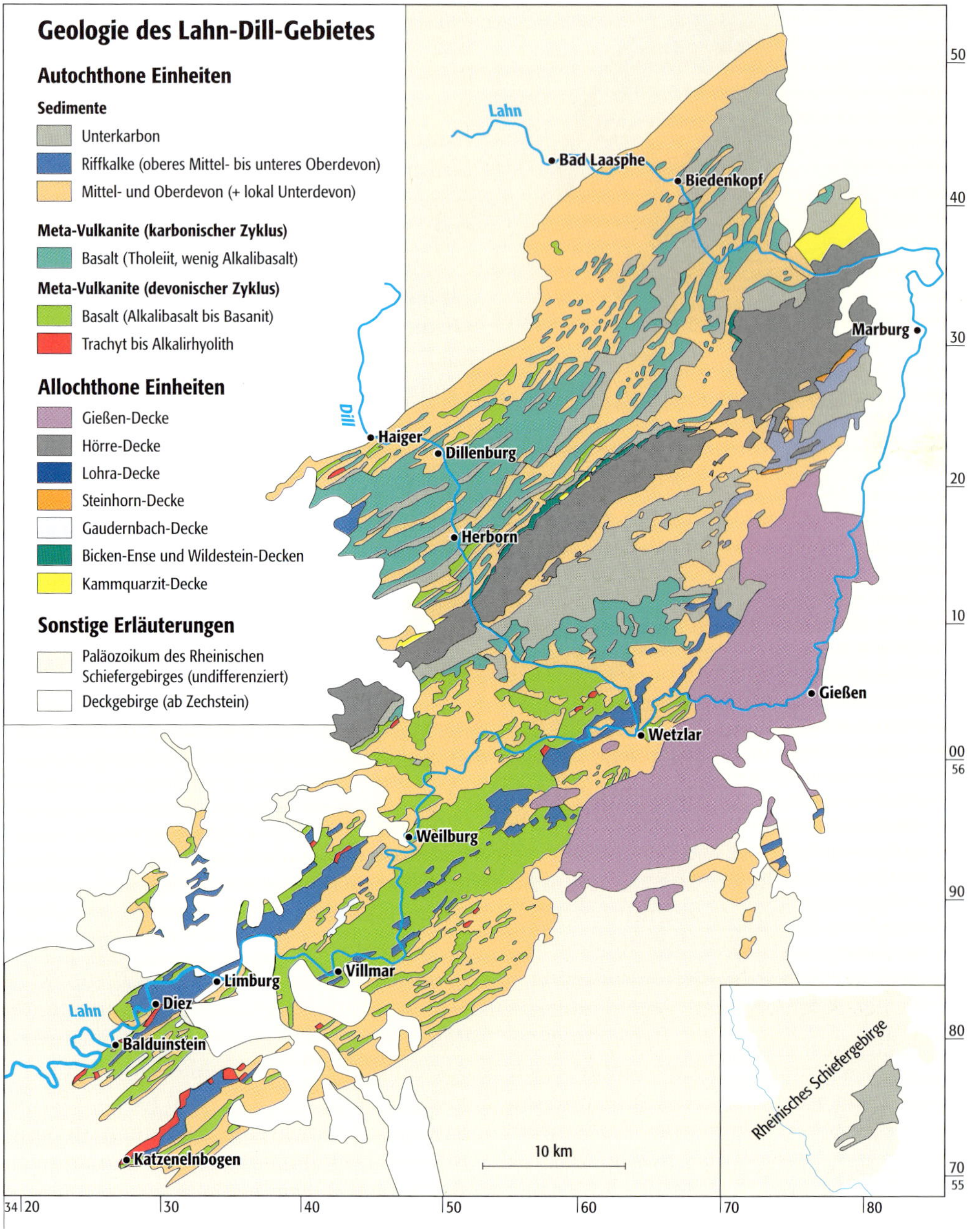

Abb. 36: Geologie des Lahn-Dill-Gebietes (aus Flick & Nesbor 2018; Flick & Flick 2017, verändert)

Abb. 37: Unterdevon im Nistertal, Thal bei Wissen

etwa 300 Ma, d. h. am Ende des Karbons im mitteleuropäischen Verständnis. Der Raum des Westerwaldes war etwa zwischen 320 und 312 Ma betroffen. Diese Zahlenangaben basieren auf der radiometrischen Datierung während der Deformation neu gewachsener Schichtsilikate und bestätigen die Wanderung der Deformation von Süden nach Norden, wie das bereits aus den nach Norden jünger werdenden Schüttungen von Grauwacken geschlossen worden war. Man geht von einem durchschnittlichen Zusammenschub auf die Hälfte aus, im Süden mehr, im Norden weniger. Da der Westerwald etwa in der Mitte liegt, dürfte diesem der Durchschnittswert in etwa entsprechen. Das bedeutet, dass die ursprüngliche Breite quer zum Streichen vor der Verformung bei ca. 70 km lag. Daraus lässt sich bei der ablaufenden Kontinent/Kontinent-Kollision für den Zusammenschub eine Geschwindigkeit der Einengungsbewegung von knapp 1 cm/a ableiten.

In der Folge wurden die Schichtfolgen gefaltet, die feinkörnigen dabei auch geschiefert. Aus ehemaligen untermeerischen Rücken wurden größere Sättel (faziesgebundene Tektonik). Aus Abschiebungen wurden Überschiebungen, wie bei der im Kapitel Unterdevon genannten Siegener Hauptstörung (Siegener Hauptüberschiebung) oder der Boppard-Görgeshausener Überschiebung. Reine Biegefalten erlauben eine Einengung bis etwa ein Drittel, bei stärkerer Einengung kommt es zu deren Zerscherung mit Unterdrückung der Liegendflügel der Sättel. Dies erklärt die z. T. heftige Schuppentektonik vor allem im südlichen Rheinischen Schiefergebirge, den Westerwald eingeschlossen. Aus der Richtung der Einengungsbewegung von Südost nach Nordwest folgt eine Kipprichtung der Strukturen, d. h. bei den Falten ist der NW-Flügel gegenüber dem SE-Flügel steiler, eventuell auch überkippt. Überschiebungen und Schieferung fallen nach Südosten ein. Mit der Einengungsbewegung sind mit Quer- oder Diagonalstörungen weitere Bruchstrukturen verbunden.

Krustenverkürzung bedeutete gleichzeitig Krustenverdickung, d.h. die paläozoische Schichtenfolge wurde mit dem Faltungs- und Überschiebungsvorgang, in den der Deckenstapel einbezogen war, auch versenkt. Damit ging eine leichte örtliche Metamorphose einher, die im Westerwald eine Temperatur von 300 °C nicht überschritten hat. Unter diesen Bedingungen entstand in Zusammenhang mit der Biegescherfaltung die Transversalschieferung, die aus der dadurch möglich gewordenen Gewinnung von Dachschiefern für die Namengebung des Rheinischen Schiefergebirges ursächlich war. Für die Vulkanite bedeutet dies, dass das Ausmaß der Regionalmetamorphose die mineralogischen Veränderungen aus der diagenetischen Alteration i. A. nicht übertraf.

4.3.1.1 Armorikanische Decken

Die Wiederbelebung des Gedankens einer Deckentektonik im Rheinischen Schiefergebirge erfolgte mit der Neuinterpretation der Gießener Grauwacke. Dabei hat sich die Gießen-Decke als zweiteilig mit unterschiedlichem Alter erwiesen, einem größeren südlichen Teilbereich mit Unterkarbon- und einem kleineren mit tieferem Oberdevon-Alter. Zudem sind aus der Grauwackenfolge liegende Falten bekannt, ein Faltenstil, der im Autochthon in dieser Intensität nicht anzutreffen ist.

Im Weiteren wurde aus der Hörre-Zone die Hörre-Decke, ausgehend von dortigen Grauwacken mit höherem Oberdevon- und tieferem Unterkarbon-Alter, die sich nicht in die autochthone Schichtenfolge einfügen. Andererseits fehlen in der Hörre dem Deckdiabas vergleichbare Vulkanit-Einschaltungen aus dem Unterkarbon. Darüber hinaus zeichnet sich die Hörre-Decke durch einen intensiveren tektonischen Baustil aus und führte lokal ebenfalls zu liegenden Falten.

Aus diesem Zusammenhang war eine Gewinnung unterkarbonischer Tonsteine bei Sinn/Dill als Dachschiefer möglich, die somit die jüngsten im Rheinischen Schiefergebirge darstellen. In der Hörre-Decke finden sich auch Einschuppungen anderer Deckeneinheiten, so die zur Steinhorn-Decke zugerechneten exotischen Karbonate, wie dem Greifensteiner Kalk an dessen Typlokalität, der aus dem Tepla-Barrandium in Böhmen abzuleiten ist.

Beiderseits der Hörre-Decke zeigt sich eine besonders starke Verschuppung der geologisch trennbaren Einheiten. Sie sind räumlich als Frankenbacher Schuppenzone zusammengefasst worden. Die in der Folge bei gezielten Probennahmen möglich gewordenen Provenienzanalysen an Zirkonen aus grobklastischen Sedimenten, erweitert auf das Gebiet des Kellerwaldes, brachten den Beweis für das Ausmaß der Deckentektonik im Rheinischen Schiefergebirge. Hieraus ergab sich die Notwendigkeit, in der tektonischen Zerstückelung der Frankenbacher Schuppenzone mit Steinhorn- und Lohra-Decke weitere armorikanische Deckeneinheiten auszuscheiden. Im Unterschied zu Gießen-Decke und Hörre-Decke handelt es sich lediglich um kleine isolierte Relikte.

4.3.1.2 Rhenoherzynische (Avalonische) Decken

Im Lahn-Dill-Gebiet, wie auch im Kellerwald und damit schon außerhalb des Westerwaldes, finden sich eingeschuppt geologische Einheiten, die zwar nicht dem

Abb. 38: Klippen im Kammquarzit (mittleren Unterkarbon, Tournais-Stufe), Ulmtal südlich Beilstein (Kammquarzit-Decke)

armorikanischen Deckenstapel zugeordnet werden können, aber in ihrer faziellen Ausbildung fremd im Autochthon sind. Nachdem sich gezeigt hat, dass Avalonia nicht am Südrand von Taunus und Hunsrück, damit am Südrand des Rhenoherzynikums endete, kann auf einen Raum für Ablagerungen geschlossen werden, der als Südavalonia bezeichnet wird.

Dass Avalonia breiter war, als bisher allgemein für die Strukturgliederung des Variszikums in Mitteleuropa dargestellt und nicht nur bis zum Südrand des Rheinischen Schiefergebirges reichte, ist allein schon aus der unterdevonischen Sedimentfolge im Taunus abzuleiten. Dessen prominentestes Glied, der Taunusquarzit, ist von einem südlichen Bereich Avalonias geschüttet worden. Außerdem hat sich inzwischen erwiesen, dass die Naht des Rheischen Ozeans als Grenze zwischen Avalonia und Armorikanischen Mikrokontinente-Ensemble mitten in der sogenannten Mitteldeutschen Kristallinschwelle steckt. Das bedeutet auch, dass der größte Teil von Südavalonia offensichtlich im Zuge der Variszischen Orogenese vom Armorikanischen Ensemble überfahren wurde, wobei Späne der Sedimentbedeckung mit dem armorikanischen Deckenstapel verfrachtet und in den Bau des Rhenoherzynikums, einschließlich der Westerwaldregion, einbezogen wurden.

Mit zu den Rhenoherzynischen (Avalonischen) Decken rechnet der unterkarbonische Kamm-Quarzit, der unter verschiedenen Lokalnamen bekannt und diskontinuierlich vom Lahn-Dill-Gebiet bis in den Flechtinger Höhenzug bei Magdeburg zu verfolgen ist. Für den diagenetisch silifizierten Quarzit, hervorgegangen aus einem küstennahen Sediment, war schon länger ein Sedimenttransport von Nordosten nach Südwesten erkannt worden. Es konnte gezeigt werden, dass ein Teil des Old-Red-Kontinentes Materiallieferant war und nicht die Mitteldeutsche Kristallinschwelle als Teil des Armorikanischen Terran-Ensembles.

Auch für weitere, nur als kleinere Späne vorliegende Deckeneinheiten hat sich keine armorikanische Abkunft bestätigen lassen. Dazu gehört die aus Sedimenten des Emsium bis Viséum aufgebaute Frankenbach-Decke. Auf die Nordseite der Hörre-Decke beschränkt ist die oberdevonische Wildestein-Decke.

Das gilt auch für die Bicken-Ense-Decke, in der geringmächtige Karbonate aus dem höheren Unterdevon bis tiefen Unterkarbon in mitteldevonische Tonschiefer eingeschuppt sind und stabile Lebens- und Sedimentationsverhältnisse repräsentieren. Eine Schwellenlage am Außenrand des avalonischen Schelfs lässt sich darin zumindest für den Ballersbach-Kalk (Wende Unter- zum Mitteldevon) aus der reichhaltigen Trilobitenfauna erschließen.

Ebenfalls nicht in ihre Umgebung einzuordnen sind am Südrand des Westerwaldes östlich Limburg die oberdevonischen Gaudernbacher-Schichten, die deshalb als allochthon interpretiert werden und wohl am ehesten nach Südavalonia gehören dürften.

4.4 Erzlagerstätten des Westerwaldes

4.4.1 Einführung

Das Grundgebirge im Rheinischen Schiefergebirge ist ein Raum zahlreicher Mineralisationen, die vielerorts auch zu gewinnbaren Lagerstätten angereichert in Abbau gestanden haben. Der Westerwald hatte seinen Anteil daran. Auf die syngenetischen Roteisensteinvererzungen des Lahn-Dill-Gebietes ist im entsprechenden erdgeschichtlichen Abschnitt eingegangen worden. Die epigenetischen Vererzungen mit ihren Ganglagerstätten, allen voran die Siegerländer Spateisensteine, werden nun im Folgenden vorgestellt. Wie alte Schlackenhalden, Pingen und Schürfe bezeugen, hat die Gewinnung und Verhüttung von Erzen im Westerwald eine Tradition, die sich sicherlich über etliche Jahrhunderte spannt, urkundlich fassbar ist sie mit Beginn des 18. Jahrhunderts. Vermutlich kamen im Nordosten erfahrene Berg- und Hüttenleute aus dem Daade- und Hellertal des angrenzenden Siegerlandes hinauf auf die Höhen des Westerwaldes, um dort ihr Glück zu suchen. Vom Südwesten her drang ebenfalls eine durchaus bedeutende Bergbautradition in den Westerwald vor, die sicher noch auf den römischen Bergbau am Rhein zurückgeht. Viele kleinere Hütten- und Schmiedeplätze im Westerwald weisen auf lokale Verarbeitung der meist geringwertigen (und oft auch nicht aushaltenden) Westerwälder Erze hin, vermutlich vom Früh- bis ins Hochmittelalter in der sog. Waldschmiedezeit. Danach wurden die Erze zu zentralen Hüttenanlagen transportiert und dort verarbeitet.

Wir beschränken uns hier auf die Eisen-Mangan- und Buntmetall-Vererzungen im Westerwald. In den angrenzenden Randgebieten des Westerwaldes wurden auch Eisenspat und Buntmetallerze gefördert, ganz besonders im ehemals bedeutenden Emser Revier um Bad Ems (der letzte Betrieb war in Holzappel) im unteren Lahntal, aber auch in geringerem Umfang im Tal der Dill am Westrand des Westerwaldes, wie z. B. bei Dillenburg und Herborn.

Abbildung 39 versucht die Projektion der ungefähren naturräumlichen Ausdehnung des Westerwaldes auf eine Karte, welche die Ausdehnungen verschiedener gangförmiger

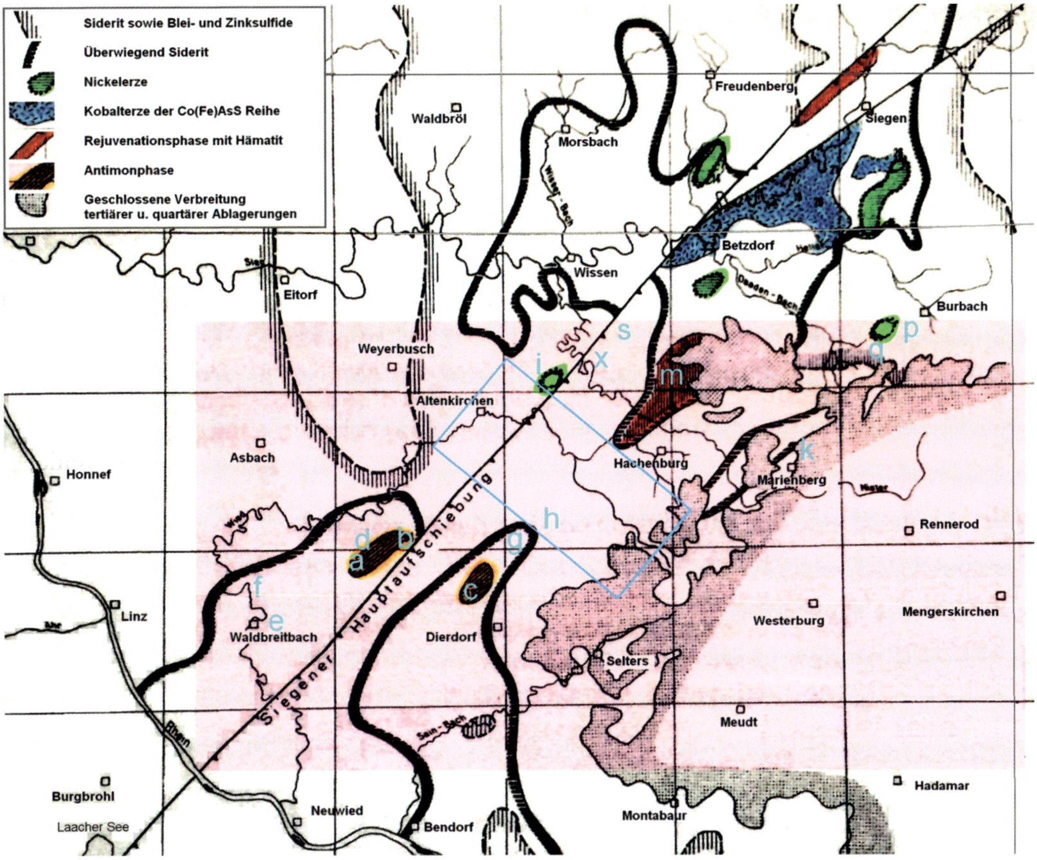

Abb. 39: Lagerstättenkarte des Siegerland-Wieder Spateisenstein-Bezirks (nach Bosun et al. 1971, verändert) mit Kennzeichnung des Bereichs des Westerwaldes (lila hinterlegtes Rechteck) und im Text aufgeführten Gruben

hydrothermaler Erzlagerstättenbereiche im Siegerland-Wieder Spateisenstein-Bezirk kartiert. Dabei wird der Bereich des Westerwaldes durch das lila hinterlegte Rechteck annähernd definiert. Man erkennt, dass von Nordosten die Erzlagerstättenbereiche des Siegerlandes in den Westerwald hineinreichen und von Südwesten die des Wieder-Erzbezirks. Dazwischen befindet sich eine Zone, welche nahezu frei von nennenswerten gangförmigen hydrothermalen Erzlagerstätten ist, diese Zone wird durch das blaue Rechteck in Abbildung 39 in etwa angegeben. Auf dieser Karte ist weiterhin zu erkennen, dass nahezu die gesamte östliche Hälfte des Westerwaldes („Hoher Westerwald") durch tertiäre und quartäre Bildungen bedeckt ist. Die Siegener Hauptaufschiebung, als eine der wichtigsten tektonischen Bauelemente des Rheinischen Schiefergebirges, quert die westliche Hälfte des Westerwaldes („Niederwesterwald") in nordöstlich-südwestlicher Streichrichtung.

4.4.2 Hydrothermale Ganglagerstätten

Die auf Bosun und andere zurückgehende Karte zeigt die Verbreitung hydrothermaler Ganglagerstätten, die nach heutiger Sicht als vorvariszisch (Unterdevon) bis spätvariszisch (Oberkarbon bis frühes Perm) eingeordnet werden. In der älteren Literatur werden die Kobalterz-, Siderit- und Sulfiderz-Mineralisationen noch als variszische Bildungen verstanden, wonach sowohl die Gangöffnungen als auch nachfolgende Mineralisationen der so entstandenen Spalten während der variszischen Gebirgsbildung unter Druckbedingungen stattfanden.

Neuere Untersuchungen sprechen allerdings für eine vorvariszische Entstehung dieser Gänge und ihrer Mineralisationen bei Ausdehnungsvorgängen. Dabei wurden die aus verdünnten Lösungen ausgeschiedenen Stoffe dieser Mineralbildung bereits im Unterdevon im Rhenoherzynischen Becken unter Krustendehnungsbedingungen entlang von Störungen ausgerichtet. Die Mineralbildungen erfolgten dann vermutlich aus einem relativ großen, recht einheitlichen System als deren Ausscheidungen. Stark vereinfacht dargestellt, wurden unter anfangs noch heißen Bedingungen aus den aszendenten Fluiden zuerst die Kobalterze der Co(Fe)AsS-Reihe abgeschieden, unter zunehmender Abkühlung dann die Hauptmenge des Siderits und später dann die Metallsulfide des Zinks, des Kupfers und des Bleis. Diese hydrothermale Differenzierung verlief vermutlich über einen langen Zeitraum, da zeitweise aussetzende tektonische Ereignisse teilweise neuen Gangraum schufen und die Erzvorkommen nach der Teufe hin verschachtelt sind.

Mehrere jüngere tektonische Ereignisse, vorwiegend im Erdmittelalter, aber auch noch im Tertiär, führten teilweise zu einer Reaktivierung alter vorvariszischer Gänge und auch teilweise zur hydrothermalen Überprägung der darin befindlichen Mineralisationen, meist jedoch zur Bildung neuer Gangräume, welche nicht mit den variszisch bestimmten Richtungen korrelieren. Infolge dieser Gangreaktivierungen und Gangraumbildungen entstanden die wirtschaftlich weit weniger bedeutenden nachvariszischen Erze meist silberarmer Bleiglanz, Kupferkies, und Baryt, seltener Zinkblende, mit Quarz und verschiedenen Karbonaten als Gangart. Die postvariszischen Mineralisationen wurden in mehreren Mineralisationsphasen vom späten Paläozoikum bis ins Tertiär gebildet, teils unter Mischung der aufsteigenden Hydrothermen mit Oberflächenwässern. Die nachvariszischen Mineralisationen sind im Gegensatz zu den oben genannten vorvariszischen Erzbildungen nicht typisch für den Siegerland-Wieder Spateisensteinbezirk, sondern weit darüber hinaus verbreitet. Belege für nachvariszische Erzlagerstätten sind im Westerwald spärlich. Nennenswert sind nur die im Norden des Westerwaldes gelegene Grube Goldene Morgenröte bei Selbach nördlich Hachenburg (Kupferkies, Bleiglanz, etwas Zinkblende) und die Grube Bleiberg/Victorsfeld bei Burbach, welche auf silberarmen Bleiglanz („Bleiglasurerz“) baute.

Die durch Erosion und Abtragung des Rheinischen Schiefergebirges an der Oberfläche exponierten Siderit-Ganglagerstätten verwittern im „Eisernen Hut“ zu Brauneisenstein, eine Mischmineralisation aus Goethit $Fe^{3+}OOH$ und weiteren Eisenhydroxiden, meist $Fe^{3+}(OH)_3$. Hochwertige, oberflächlich angereicherte Brauneisenerze des Eisernen Hutes wurden in den vergangenen Jahrhunderten im Westerwald aufgrund ihrer leichten Zugänglichkeit und unproblematischen Verhüttbarkeit sicherlich zunächst bevorzugt abgebaut.

Da die hydrothermalen Gangvererzungen im Westerwald im Wesentlichen die des

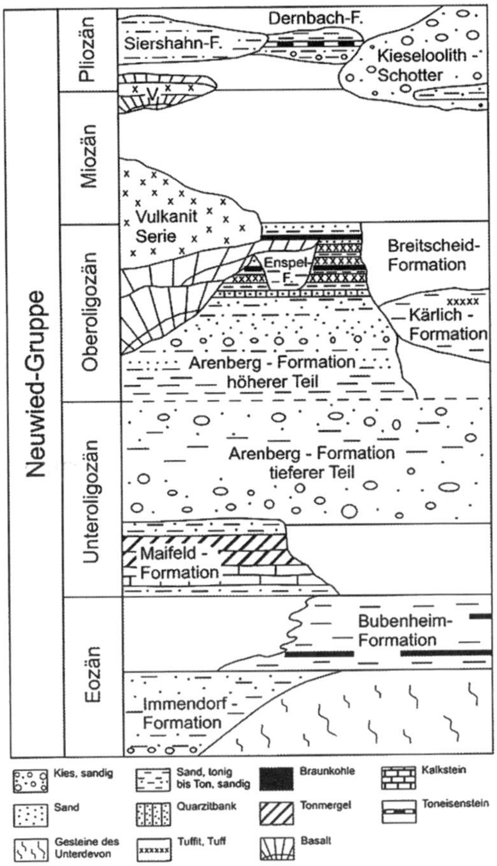

Abb. 40: Abfolge der tertiären Ablagerungen im Westerwald (verändert nach Schäfer et al. 2011, aus Schindler 2011)

Siegerland-Wieder Reviers widerspiegeln, sollen diese Mineralisationsphasen hier kurz gelistet werden.

Im Westerwald südlich der Sieg, SW anschließend an das Hauptverbreitungsgebiet der „Vorphase" im Siegerländer Kerngebiet, gab es nur noch ganz vereinzelt Vorkommen mit Erzen der Kobalt-Arsenopyrit Reihe mit dem begleitenden glasig-gräulichen Quarz, so z. B. auf der Grube Geyersecke-Stöckerdamm, wo es sogar zeitweise beibrechend abgebaut wurde. Ebenfalls auf Co verliehen waren die Felder Dalln südlich Scheuerfeld und Kobaltgang bei Wallmenroth, allerdings ist von diesen beiden Mutungen kein nennenswerter Abbau von Co-Erzen belegt.

Weitaus häufiger sind Belege der nachfolgenden „Hauptphase" mit einer frühen Ausscheidung von Nickelglanzen und hier im Westerwald insbesondere des Ullmannits. Danach folgte die Mineralisation des Siderits, im Weiteren vom typischen Milchquarz dieser Phase und etwas Kupferkies. Zwischen der Vorphase und der Hauptphase kam es zu nennenswerten tektonischen Ereignissen, welche sich stellenweise in einer Kataklase der Mineralisationen der Vorphase, aber auch in der Bildung von neuen, von der Vorphase verschiedenen Gangräumen äußert. Unter zunehmender Abkühlung der Hydrothermen wurden schließlich in der „Sulfidphase" die Hauptmengen sulfidischer Erze abgesetzt. Hierbei folgte die Sulfid-Mineralisation räumlich im Wesentlichen den Gängen und Mineralisationen der Hauptphase, wobei es teilweise zu einer Verdrängung der älteren kam.

So kamen Pyrit mit Kupferkies und Bleiglanz von der Grube Peterszeche bei Burbach und Millerit, Polydymit, Bismuthinit und Bleiglanz in Zinkblende von der Grube Petersbach in Eichelhardt. Beides sind typische Beispiele sulfidischer Erz-Paragenesen der präorogenen Mineralisation. Auf der Grube Petersbach trat ein erwähnenswertes Vorkommen von Nickelerzen im Westerwald auf, wobei Ullmannit der Hauptphase während der Mineralisation der jüngeren Sulfidphase korrodiert und durch den Nickel-Schwefel Thiospinell Polydymit ersetzt wurde. Ebenfalls dort korrodiert Bleiglanz der Sulfidphase den älteren Siderit der Hauptphase, von Korngrenzen, Spalten und Rissen im kompakten Eisenspat ausgehend.

Mineralisationen (Rejuvenationsphase mit Hämatit, Antimonphase) entstanden vermutlich gegen Ende der Gebirgsbildung

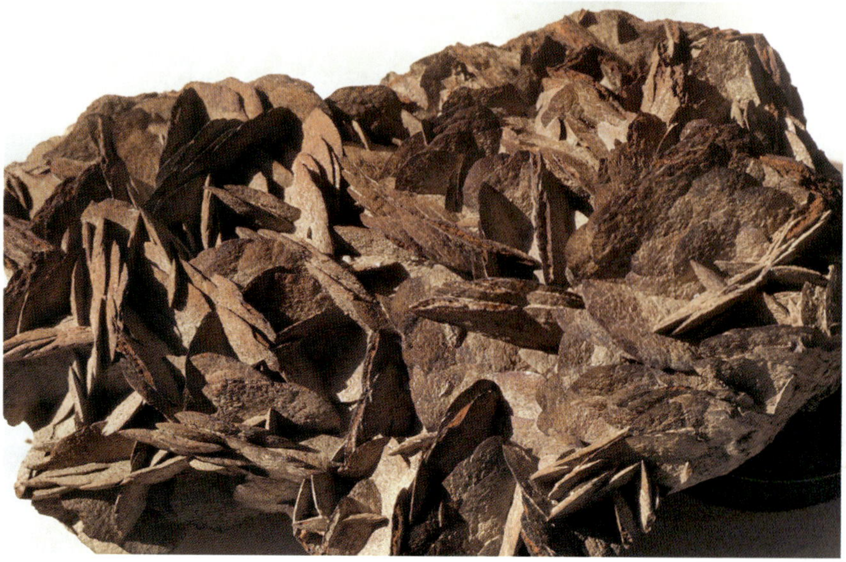

Abb. 41: Hämatit, Grube Eisenkaute, Bad Marienberg, Stufe 10 × 10 cm

im Rheinischen Schiefergebirge im Wandel von zunehmend transpressionalen über transtensionale hin zu extensionalen Bedingungen durch mehrere, neu zugeführte Hydrothermalsysteme.

Während der Rejuvenation stiegen anfangs recht heiße Hydrothermen auf, welche unter zunächst oxidischen Bedingungen zu einer lokalen Umwandlung von Siderit in Hämatit führten. Als Beispiel sei genannt der blättrige Hämatit der Rejuvenationsphase von der Grube Bindweide in Steinebach, welcher Siderit verdrängt. In einem zweiten hydrothermalen Schub dieser Phase führten kühlere, nun reduzierend wirkende Fluide Kupfer und stellenweise auch andere Elemente wie z. B. Wismut zu. Bornit ist eine typische Bildung dieses zweiten hydrothermalen Schubes dieser Phase.

Die lokale Überprägung bestehender Gänge präorogener Buntmetall-Mineralisationen durch weitere, räumlich stärker begrenzte und vermutlich ebenfalls spätvariszische Hydrothermen unter Zufuhr von Antimon, sind im Westerwald besonders eindrucksvoll in den Lagerstätten der Gruben Georg bei Willroth, Silberwiese bei Oberlahr, Reichensteinerberg bei Puderbach und Apollo bei Raubach erkennbar. Durch diese Antimon-Zufuhr wurden Erze der älteren Sulfidphase wie z. B. Kupferkies und Bleiglanz korrodiert und verdrängt unter Neubildung insbesondere von Tetraedrit, dazu Boulangerit und Bournonit.

Durch die Lage der primären, Siderit- und Buntmetallerze führenden Gänge an der Oberfläche des verwitternden Grundgebirges, entstanden die vielfältigen sekundären Mineralisationen der Oxidations- und Zementationszone der Ganglagerstätten. Zwei Beispiele der sekundären Umwandlung von primär hydrothermal gebildeten Erzen sollen hier aus Lagerstätten im Westerwald exemplarisch gezeigt werden.

Abb. 42: Malachit, ehem. Grube Käusersteimel, 7 cm

Sulfidische Eisenerze wie Pyrit verwittern ebenso wie der Siderit zu Brauneisenstein. Primäre Kupfererze wie zum Beispiel der Kupferkies verwittern teilweise über die oxidische Zwischenstufe Cuprit bei Anwesenheit von CO_2 weiter zu dem Cu-Hydroxykarbonat Malachit.

4.4.3 Erze als Verwitterungsbildungen

Der zentrale Bereich des Rheinischen Schiefergebirges und damit auch der Großteil des Westerwaldes blieben seit seiner Heraushebung während der variszischen Gebirgsbildung stets als Festland bestehen und fiel daher von Anfang der stetigen Verwitterung und Abtragung anheim. Nach der weitgehenden Einebnung des ehemaligen Hochgebirges in einen Gebirgsrumpf kam es besonders unter den anhaltenden tropischen Bedingungen während des Mesozoikums bis zum Tertiär zu einer tiefgründigen Verwitterung des Rumpfgebirges.

Neben der Verwitterung von Siderit- und Sulfid-Ganglagerstätten im Bereich des Eisernen Hutes existieren im Rheinischen Schiefergebirge auch Fe-Mn-Vererzungen in der mesozoisch-tertiären Verwitterungsdecke (MTV). Nachdem auch während der hohen Meeresspiegelstände in der Kreide und im Alt-Tertiär der Westerwald im Wesentlichen ein über dem Meeresspiegel liegendes Festland blieb, hat die Erosion nicht mit der fortschreitenden Tiefenverwitterung im ausgehenden Erdmittelalter und Alt-Tertiär mitgehalten. Die MTV ist gekennzeichnet durch eine von der Oberfläche in die Tiefe fortschreitende Verwitterung der paläozoischen Sedimentgesteine, wobei zunächst die ursprüngliche Schichtung und Schieferung erhalten bleibt, das entstehende Gestein („Saprolit") jedoch durch Abfuhr von Bestandteilen 25–30% an Masse einbüßt und mit den Fingern zerbröselt werden kann. Der Saprolit kann stellenweise eine Mächtigkeit von einigen Zehnermetern erreichen, abhängig von der unterliegenden Lithologie und der erfolgten Erosion. Saprolit wurde im Westerwald in der Grube Dickenhahn bei Alpenrod abgebaut.

In der Oxidationszone des Saprolits konnten die Fe-Mn-Anreicherungen stellenweise Bauwürdigkeit erreichen und werden dann als Hunsrückerze bezeichnet. Die Eisengehalte dieser MTV-Verwitterungserze sind beträchtlich, stets deutlich größer als 10% Fe und konnten durch lokale Anreicherungen auch durchaus Gehalte um 50% erreichen und so mit den technischen Möglichkeiten der Waldhüttenzeit (ca. 9. bis 13. Jh.) verhüttet werden. Diese Erze bestehen meist aus Goethit; in den Außenzonen der Hunsrückerze und bevorzugt in oberen Teufen tritt auch Hämatit auf. Die Hunsrückerze durchsetzen gängigerweise seiger die Oxidationszone des Saprolits in typischen Breiten von 10–40 cm und setzen an der Basis der Oxidationszone aus, was ganz klar gegen eine

Entstehung durch aszendente Fluide spricht. Damit unterscheiden sie sich grundsätzlich von den oberflächennahen Verwitterungszonen („Eiserne Hüte") der primären hydrothermalen Ganglagerstätten.

Teilweise bildeten sich durch Verwitterung in der MTV auch Mn-Fe-haltige Konkretionen, welche Mischgebilde aus Goethit und Manganomelan und anderen Mn-Oxihydraten darstellen. Diese Konkretionen sind zumindest zum Teil im jüngeren Tertiär oder Quartär umgelagerte ehemalige Erze aus Hunsrückerz-Bänken und werden in der Literatur oft als „Soonwalderze" bezeichnet. Hierzu zählen im Westerwald vermutlich die Brauneisenkonkretionen in der fluviatil abgelagerten Dernbach-Formation des Pliozän, welche am Südrand des Westerwaldes bei Dernbach früher in der Grube Glückauf-Phönix im Tagebau gewonnen wurden.

Neuere Untersuchungen bringen auch vermehrt Belege von Eisen-Mangan-Vererzungen, die sich aus abwärts sickernden Lösungen gebildet haben. Sie stecken in der mesozoisch-tertiären Verwitterungsdecke im nordöstlichen Randgebiet des Westerwaldes, so auf dem Nenkersberg bei Burbach. Diese Erze treten dort in verwitterten, aufgelockerten paläozoischen quarzitischen Wacken auf. Durch den gleichzeitig am Nenkersberg zu Tage tretenden Basalt wurden Teile der Hunsrückerz-Bank thermometamorph überprägt. Der dadurch im Goethit entstehende Magnetit verursacht die ferromagnetische Reaktion einiger Erzstücke bei Anwendung eines Magneten.

Solche hier oberflächennah aufgefundenen Fe-Mn-Bänke vom Typ der Hunsrückerze und Fe-Mn-Konkretionen vom Typ der Soonwalderze wurden wohl auch im Westerwald und seinen Randgebieten seit Jahrhunderten aufgrund ihrer einfachen Erreichbarkeit oberflächlich abgesammelt oder geschürft und lokal verhüttet, wovon auch die ausgedehnten, aber mittlerweile verflachten Schlackenhalden am Nenkersberg SW Burbach zeugen. Auch in Tongruben im Westerwald wurden ähnliche Vererzungen der MTV gefunden. Brauneisenerze mit Limonit und Hämatit lagen in verwitterten, tonhaltigen paläozoischen Sandsteinen und sind ebenfalls als Verwitterungserze in der MTV anzusprechen. Als seltenere Verwitterungserze der MTV treten am Stöffel bei Stockum Bauxitknollen in Roterde auf.

4.4.4 Bergbau im Westerwald

Obwohl die hydrothermalen Erzlagerstätten des Westerwaldes nicht an die wirtschaftliche Bedeutung derer des zentralen Siegerlandes oder des daran im Nordosten anschließenden Müsen-Littfelder Reviers herangekommen sind, sollen doch einige Gruben erwähnt werden, die durchaus auf eine langjährige, teils auch erfolgreiche Erzförderung zurückblicken können. Diese Gruben bauten typischerweise auf den prävariszisch bis spätvariszisch mineralisierten Lagerstätten. Viele dieser bedeutenderen Gruben liegen im Südwesten im Bereich des Wieder Bezirks. Hierzu gehören vorrangig die Gruben Georg (Willroth), Silberwiese, Reichensteinerberg, Louise, Katzenschleife (Waldbreitbach), Anxbach (Rahms), Roßbach bei Hachenburg, Grube Eiskeller (Welkenbach).

Wenige größere Gruben liegen eher im Norden bis Nordosten des Westerwaldes wie z. B. die Grube Petersbach (Eichelhardt), Eisenkaute (Lautzenbrücken) oder an der Grenze zum Siegerland wie z. B. die Gruben Bindweide (Steinebach) und Peterszeche (Burbach). Ein paar weit weniger ertragreiche Gruben bauten auch auf jüngeren, postvariszisch gebildeten Lagerstätten, z. B. die Gruben Bleiberg/Victorsfeld (Burbach), Goldene Morgenröte bei Selbach und möglicherweise einige kleine Gruben im Nistertal.

4.5 Das Deckgebirge

4.5.1 Sedimententwicklung

Wie bei allen Gebirgsbildungen bedeutete der Einengungsprozess durch die Variszische Orogenese eine Verdickung der Erdkruste mit der Folge, dass es zur Heraushebung über den Meeresspiegel kam und so auch ein topographisches Gebirge entstand. Welche Höhe dabei erreicht wurde, ist nach wie vor strittig. Sicher ist auf jeden Fall, dass dieses mit der Heraushebung Wind und Wetter ausgesetzt war und damit Verwitterung und Abtragung einsetzen konnten. Der so entstandene Abtragungsschutt legte sich ungleichförmig über das Grundgebirge und leitete die Abfolge des Deckgebirges ein, auf dem Rheinischen Schiefergebirge randlich im älteren Perm, im Rotliegenden beginnend.

Auch im weiteren Verlauf der Erdgeschichte, als Mitteleuropa vor allem von marinen Schichtenfolgen überdeckt wurde, wurde das Rheinische Schiefergebirge hiervon nur randlich erfasst und eingegrenzt. Auf der Ostseite, und damit auch den Westerwald betreffend, sind es die Schichten des Zechstein aus dem oberen Perm, im Norden die aus der Oberkreide, im Süden solche aus dem Tertiär. Das bedeutet, der Raum des Rheinischen Schiefergebirges wurde für eine sehr lange Zeit nicht in das weitere Sedimentationsgeschehen einbezogen. Das gilt selbst für Zeiten festländischer Ablagerung wie den Buntsandstein, vom Linksrheinischen Schiefergebirge abgesehen. Erst in der Tertiärzeit findet man in größerem Umfang terrestrische Ablagerungen, die dann für den Westerwald sehr wichtig wurden.

Wenn der Raum des Rheinischen Schiefergebirges als Insel aus dem Umland herausragte, muss es durchgehend ein Hochgebiet geblieben sein. Entsprechend haben unablässig die Kräfte der Verwitterung und Abtragung gewirkt. Mit anderen Worten, das Grundgebirge war zig Millionen von Jahren den Atmosphärilien ausgesetzt. Nachdem, wie im östlichen Westerwald, das heutige Anstehende z. T. aus der jüngsten autochthonen Schichtenfolge vor der Gebirgsbildung aufgebaut ist (Unterkarbon III, *Goniatites*-Stufe, siehe oben), muss noch weiteres Material darüber gelegen haben. Nur so konnte für den langen Zeitraum bis in das frühe Tertiär Material für die Verwitterung bereitgestellt werden. Dies kann als weiteres Argument für eine ausgedehnte Deckentektonik im Rheinischen Schiefergebirge gewertet werden.

Dass in dieser Zeit dort reges Leben herrschte, belegen kreidezeitliche Fossilfunde von Pflanzen und Tieren in Karstschlotten des devonischen Massenkalks, von denen die Knochen von Iguanodonten im Sauerland herausstechen. Gleichzeitig zeigt sich, dass die Kalke bereits einer intensiven Verkarstung ausgesetzt waren. Entsprechend den Klimaverhältnissen in der Kreide- und Tertiärzeit hat sich ein tropischer Kegelkarst ausgebildet, wie er insbesondere bei Steeden erhalten geblieben ist. Mit der tertiären Verkarstung hängen Verwitterungsanreicherungen in Karstschlotten zusammen, die längere Zeit auch wirtschaftliche Bedeutung hatten. Auf das Lahn-Dill-Gebiet beschränkt blieben dabei Phosphoritvererzungen, deren Phosphorquelle aus der Verwitterung des mitteldevonischen Schalsteins stammt. In der zweiten Hälfte des 19. Jahrhunderts stellten diese Phosphoritvererzungen einen wichtigen Düngerohstoff dar. Zum Teil hiermit zusammen standen Anreicherungen von Eisen/Manganerzen in den Karstschlotten, die schon früher in Abbau genommen worden waren.

Diese Vererzungen waren nicht reine Verwitterungsbildungen, wie aus dem Zusammenhang mit einer lokalen Dolomitisierung in den devonischen Massenkalken hervorgeht. Dabei lassen sich mehrphasige

Vorgänge nachweisen, die offensichtlich nicht erst auf das Tertiär beschränkt waren. Ihre Verbreitung ging über das Lahn-Dill-Gebiet hinaus. Nach ihrer Bedeutung und Verbreitung im Raum südlich Gießen wird diese Eisen/Mangan-Vererzung als Lagerstättentyp Lindener Mark bezeichnet. Mit dem Tertiär kam es in größerem Umfang zu nichtmarinen Ablagerungen auf dem Rheinischen Schiefergebirge, wovon insbesondere der Westerwald betroffen war. Diese setzten im Eozän ein und hielten diskontinuierlich bis in das Pliozän durch. Ihre lückenhafte Verbreitung lateral räumlich wie vertikal stratigraphisch spiegelt die morphologischen Gegebenheiten wider. Das gilt insbesondere für die Ablagerungen in Senken aus Fließ- oder Sumpfwasser aus dem Eozän. Deren oberer Abschnitt hat dabei den Hauptteil der kaolinitischen Tone aufgenommen – mit örtlich eingeschalteten Braunkohlenhorizonten. Die Tonlagerstätten, die zu den qualitativ besten weltweit gehören, haben den Westerwald als Kannenbäckerland berühmt gemacht. Dabei handelt es sich um Zusammenschwemmungen der aus der langen Verwitterungszeit hervorgegangenen mesozoisch-tertiären Verwitterungsdecke, deren Mächtigkeit etliche 10er Meter betragen kann. Das Oligozän wird, auf den Westrand beschränkt, von limnisch-brackischen sandigen Mergeln und Tonen mit eingeschalteten Kalkbänken eingeleitet (Maifeld-Formation). Deren mariner Einfluss kam von Süden, vom Mainzer Becken her. Auch noch in der folgenden, in das Oberoligozän überleitenden Arenberg-Formation sind im westlichen Randbereich durch Wurmbauten und Foraminiferen marine Einflüsse erkennbar. Die insgesamt großflächig verbreitete Arenberg-Formation besteht aus Kiesen und Sanden mit tonigen Einschaltungen, dazu im Topbereich auch einer wirtschaftlich interessanten Bank eines Süßwasserquarzits.

Im höheren Oligozän setzt die erste Phase des bis in das Miozän reichenden Vulkanismus ein, mit dem der Westerwald vor allem assoziiert wird. Parallel hierzu, entsprechend mit vulkanogenen Einschaltungen, setzt sich die sedimentäre Entwicklung fort. Im Randbereich zum Neuwieder Becken ist es die Kärlich-Formation.

Im übrigen Raum weist in der Breitscheid-Formation die Einschaltung von Braunkohleflözen auf eine Landschaft mit Seen und Sümpfen. Eine Sonderstellung nimmt im höheren Oligozän die Füllung eines ehemaligen Maarsees bei Enspel ein (Enspel-Formation). Dessen feinschichtige Ablagerungen (Laminite) bergen eine umfangreiche Fauna und Flora. Symbol dafür ist die sogenannte Stöffel-Maus. Sedimentäre Folgen fehlen im Weiteren bis gegen Ende Miozän, wahrscheinlich bedingt durch Abtragungsvorgänge. Ab dann finden sich wieder verschiedene kleinräumige das Pliozän durchhaltende und z. T. in das Quartär reichende Ablagerungen, unter denen die vom Rhein transportierten Kieseloolith-Schotter auffallen.

4.5.2 Vulkanismus im Tertiär

Wie angedeutet, werden mit dem Westerwald vor allem vulkanische Gesteine verbunden. Da es sich bei diesen vielfach um nutzbare Hartgesteine handelt, finden sich zahlreiche Abbaustellen, alte wie aktuelle. Das gilt insbesondere für die Produkte basaltischer Schmelzen, die durch den Volumenschwund bei der Abkühlung eine säulige Absonderung hervorgebracht haben. Aus deren Orientierung lassen sich Aussagen zur Form des erstarrten Schmelzkörpers gewinnen. Vielfach liegen die Säulen dabei in Form der sogenannten Meilerstellung vor, die aus der Erstarrung von Lavaseen als Kraterfüllung hervorgegangen ist. Wegen ihrer attraktiven Formung ist diese Konfiguration Säulen vielerorts zu Naturdenkmälern er-

Abb. 43: Druidenstein bei Kirchen/Sieg, musterhafte Mailerstellung der säuligen Absonderung in tertiärem Basalt (Naturdenkmal und nationales Geotop)

klärt worden und so nicht vollständig dem Abbau zum Opfer gefallen. Das gilt z.B. für ein beliebtes Fotomotiv aus dem Westerwald, den Druidenstein bei Kirchen/Sieg, der beispielhaft die Meilerstellung zeigt und so auch den Rang eines nationalen Geotop erhalten hat.

Der Westerwald ist Teil der seit dem späten Mesozoikum im Spannungsfeld zwischen der Entstehung der Alpen und der Öffnung des Atlantiks entstandenen mitteleuropäischen Vulkanprovinz. Entsprechend den wechselnden Spannungsverhältnissen erfolgte der Aufstieg der Schmelzen zu unterschiedlichen Zeiten an unterschiedlichen Orten, wobei es verschiedentlich zu mehr als einer Phase vulkanischer Aktivität kam. Das trifft so für den Westerwald mit zwei Phasen zu, einmal im späten Oligozän bis zum frühen Miozän (30 bis 18 Ma vor heute) und einmal an der Wende vom Miozän zum Pliozän (vor 8 bis 5 Ma). Daraus entstand nach dem Vogelsberg das zweitgrößte Vulkangebiet Mitteleuropas. Wie meistenorts war es ein bimodaler Vulkanismus mit unterkieselten alkalibetonten Schmelzen, wie sie für eine kontinentale Intraplattensituation typisch sind. So wurden sowohl basische als auch intermediäre Schmelzen gefördert, solche aus der Basalt- und solche aus der Trachytfamilie.

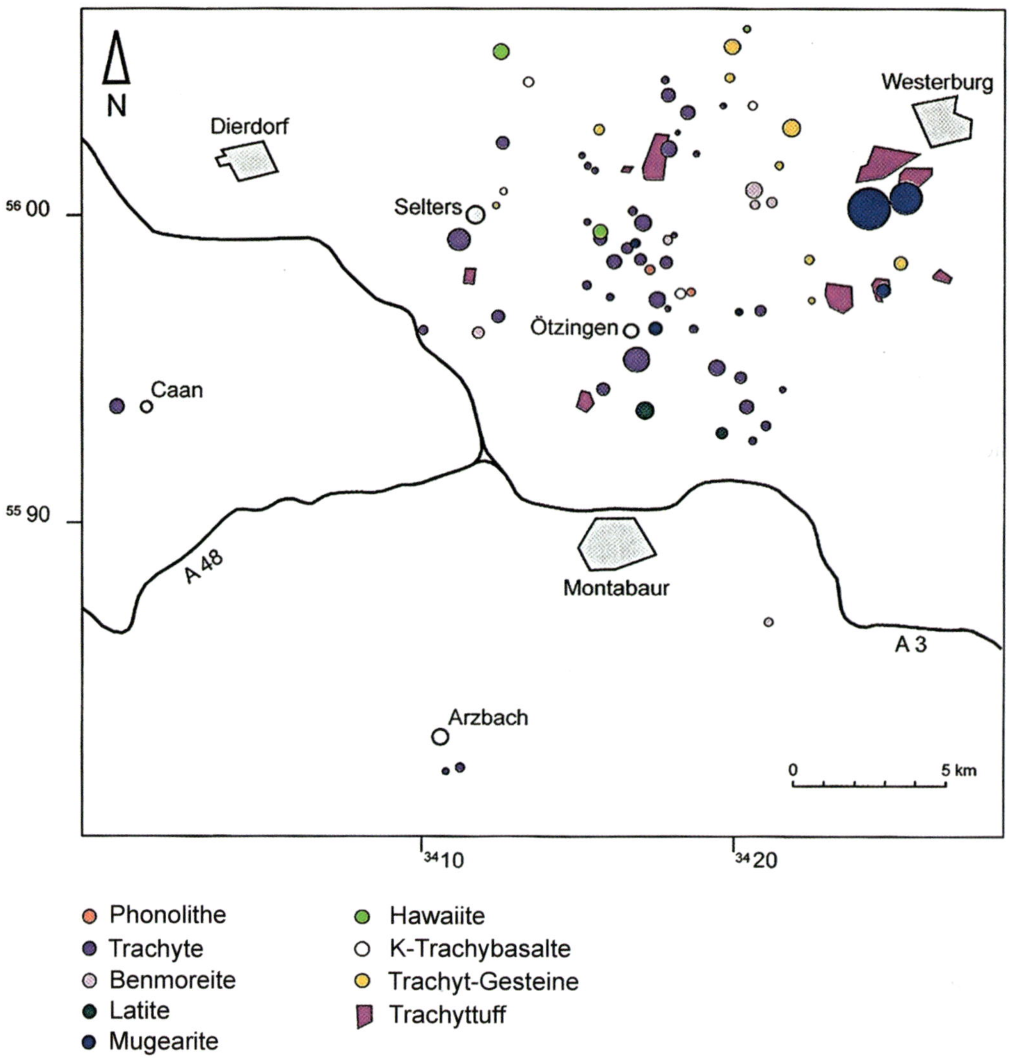

Abb. 44: Verbreitung der intermediären Vulkanite im südwestlichen Teilbereich der Westerwälder Vulkanprovinz (aus Lorenz 2005)

Das Vulkangebiet des Westerwaldes besteht aus zwei Teilbereichen, das kleinere, stärker zergliederte im Südwesten im Niederwesterwald mit einer umfangreichen Gesteinspalette, und das größere, geschlossenere im Nordosten im Hohen Westerwald mit ausschließlich basaltischen Produkten. Eingeleitet wurden die vulkanischen Aktivitäten durch trachytische Tuffe im Südwestfeld. Sie sind aus Plinianischen Eruptionen hervorgegangen und verzahnen sich zum Hangenden hin mit basaltischen Tuffen. Auf diesen Raum konzentriert sich die Palette der intermediären Schmelzprodukte, im Wesentlichen der Bereich zwischen Westerburg, Dierdorf und Montabaur.

Der Hohe Westerwald wird ausschließlich durch Alkalibasalte bzw. Basanite der jüngeren Phase aufgebaut. Neben der Bildung von Tuffen und z. T. mächtigen Lavaströmen kam es auch zur Intrusion in Seesedimente. Die darin eingeschalteten Braunkohlen waren lokal abbauwürdig. Vereinzelte nach Süden bis Wiesbaden und nach Osten bis Marburg auftretende Basaltstöcke belegen die Ausdehnung der basaltischen Aktivitäten dieser vulkanischen Phasen. Geochemisch unterscheiden sich die Basalte aus beiden Phasen im Titan- und Magnesiumgehalt, d. h. die Schmelzen wurden jeweils in einem anderen Bereich des Oberen Erdmantels generiert.

4.5.3 Zur heutigen Landschaft

Ein Gleichgewicht zwischen Abtragung und Sedimentation sorgte im Verlauf des Tertiär für ein verhältnismäßig ausgeglichenes Relief, das zu einer Fastebene (Peneplain) führte, gut nachzuvollziehen, wenn man über die Hochebenen fährt. Mit dem Pliozän setzten allerdings erneut Vertikalbewegungen ein, die bis heute anhalten und so für das Bild des Rheinischen Schiefergebirges als Mittelgebirge verant-

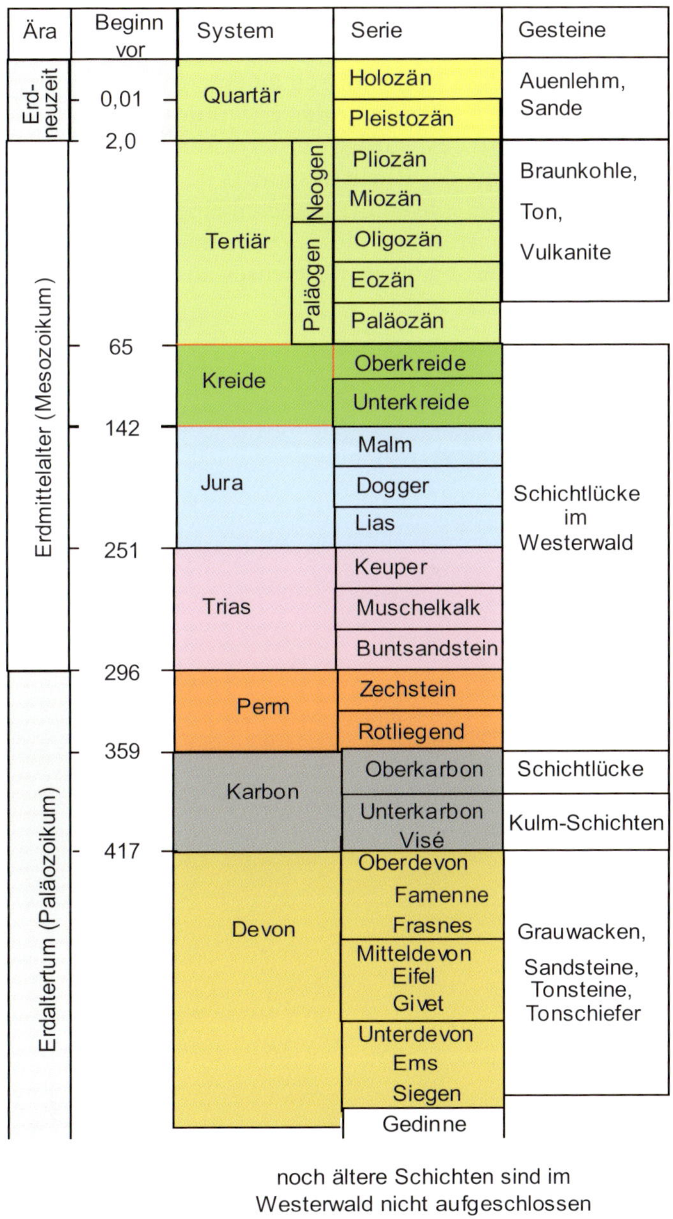

Abb. 45: Stratigraphische Übersicht zu den wichtigsten Gesteinsfolgen im Westerwald. Daten aus Rothe (2000) sowie Geologisches Landesamt Rheinland-Pfalz (2005)

wortlich sind. Für den Westerwald liegen die jährlichen Bewegungsbeträge zwischen -0,2 mm/a im Osten im Bereich der Lahn und +0,2 mm/a im Westen am Rhein. Die Folge ist, dass sich die Flüsse und Bäche entsprechend einschneiden mussten und so die Tallandschaften schufen, gesteuert vom Rhein, der als Vorfluter vom Stand des Meeresspiegels abhängig war und weiterhin ist. Von diesen Verhältnissen abhängig erfolgte eine Tiefenerosion, oder es wurde aufgeschottert bzw. es wurden Felsterrassen geschaffen, für die der Rhein besonders berühmt ist. Hierbei spielen die Eiszeiten eine besondere Rolle. Während dieses Zeitraums wurde infolge des mageren Bewuchses aus den Schotterebenen Staub ausgeweht und im Windschatten als Löss wieder angeweht, zudem sorgte die Frostverwitterung für umfangreichen Schutt. Auch wenn nacheiszeitlich (im Holozän), ein großer Teil der pleistozänen Ablagerungen abgespült wurde und die Talauen schuf, bevor der neu aufkommende Bewuchs die Hänge stabilisieren konnte, blieb das anstehende Gestein vielerorts verdeckt.

Dank: Besonderer Dank gilt den Herren Dr. H.-D. Nesbor, Wiesbaden, sowie M. Manske, Bad Grönenbach, der den Grafiken professionellen Schliff gab.

Fachausdrücke (bearb.: HJR)

Avalonia:	Kleinkontinent, der im Ordovizium vom Nordrand des Gondwanalandes abbrach; bildet heute den Untergrund von Norddeutschland
Aufschluss:	Geländestelle, wo Lagerung von Gestein oder Schutt frei beobachtet werden kann (Steinbruch, Kiesgrube o. a.)
Bank:	Gesteinsschicht, die mehr oder weniger deutlich von anderen abgegrenzt ist
Basanit:	Tiefengestein, gegenüber Basalt mit sehr hohem Anteil an Alkalioxiden, aber sehr gerungen an Silizium-Oxiden
Bauwürdig:	Lagerstätte, deren Ausbeutung wirtschaftlich lohnend ist
Brachiopoden Armfüßer:	Festsitzende Meerestiere mit Rücken- und Bauchschale
Brekzie (Breccie):	Trümmergestein, durch Bindemittel verkittet (danach: brekziös)
Conodonten:	Zahnförmige, durchscheinende Gebilde aus marinen Ablagerungen des Erdaltertums (Paläozoikum); mikroskopisch klein; Träger derselben unsicher
Crinoiden:	Seelilien: Gruppe der Stachelhäuter, bestehend aus Kelch mit Armen und Stiel; Stielglieder nicht selten
Cypridinen:	Artengruppe der Muschelkrebse
Detritus:	lockerer mineralischer Stoff, fern vom Ursprungsort abgelagert
Einfallen:	Winkel zwischen einer geneigten Schicht (Fläche) und einer waagerechten (Horizontale)
Epirogenese:	Weitgespannte und langanhaltende Bewegung der Erdkruste ohne Bruch oder Störung der Schichtverbände (davon: epirogenetisch)
Exhalation:	Ausströmen von Gasen aus Vulkanen oder Spalten (davon: exhalativ)
Fazies:	Bestimmtes Erscheinungsbild eines Sediments aufgrund Gesteinsbeschaffenheit und Fossilgehalt
Flaserung:	Gefaserte Struktur eines Sediments (davon: flaserig)
Flöz:	Gesteinsschicht mit wirtschaftlich verwertbarem Anteil
Fossil:	Versteinerung
fossil:	ausgestorben (Gegenteil: rezent)
Gang:	Mineral- oder Gesteinsfüllung einer Spalte in anderem, älteren Gestein
Gangmittel:	Erzreiche Gangfüllungen
Gangart:	Nichtmetallische Minerale, die eine Erzlagerstätte begleiten
Gel:	Formbeständiges, nur leicht deformierbares Stoffgemisch aus mindestens zwei Bestandteilen, reich an Gasen und Flüssigkeiten
Geosynklinale:	Ablagerungsraum für Sedimente; meist bei der Epirogenese (s.o.) absinkender Teil der Erdkruste
Goniatiten:	Gruppe der Weichtiere, Vorläufer der Ammoniten
Hangendes:	Über einer Schicht lagernde Gesteinsschichten
Hydrothermal:	Wässrig-heiß
Iguanodon:	Gattung der Dinosaurier
Initial:	Während der Geosynklinalzeit gefördert (z. B. basisches Magma)
Intrusion:	Aus der Tiefe aufgestiegenes Magma bleibt in der Erdkruste stecken, es intrudiert
Intrusivgestein:	Tiefengestein, durch Erstarren der Gesteinsschmelze entstanden
Kaolin:	„Porzellanerde“: feines, eisenfreies, weißes Gestein
Klastisch:	Zertrümmert, durch mechanische Verwitterung entstanden
Konkretion:	Unregelmäßig geformter Körper im Gestein
Kulm:	Sandige und tonige Fazies des Unter-Karbon
Lagerstätte:	Mineral im Gebirgsverband
Lherzolith:	Tiefengestein mit Olivin als einem der Hauptbestandteile

Liegendes:	Die unter einer bestimmten Schicht lagernden Gesteinsschichten
Limnisch:	Im Süßwasser entstanden oder abgelagert
Locus typicus:	Namengebender Fundort eines Gesteins
Mäander:	Windungsreicher Flusslauf
Magma:	Gesteinsschmelze in tieferen Bereichen der Erdkruste
Mächtigkeit:	Dicke oder Stärke einer Gesteinsschicht
Mulde:	Vertiefung im Gebirgskörper, von den durch Seitendruck entstandenen Schichtfaltungen gebildet
Old-Red-Kontinent	(Laurussia), bei der kaledonischen Gebirgsbildung im Erdaltertum aus den präkambrischen Kontinenten *Laurentia* und *Baltica* (Fennosarmatia) gebildet
Orogenese:	Gebirgsbildung durch Bewegungen der Erdkruste
Orthoceren:	Angehörige einer Gattung fossiler Kopffüßer
Ostracoden:	Ostrakoden: Kleinkrebse
Oxidationszone:	Oft bis zum Grundwasser reichende Verwitterungszone bei Erzlagerstätten, in der Oxidation stattfindet
Plinianische Eruption:	außerordentlich explosiver Vulkanausbruch mit gewaltigen Aschenfällen; nach Plinius d. J., der den Ausbruch des Vesuv (79 n. Chr.) beschrieb
Plutonisch:	innerhalb der Erdkruste entstanden
Polymikt:	aus Bruchstücken unterschiedlicher Gesteine
Profil:	Schichtfolge
Rejuvenation:	Verwerfung, Verschiebung
Rumpffläche:	Verebnungsfläche; kappt gefaltete oder schräggestellte Schichten
Sattel:	Kuppe bei Gebirgsfaltungen
Schlägel & Eisen:	Frühere Werkzeuge (Gezähe) des Bergmannes; heute Symbol
Schwelle:	sanft ansteigende Bodenerhebung
Sediment:	Ablagerung (davon: sedimentär)
Silt, siltig:	Feine Verwitterungsstufe von Tongestein
Sprung:	Gebirgsstörung, bei der ein Teil des Gebirges abgesunken ist, während der andere stehenblieb
Störung:	Sammelbezeichnung für Veränderung der normalen Lagerung eines Teils der Erdkruste (vgl. Sprung, Überschiebung)
Stratigraphie:	Altersgliederung der Erdgeschichte
Streichen:	Himmelsrichtung der Schnittlinie einer Schicht mit einer waagerechten Ebene
Stromatoporen:	Ordnung koloniebildender Meerestiere, den Schwämmen zugerechnet.
Tektonik:	Bau der Erdkruste
Terran:	Krustenblock
Teufe:	Tiefe
Textur:	Anordnung und Verteilung von Mineralien im Gestein
Thermometamorph:	Gestein, umgewandelt durch Erhöhung der Temperatur
Tholeiit:	dunkler dichter Basalt, nach dem saarländischen Ort Tholey
Trilobiten:	Asselförmige Meereskrebse, Dreilappkrebse
Turpidit:	Ablagerungen von Suspensionsströmungen, entstehen durch untermeerische Lawinen aus unverfestigtem, wassergesättigtem Bodensatz, der schon bei schwächerer Neigung des Meeresbodens in größere Tiefen abgleitet
Überschiebung:	Störung, bei der Schichten durch Seitendruck angerissen und übereinander geschoben wurden
Vulkaniklasten:	Gesteinstrümmer aus bereits erstarrter Lava
Zementationszone:	Anreicherungszone unterhalb des Oxidationsbereichs

5

Lebensspuren im Gestein

Hermann Josef Roth

Der Rhein und seine größeren Nebenflüsse haben sich tief in den Sockel des Rheinischen Schiefergebirges eingeschnitten. Die Talwände gestatten gleichsam einen Blick in das Archiv der Erdgeschichte.

In den meisten Fällen liegen diese alten Oberflächen nicht mehr exakt an den Stellen, wo sie sich ursprünglich einmal befunden haben. Gerade im Rheinprofil ist vielfach zu erkennen, dass die Gesteinspakete aus ihrer einstigen horizontalen Lagerung zum Teil sehr steil verstellt sind, was nur unter der Annahme starker seitlicher Schubkräfte möglich ist.

Die Grauwacken sind Stücke aus einem ehemaligen Lebensraum. Aus der feinen Körnung des Gesteins, aus den darin steckenden Fossilien und anhand mancherlei weiterer Befunde ergibt sich, dass diese Schichtmaterialien im Unterdevon unter Flachmeerbedingungen abgesetzt worden sind. Die Schichtfolgen, wie sie beispielsweise in den Wänden der Hammersteiner Ley anstehen, sind komplette Serien ehemaliger Meeresböden.

Zeitweise wurden diese durch Eintrag von Erosionsschutt so stark mit Schlamm und Sand aufgefüllt, dass das Meer regelrecht abgedrängt wurde. Große Wattengebiete mit Salzmarschen dehnten sich aus — ein Lebensraum vom Aussehen und mit den Eigenschaften etwa der Schlick- und Mischwatten, wie sie sich heute entlang der Nordseeküste erstrecken. Fossile Wellenfurchen, meist Rippelmarken genannt, zeigen diese Verhältnisse ebenso an wie mit Wattenschlick angefüllte Priele, die sich hin und wieder im Anschnitt der Schichtpakete erkennen lassen.

Abb. 46: Rippelmarken bei Au/Sieg. Inzwischen zerstört

5.1 Als die Pflanzen an Land gingen

In jenem Abschnitt der Erdgeschichte vollzogen die Lebewesen einen bedeutsamen Entwicklungsschritt. Nachdem erstmals in vordevonischer Zeit größere Festlandareale zur Verfügung standen, begannen die Organismen damit, ihren angestammten marinen Lebensraum allmählich zu verlassen und sich an das Leben auf dem trockenen Festland anzupassen.

Anhand der Pflanzenfossilien aus dem Unterdevon lässt sich der Neuerwerb immer besserer Anpassungsmerkmale verfolgen. So finden sich in den Siegener Schichten noch zahlreiche Reste untergetaucht lebender, flutender Pflanzen aus sehr einfachen, gabelig-verzweigten Achsensystemen neben solchen, die bereits binsenähnlich aufrecht wuchsen. Diese Pflanzen besaßen schon eine etwas derbere Außenhaut, die während der Ebbe oder auf höher gelegenen Strandstandorten vor Austrocknung schützte. Außerdem kommen hier zum ersten Mal auch Spaltöffnungen vor, die alle echten landlebenden Pflanzen besitzen und zum Gasaustausch mit der freien Atmosphäre benötigen.

Nur ganz selten finden sich in den pflanzenführenden Schichten der Siegen-Stufe gleichzeitig auch tierische Fossilien. Allenfalls Muscheln, die möglicherweise angeheftet an Pflanzenstängeln lebten, sind bekannt. Die devonischen Küstensäume werden daher noch relativ leblos gewesen sein, ganz im Gegensatz zu den Wattengebieten der heutigen Nordseeküste.

Während des größten Teils des Mittel-Siegens und auch für eine längere Zeitspanne des Ober-Siegens senkte sich der Meerestrog rascher ab, als er durch Sedimentzufuhr von Norden und Süden verfüllt werden konnte. In diesen Abschnitten wurden Teile unseres Gebiets nicht von weiten Wattflächen oder Küstensümpfen eingenommen, sondern nahezu vollständig vom Meer überflutet. In den Schichtgliedern dieser Zeitstellung fehlen nämlich Pflanzenfossilien vollständig.

5.2 Altzeitliche Tierwelt

Dafür tritt eine charakteristische Fauna auf, die nur unter Hochseebedingungen – allerdings in einem nicht allzu tiefen Meeresgebiet – gelebt haben kann. Einige Fossilfunde haben dazu ein überraschend reichhaltiges Material beigetragen. Erwartungsgemäß sind in diesen fossilen Faunen vor allem solche Tiergruppen vertreten, die Hartstrukturen wie Schalen oder Skelette besitzen. Wo solche Hartteile fehlen, sind die Erhaltungs- und Wiedergabechancen im Gestein minimal.

Zu den häufigsten Tierfossilien des rheinischen Unterdevons, die man oft sogar in Bruchsteinmauern wiederfindet, gehören

Abb. 47: Stielglieder (Trochiten) von Seelilien (Crinoidea)

Abb. 48: Seelilie (*Lophocrinus minutus*) gesamt mit „Haarkranz" und Stiel, kleine Art, ca. 7 cm; daneben Poseidonsmuschel (*Posidonia* sp.) – Erdbach: Kulm

Abb. 49: Zwei Schlangensterne aus dem Unterdevon von Hirtscheid

die Stängelglieder von Seelilien oder Haarsternen (Crinoidea), volkstümlich auch einfach als „Bonifatiuspfennige“ bezeichnet. Es sind dünne, kreisrunde Scheibchen mit einer feinen Radialstreifung, die wie Einzelmünzen oder Geldrollen im Gestein liegen. Nur selten findet man diese Stachelhäuter (Echinodermata) komplett mit erhaltenem Stiel, Kelch und Fangarmen, denn das Außenskelett zerfällt nach dem Tod der Individuen sehr rasch in seine einzelnen Bauteile.

Zu den Stachelhäutern gehören auch die Schlangensterne (Ophiuroidea). Gleich zwei Exemplare von *Lophocrinus minutus* sind in einem Fundstück aus Hirtscheid (Emsium) vereint, das seinerzeit wegen der Seltenheit Aufsehen erregte.

Fast ebenso häufig finden sich Tierreste, die mit Muschelschalen verwechselt werden könnten. Diese Brachiopoden oder Armkiemer besitzen jedoch nicht wie Muscheln eine links- und rechtsseitige Kalkschale, sondern eine Bauch- und Rückenklappe. Beide Schalen sind nicht deckungsgleich. Vielmehr übergreift die größere Rückenklappe die Bauchklappe. Durch eine Öffnung in dieser Schale können die Tiere einen muskulösen Stiel vorstrecken und sich damit auf festen Unterlagen anheften. Der Meeresboden zur Zeit des Devonmeeres muss geradezu rasenartig von solchen Brachiopoden bedeckt gewesen sein, denn nicht selten sind auf Fundstücken ganze Schalenvereine erhalten. Gelegentlich zeigen sich auch Packlagen von Schalenbruchstücken, ähnlich dem Muschelschill an den Spülsäumen unserer heutigen Strandlinien. Gerade unter den Brachiopoden gibt es eine Reihe von Arten und Formen, die als sogenannte Leitfossilien für die genauere Aufgliederung und Unterscheidung der einzelnen Schichtglieder in den mächtigen Gesteinspaketen des Unterdevons von praktischer Bedeutung sind.

In Fällen lückenloser Überlieferung gut erhaltener Fundstücke ist sogar die allmähliche Fortentwicklung der Formmerkmale und damit die Evolution der Arten unmittelbar nachweisbar. Berühmt geworden ist etwa die Typreihe, die vom Brachiopoden *Brachyspirifer carinatus rhenanus* über *Brachyspirifer ignoratus* zum *Paraspirifer cultrijugatus* führt. Seit 1971 ist diese beeindruckende Entwicklungsreihe, die die Wandlung eines Brachiopoden-Typs über rund 20 Millionen Jahre hinweg umfasst, im Detail bekannt.

Braunkohlezeit – dieser Begriff steht im Kreuzworträtsel noch für das Tertiär und liefert eine Gedächtnishilfe für den Charakter jener Epoche, die vor etwa 66 Millionen Jahren begann und bis zum Beginn des Quartärs vor 2,6 Millionen Jahren dauerte. Offiziell spricht man neuerdings auch nicht mehr vom Tertiär, sondern unterscheidet innerhalb dieser erdgeschichtlichen Phase Paläogen und Neogen. Das Klima war zu der Zeit wesentlich wärmer als heute. Hier stoßen wir weitgehend auf ein Bild, das bereits unserer heutigen Pflanzen- und Tierwelt ähnelt oder sogar gleicht.

Um eine Vorstellung davon zu vermitteln, wo diese Kenntnisse gewonnen worden sind, sollen wenigstens einige der bekannteren Fossilfundpunkte vorgestellt werden. Die in ihrer Art auch für die Biologie wichtige, inzwischen oberflächlich verschwundene Fundstätte in Hennef-Rott wird deshalb ungleich ausführlicher beschrieben.

5.3 Altzeitliche Fossilfundpunkte

5.3.1 ICE-Trasse

Entlang der Baustelle der ICE-Trasse Köln-Frankfurt entstanden vorübergehend Aufschlüsse im Siegenium (mittleres Unter-Devon). Die Abfolgen in den stratigraphisch tiefsten Profilen werden als Ablagerungsbereiche eines Flussdeltas und von Lagunen verstanden. Hier konnten erstmalig für das

Siegenium im Rheinischen Schiefergebirge terrestrische Spinnentiere (Arachnidae), bestimmte Kieferklauenträger (Chasmataspididae) und Riesen-Gliederfüßer (Arthropleuridae) festgestellt werden.

Die stratigraphisch höheren Profile Epgert, Krunkel und Grube Georg entstanden dagegen aus Ablagerungen eines zum Meer offenen Flachwasser-Bereichs. Diese lassen sich dem Mittel- und Ober-Siegenium zuordnen und sind zusammengesetzt aus Versteinerungen von Meerestieren, wie Brachiopoden, Trilobiten, Moostierchen (Bryozoa), Korallen und Muscheln.

5.3.2 Seifen

Etwa 800 m südöstlich des Bahnhofs hatten Landstraße und Bahngeleise einen wichtigen und bekannten Fundpunkt für die fossile Fauna des oberen Mittel-Siegenium angeschnitten. Es handelt sich bei der hier besprochenen Fundstelle um die stratigraphisch älteste. Bereits die Erstbeschreibung durch Dahmer (1934) verzeichnet 130 Taxa.

Bis zuletzt erwies sich der Ort als ergiebig und artenreich. Brachiopoden, Tentaculiten, Seelilien, Trilobiten (*Homalonotus*) können neben anderen Formen gefunden werden. Die vollständige Wiedergabe der langen Fundliste ist hier nicht möglich. Südöstlich bei Niederähren besteht ein bemerkenswerter Fundort nicht zuletzt für fossile Pflanzen. Der Steinbruch in der Mühlmerich bei Eichen besitzt eine sehr ähnliche Fauna wie Seifen. Bemerkenswert ist der Fund eines fossilen Fisches (*Machaerochanthus kayseri*).

Nicht zur Mittleren, sondern zur Unteren Siegenstufe gehören Fischreste, die in dem Steinbruch südlich des Hofes Lahr bei Oberlahr geborgen werden konnten.

5.3.3 Kroppacher Schweiz

In dem so genannten mittleren Teil des Tales der Großen Nister sind wiederholt Fossilien

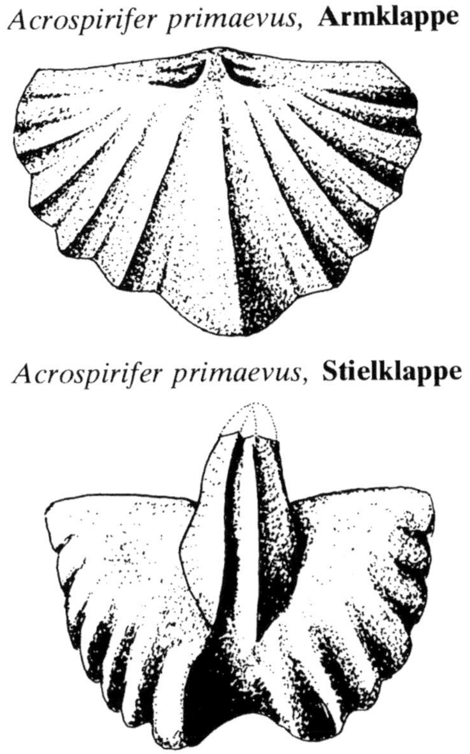

Abb. 50: *Acrospirifer primaevus*

festzustellen. Nur einige Möglichkeiten seien genannt. Am Weg nach der Helmerother Mühle südlich des gleichnamigen Ortes an der Nister: Fundmöglichkeit von Brachiopoden (*Schizophoria provulvaria*, *Stropheodonta murchisoni* und *Str. segwicki rudis*, *Athyris avirostris*). Der Fundort befindet sich wie die beiden folgenden im Bereich des Wehbacher Sattels der mittleren Siegener Schichten. In dem kleinen Tälchen westlich von Altburg treten fossile Schnecken (*Tentaculites* sp.) auf. Südlich des Ortes am rechten Nisterufer sind es Muscheln (*Actinodesma lamellosum*) neben einzelnen Fischresten und häufig anzutreffenden Stielgliedern von Seelilien (Crinoidea). Nördlich von Idelberg auf der linken Nisterseite finden sich Brachiopoden (*Schizophoria provulvaria*, *Acrospirifer* (*Hysterolites*) *primaevus*).

5.3.4 Erdbach

Zwei fossilführende Schichten sind hier zu unterscheiden: Oberdevon und Unterkarbon (Kulm). Der zusammenhängende Riffkalkkomplex aus Iberger Kalk zwischen Erdbach und Breitscheid wird von Stromatoporan, Korallen und Brachiopoden aufgebaut, wobei Lagen letzterer seltener auftreten. Südlich des Ortes in Richtung Farbmühle stehen an der Wegböschung und in einem kleinen Steinbruch Kulmtonschiefer an mit Goniatiten, Trilobiten, Posidonien und *Orthoceras*-Formen. Im Unterkarbon finden sich auch versteinerte Pflanzen, darunter die gefiederten Wedel des hübschen Cycasfarnes *Noeggerathia foliosa*.

5.3.5 Herborn

Der Steinbruch am Weinberg hat Kulm-Tonschiefer (Unterkarbon) aufgeschlossen und ist so zu einer bekannten Fossilfundstätte geworden, die als Naturdenkmal unter Schutz steht. Hier liegt eine ähnliche Fauna vor wie im Kulm von Erdbach. Vor allem Arthropoden sind anzutreffen, aber auch reichlich fossile Pflanzen.

5.3.6 Langenscheid

Die Umgebung des Ortes bietet mehrere Fundpunkte der Unterdevon-Fauna. Erwähnt sei ein Steinbruch im unteren Daubachtal (Singhofener Schichten des Unter Ems mit Brachiopoden, z. B. *Chonetes semiradiata*, *Camarotoechia daleidensis*, *Spirifer pellico* und *Sp. arduennensis latestriatus*, *Tropidoleptus rhenanus*) und ein kleiner Bruch an der Straße von Balduinstein nach Langenscheid. Weitere vereinzelte Fossilfundpunkte sind am Ostufer des Schwarzbachtals auszumachen.

5.4 Neuzeitliche Fossilfundpunkte

5.4.1 Blätterkohle von Rott

Ergiebigkeit, Formenfülle und Erhaltungszustand ihrer Fossilien stellen die tertiärzeitliche Blätterkohle von Rott bei Hennef „zu den großen klassischen Fundpunkten". Der Fundpunkt liegt zwischen Pleis- und Dürresbach am Nordrand des Niederwesterwaldes zur Köln-Bonner-Bucht. Die Formation umfasst auch Braunkohle und Silikatgesteine (Diatomite und Polierschiefer) aus dem obersten Oligozän.

Die Blätterkohle entstand aus Ablagerungen eines Sees, die zu Faulschlammkohle erhärteten (Pelite). Bäche schleppten aus dem näheren Umland organische Reste und Lockergestein (Trachyttuff aus dem Siebengebirge) in den See, der zunächst wohl nur periodisch und nicht flächendeckend überflutet war. Erst nach Abdichtung des Untergrundes und Nivellierung des Beckenbodens konnte ein größeres und ständiges Gewässer entstehen, das schließlich eutrophierte. Eine etwa 30 cm dicke Schicht aus Schwefelkies (Pyrit) markiert das Ende dieser Phase. Darüber lag der berühmte, aber nur 1,70 m mächtige Blätterkohlen-„Flöz", in den außer Polierschiefer noch Hornstein eingeschaltet war.

Wirtschaftliches Interesse galt dem wachsartigen Kerogen, einem Sediment organischer Herkunft. Die feinschichtige Blätterkohle befindet sich hier in einer Teufe von 20–30 m.

Der Name „Blätterkohle" weist auf die feine Schichtung abwechselnd von Tonmineral- und Opal-Plättchen. Anders als heutige Seen, bei denen die Wasserschichten im Gang der Jahreszeiten durchmischt werden, war im Rotter See diese Schichtung unabhängig von der Temperatur. Nur das Oberflächenwasser befand sich in ständiger Bewegung. In der Tiefe sorgten organische

Abb. 51: Rekonstruktion des tertiären Lebensraumes Rotter See

Sinkstoffe für hohe Sauerstoffzehrung, was wiederum die Fossilierung begünstigte. Eutrophie führte wiederholt zu „Algenblüte", was kurzzeitiges Massensterben zur Folge hatte. Dennoch erholte sich das Gewässer offenbar relativ schnell. Die Sedimentationsrate blieb eher gering.

Tonige Braunkohlen, in denen keine fossilen Fische mehr auftreten, deuten auf Verlandung hin. Sie verlief nicht kontinuierlich und wurde gelegentlich durch Überflutung unterbrochen. Offene und flache Tümpel im versumpften Gelände boten nun Amphibien günstige Lebensbedingungen.

Siltig-sandige Tone, darin Sande und Kiese, Wurzelhorizonte und bescheidene Lagen von Kohle bilden die oberste noch dem Tertiär angehörende Schicht (16 m) dar. Sie verraten, dass der Rotter Sumpf abermals überflutet worden ist, jetzt durch mäandrierende Fließgewässer.

Seit 150 Jahren ist man mit der Analyse der Rotter Pflanzenwelt beschäftigt. Obwohl oft nur Blätter erhalten sind, was eine Bestimmung der Arten erschwert, ist das Bild der Rotter Flora recht vollständig. Sie umfasst zunächst Kieselalgen (Diatomeae), Gold- (Chrysophyceae) und Grünalgen (Chlorophyceae). Als größere Formen fallen Armleuchteralgen (Charophyceae) auf. Ferner ist erstaunlich, dass trotz ihrer Zartheit fünf verschiedene Arten Laubmoose (*Musci*) erhalten sind, darunter das Rotter Haarmützenmoos (*Polytrichum rottense*).

Abb. 52: *Asterocalamites scrobiculatus*, ein fossiler Schachtelhalm, gefunden am Stürzelberg bei Herborn und Beweis für ähnliche Lebensbedingungen an anderen Orten des Westerwaldes

Nur vereinzelt sind Farn und Schachtelhalm belegt.

Auch Nacktsamer (Gymnospermae) sind in Rott mit wenigen Gattungen der Zypressen- (Cupressaceae) und Kieferngewächse (Pinaceae), darunter die Wasserfichte (*Glyptostrobus* sp.). Am bekanntesten ist der Urwelt-Mammutbaum (*Metasequoia glyptostroboides*).

Die Mehrzahl der Pflanzenfunde stammt von Bedecktsamern (Angiospermae). Nur wenige Einkeimblättler sind darunter: eine Palmenart, die zu den Liliengewächsen zählenden Stechwinden (*Smilax* sp.), Binsen und Sauergräser.

Dem steht die Fülle der Zweikeimblättler gegenüber, von hier nur einige genannt werden können; zuerst natürlich Wasserpflanzen wie Seerosen (*Nymphaea* sp.) oder Krebsschere (*Stratiotes*). Erwartungsgemäß trifft man im Übrigen auf Pflanzen, die vorzugsweise in warmen oder gar tropischen Breiten heimisch sind, etwa Lorbeergewächse (Lauraceae) oder die pharmazeutisch genutzte *Cassia* (Caesalpiniaceae). Andere sind dagegen eher in gemäßigten Zonen verbreitet, etwa der Tupelobaum (*Nyssa silvatica*), wie die Sumpfzypresse typisch für Sumpflandschaften und daher in der Braunkohle häufig. Magnolien (Magnoliaceae) gedeihen dagegen von Natur aus sowohl in tropischem wie gemäßigtem Klima, ähnliche wie Zürgelbaum (*Celtis* sp., Ulmaceae) oder ein tertiärer Götterbaum (*Ailanthus* sp.) aus der Familie der Bittereschen (Simaroubaceae). Unsere heutige Flora ist vertreten durch Gagel- (Myricaceae) und Ahorngewächse (Aceraceae), Flügel- (*Pterocarya*) und Walnuss (*Juglans* sp.). Am häufigsten sind Blatt- und Zweigreste der wärmeliebenden Breiapfelgewächse (Sapotaceae). Gut 630 Insekten-Arten haben die Blätterkohle, genauer die Polierschiefer von Rott berühmt gemacht. Allein Wanzen (*Heteroptera*) stellen ein Viertel der Funde, gefolgt von Zweiflüglern (*Diptera*), Käfern (*Coleoptera*), Libellen (*Odonata*) und Hautflüglern (*Hymenoptera*), ferner Steinfliegen (*Plecoptera*), Schaben (*Blattoptera*), Termiten (*Isoptera*), Heuschrecken, Zikaden (*Auchenorrhyncha*), Netzflügler (*Neuroptera*), Köcherfliegen (*Trichoptera*), Schmetterlinge (*Lepidoptera*) oder Schnabelfliegen (*Mecoptera*).

Bei Libellen stieß man gelegentlich auf erstaunliche dichte Vorkommen an einer Stelle oder fand ihre Gelege (Eibogen) als Abdruck auf Laubblättern. Unter den Käfern fällt das sonst eher seltene Auftreten von Hirsch- (*Lucanidae*) und Bockkäfern (*Cerambycidae*) auf. Große Beachtung fanden die Reste von Bienen (*Apidae*). Am häufigsten unter den Hautflüglern sind geflügelte Ameisen (*Formicidae*), also Tiere vor oder während des Begattungsfluges.

Anhand der Funde entsteht ein lebendiges Bild des Rotter Sees: 1. Den Seeboden oder die bodennahe Wasserschicht bewohnten Schwimm- und Ruderwanzen (*Heteroptera*), spezialisierte Käfer wie der häufige *Oreodytes cryptolineatus*, ein Verwandter unseres Gelbrandkäfers, ferner Larven von Libellen, Zuckmücken (*Chironomidae*) und Gnitzen (*Ceratopogonidae*). 2. Nahe der Wasseroberfläche tummelten sich Rückenschwimmer (*Notonectidae*) und Büschelmücken (*Chaoboridae*). 3. Über die Seefläche glitten Wasserläufer (*Gerridae*). Zwischen Schwimmpflanzen zogen Taumelkäfer (*Palaeogyrinidae*) ihre Bahnen. Mit ihrer Abdomenspitze hingen Larven von Waffenfliegen (*Stratiomyiidae*) am Wasserspiegel um zu atmen.

Ferner tummelten sich hier Wasserschnecken und Muschelkrebse (*Ostracoda*). Von den Wirbeltieren sind Fische am häufigsten vertreten. Es handelt sich fast ausschließlich um Weißfische (Karpfenartige, *Cypridinae*), wie *Palaeorutilus papyraceus*. Vereinzelt sind ein 40 cm langer „Hecht“ (*Esox papyraceus*) und ein „Stint“ (*Osmerus solitarius*)

Abb. 53: Fossile Honigbiene (*Apis henshawi dormiens*; 13 mm), Rott

von 6,5 cm Länge bekannt. Da letzterer ein Wanderfisch ist, muss der Rotter See über Flüsse mit dem Nordmeer in Verbindung gestanden sein, wovon sein Süßwassercharakter allerdings unberührt blieb.

Unter den Amphibien fällt der „Riesensalamander“ (*Andrias scheuchzeri*) auf, der immerhin 40 cm Länge zu Lebzeiten erreicht haben dürfte. Außerdem wurden Schwanzlurche der Art *Chelotriton paradoxus* gefunden.

Mindestens sechs verschiedene Froscharten sind aus Rott bekannt. Überwiegend treten „Wasserfrösche“ (*Palaebatrachidae*, drei Arten) auf. Erwachsene Krötenfrösche (*Pelobatidae*), von denen vier Exemplare der Art *Pelobates decheni* aus Rott bekannt sind, lebten dagegen an Land. Schließlich

Abb. 54: Wasserfrosch (*Palaeobatrachus diluvianus*; ca. 6 cm), Rott

sind zwei Arten der echten Frösche (*Ranidae*) fossil erhalten: *Rana noeggerathi* und *R. meriani*. Verwandt mit der heutigen Schnappschildkröte ist die Rotter Art *Chelydra decheni*, die mit der rezenten Sumpfschildkröte *Palaeochelys* sp. festgestellt werden konnte. Eine primitive Riesenschlange vom Typ mittelamerikanischer Zwergboas verewigt in ihrer Gattungsbezeichnung den Fundort: *Rottophis atavus*.

Auch Krokodile hausten in diesen Sümpfen, darunter die Gattung *Diplocynodon*, die heutigen Kaimanen nahe steht. Knochenteile belegen für Rott auch eine Gürtelechse und die Schleicharten *Pseudopus rugosus* und *P. heymanni*.

Vögel sind nur durch Federn belegt. Zahnfunde von Säugern verraten, dass ein Beuteltier (*Amphiperaterium exilie*) nach Art des Opossums am Siebengebirge lebte. Einige Insektenfresser (*Paratalpa* sp., *Talpidae*, Wassermaulwurf *Dimylidae*) waren nach Art des heutigen, sonst maulwurfartigen Desman an das Leben im Wasser angepasst (daher: *Desmanella* sp.). Ähnliches dürfte auf die Rotter Spitzmäuse (*Soricidae*) zutreffen.

Von Raubtieren (*Carnivora*) sind außer Kieferfragmenten noch weitere Skelett-Teile erhalten, die dem Bärenhund (*Amphicyon* sp.) und Marderartigen zugeordnet werden. Auch Nager lassen sich hauptsächlich durch Zahnfunde belegen. Demnach lebten in Rott Biber (*Steneofiber* cf. *eseri*), Hörnchen (*Blackia* cf. *miocaenica*), Bilche (*Bransatoglis* cf. *gigax*, *Glirudinus glirulus*, *Peridiromys* cf. *murinus*), vier Vertreter der ausgestorbenen *Eomyidea* und drei Hamsterarten (*Eucricetodon* cf. *collatus*, *Pseudocricetodon* cf. *thaleri*, *Adelomyarion vireti*). Der Pfeifhase (*Ochotonida*) schließlich gilt als „eines der schönsten Fossilien aus Rott". Das Tier ist offenbar ertrunken und sofort im Seeboden eingeschlossen worden.

Fast sensationell mag das Vorkommen von Nashörnern in den Schichten von Rott erscheinen. Darin hat man die hornlose Art *Brachydiceratherium lemanense* identifiziert. Das kaum minder spektakuläre „Kohlenschwein" (*Microbunodon breviceps*) ist ein primitiver Paarhufer, der anders als heutige Schweine stärker auf Pflanzennahrung eingestellt und so an die Lebensweise in der einstigen Sumpflandschaft besser angepasst war. Zu den Paarhufern zählt auch das Moschustier (*Moschus meyeri*), ein geweihloser Verwandter heutiger Hirsche. Einen großen Bestand alter Funde besitzt das Goldfuß-Museum, Abt. Paläontologie, der Universität Bonn. Sie ist nach dem Krieg durch Übernahme der Sammlung des Naturhistorischen Vereins (NHV) und zuletzt durch Rückkäufe aus Los Angeles aufgestockt worden. Belege besitzen in Deutschland außerdem das Paläontologische Institut der Universität Köln, das Museum der Stadt Siegburg und das Museum für Naturkunde Berlin.

5.4.2 Uckerath

Die Umgebung des Steimel bei Uckerath hat sich als eine interessante Fundstelle von Prototaxiten, algenähnlichen Pflanzen aus dem Unterdevon, erwiesen. Sie konnten eine Höhe von fast acht Metern und einen Stammdurchmesser von bis zu einem Meter erreichen, womit sie die größten landlebenden Organismen im Unterdevon gewesen sein dürften. Die Fossilien liegen am Steimel zwischen Quarzschottern des Oligozän. Sie werden am besten nach Bestellung der Felder etwa Mitte Oktober gesucht. Dem Lehrer Hans Altmeyer ist die gründliche Kenntnis dieser Fundstelle zu verdanken. Bemerkenswert ist ein Stammstück von *Prototaxites loganii* in der Sammlung von Nils Jung, weil es offensichtlich aus dem Ems-Quarzit um Montabaur stammt und hierher verdriftet ist.

Abb. 55: *Prototaxites* von Uckerath, Sammlung Altmeyer

5.4.3 Dernbach

Tertiäre Pflanzenreste aus dem Pliozän, ähnlich wie in Rott, enthalten die tonigen Sphärosiderite der ehemaligen Grube „Glück auf" – nordöstlich von Dernbach – und Grube „Cronberg" im Grubenfeld bei Horressen. Neben blütenlosen Pflanzen (*Thallophyta*) sind Laubhölzer, Aronstabgewächse u. Ä., vor allem Schilfrohr, Walnuss und einige Nadelhölzer charakteristisch für Dernbach.

5.4.4 Ruppach-Goldhausen

In der Grube „Maria" (Sibelco-Deutschland GmbH; nicht öffentlich zugänglich) wird seit langem Ton abgebaut. Sie geht auf einen pliozänen Kratersee zurück, der als solcher erstmals für den Westerwald nachgewiesen worden ist. Nach Mark Herrmann, Martin Hottenrott, Thomas Schindler, Dieter Uhl und Michael Wuttke war das Gewässer belebt von Cyanobakterien, Schilf, Diatomeen, vermutlich Seerosen, Schwämmen (durch Nadeln und Gewebereste), Insektenlarven, Köcherfliegen (Gehäuse) und Wasserwanzen. Kotsteine (Koprolithen) in der Uferzone stammen von Kleinsäugern.

In der näheren Umgebung des Sees wuchsen Laub- und Nadelbäume, die mit Holz, Blättern, Blüten und Früchten reichlich Spuren hinterließen. Sie umschwirrten Blattwanzen, Käfer, Hautflügler und andere Insekten. Pliozäne Seeablagerungen sind in Deutschland selten und bei uns nur durch die „Eisenstein-Flora" bei Dernbach vertreten.

5.4.5 Enspel

Seit über einhundert Jahren wird am Stöffel auf den Gemarkungen der Gemeinden Enspel, Nistertal und Stockum-Püschen Tholeitbasalt abgebaut. Das Material hatte im Oberoligozän einen See verfüllt, dessen Becken nun durch die Gesteinsgewinnung wieder ausgeräumt wird. So wird zugleich der Zugriff auf fossilhaltige Ölschiefer geöffnet. Zwar war diese Unterlage schon lange bekannt, aber für industrielle Nutzung ungeeignet. Erst als dort spielende Kinder Überreste von Fischen, Kaulquappen und Pflanzen entdeckten, startete die Erdgeschichtliche Denkmalpflege Rheinland Pfalz in Mainz seit 1990 Grabungen im „Ölschiefer", dem bituminösen Tonstein, nach Fossilien.

Abb. 56: „Stöffel-„ oder „Enspelmaus" (Rekonstruktion)

Die Funde von Nagern, Krötenfröschen, Krokodilen, Fischen, Kaulquappen, Salamandern, Insekten und Spinnen, Blättern, Blüten und Samen von Ahorn- und Weidenarten und anderen Pflanzen machten es möglich, das Klima sowie teilweise Flora und Fauna zu rekonstruieren.

Geradezu Weltberühmtheit erlangte der Stöffel durch den Fund eines fossilen Kleinsäugers (1992). Die Stöffel- oder Enspelmaus (*Eomys quercyi*) gehört zu einer ausgestorbenen Familie der Nager (*Eomyidea*) aus dem Tertiär. Neben Behaarung und Magen-Darminhalt ist auch die Flughaut gut erhalten und weist das Tier als Gleitflieger aus. Eine Windböe mag sie erfasst habe, so dass sie im See ertrunken ist.

Vier Jahre später wurden Skelett-Teile eines otterartigen Tieres entdeckt. Bei diesem *Potamotherium valletoni* blieben – bisher einmalig – Milch- und Dauerzähne erhalten.

5.4.6 Winkels

Recht vielfältig sind die geologischen Verhältnisse am Rande des Oberwesterwaldes. Um den Ort Winkels bei Mengerskirchen liegen gleichzeitig Vorkommen von Säulenbasalt, miozäner Braunkohle und Ton. Die Tonlager bergen mit Einlagerungen von Markasit, vielfach Nadelhölzer, unter denen besonders der Urwelt-Mammutbaum (*Metasequoia glyptostroboides*) bemerkenswert ist. Ergiebige und bequeme Fundmöglichkeit!

Abb. 57: Fossiles Holz aus Winkels

5.4.7 Langenaubach

Auch die Grube „Stoß“ ist für Tonabbau angelegt worden. Außer auf Ton, einem Zersetzungsprodukt von Basalt, ist man hier auch auf zwei Flöze Braunkohle gestoßen. In den oberen Lagen konnten außer Halbopal verkieselte Hölzer aus dem Tertiär gefunden werden. Die Fundstücke erreichten vereinzelt gut 300 kg Gewicht.

5.4.8 Langenaubach-Breitscheider Riff

Bei Langenaubach erhebt sich der berühmte 30 m hohe Felsen Wildweiberhäuschen (NSG) aus oberdevonischem Riffkalk (Iberger Kalk). Nach Nordwesten öffnet sich eine große Höhle, weiter nach unten eine kleinere, deren ursprünglicher Tropfsteinschmuck leider weitgehend zerstört ist. In der kleineren Höhle wurden späteiszeitliche Tierreste (Halsband-Lemming, nordische Wühlmäuse, Eisfuchs, Ren, Alpenmoorhuhn u. a.) unter Laacher Trachyttuff gefunden.

5.4.9 Gönnersdorf

Die berühmte Ausgrabungsstätte in Gönnersdorf bei Neuwied hat durch entsprechende Funde Aufschlüsse über die Fauna des Tertiärs geliefert. Unter der Bimsdecke des Neuwieder Beckens lagen Tierreste aus der Jagdbeute des jungsteinzeitlichen Menschen (Magdalénien): Eisfuchs, Wildpferd und Ren, die Kleidung, Nahrung oder Werkstoff lieferten, ähnlich wie Schwan, Gans, Ente, Schneehuhn und Fische. Etwa 15 500 Jahre alte gravierte Schieferplatten zeigen über 270 meist naturalistische Tierdarstellungen. Außer Pferdegravuren erkennt man Mammut, Wollnashorn, Steinbock, Saiga-Antilope, Bär und Wolf, vereinzelt auch Robben, Vögel, Frösche und Schildkröten.

Abb. 58: Mammut, von eiszeitlichen Jägern in Schiefer geritzt; Fund in Gönnersdorf, Konturen modern aufgefrischt

6

Böden, Klima, Gewässer im Überblick

Hermann Josef Roth und Karl-Josef Sabel

6.1 Böden

Die heutigen Böden des Westerwaldes bestehen substanziell im Wesentlichen aus älteren und jungen geologischen Elementen. Zum einen liefert als vorherrschender Untergrund das devonische Grundgebirge verschiedene Gesteinselemente wie Schiefer, Grauwacke und Quarzite und des Weiteren Reste der tertiären unter tropenhaften Klimabedingungen entstandenen Verwitterungsdecken. Zusätzlich setzte im Tertiär auch Vulkanismus mit Basaltbildung ein.

Unter dem tropischen/subtropischen Klima im Tertiär wurden die anstehenden Gesteine intensiv chemisch zersetzt und zerfielen vornehmlich zu tonigen Bestandteilen. Seit Ende des Tertiärs kühlte das Klima ab und mit dem Quartär herrschten rapide Kaltphasen (Eiszeiten/Glaziale), die von kurzen Warmzeiten (Zwischeneiszeiten/Interglaziale) unterbrochen wurden. Mit dem Klimawandel folgte die Frostsprengung als leitende Verwitterungsart.

Infolge des steten Wechsels von Frieren und Auftauen wurde das Festgestein zu Gesteinsschutt (Schuttdecken) verwittert, der in Hanglagen großflächig langsam ins „Fließen" geriet (Bodenfließen/Solifluktion). Dabei wurden auch die Überbleibsel der tertiären Verwitterungsreste mit eingearbeitet. Parallel zur Frostverwitterung kam es vor allem in den sommerlichen Kaltphasen zu gewaltigen Sand- und Staubstürmen, die im Wesentlichen von den Kiesablagerungen der Flüsse, vornehmlich des Rheins, genährt wurden und entsprechend der in Mitteleuropa vorherrschenden Windrichtung nach Osten verwehten.

Der Flugstaub (Löss) besteht aus schluffigem mineralreichem Kiesabrieb, der sich mehlartig anfühlt. Er wurde in die Solifluktionsdecken eingeweht und ihnen beigemischt. Bevorzugt an ostorientierten Hängen, dort in Lee-Lage, und konkaven Unterhängen sammelte sich der Löss in großen Mengen an und begünstigt außergewöhnlich die landwirtschaftliche Nutzung.

Im Westerwald tritt noch ein weiteres Gestein zutage, das durch Windwirkung entstanden, in Deutschland selten und nur noch in der Eifel und benachbarten Landschaften verbreitet ist. Ende der letzten Eiszeit brach linksrheinisch ein Vulkan aus, der heutige Laacher See, und verteilte gewaltige Aschenmengen. Sie sind zum Teil in größeren Mengen in der jüngsten Solifluktionsdecke enthalten und geben dem Boden damit einen sehr individuellen Charakter.

Mit der derzeitigen Warmzeit setzte wieder eine chemische Verwitterung ein, die je nach Zusammensetzung der beschriebenen oberflächennahen Gesteine sehr unterschiedliche Böden bildete. Je höher der Lössanteil und je basenreicher der Grobboden desto günstiger ist der Säuregrad (ph-Wert) und umso mineralreicher der Boden. Verbreitet sind Parabraunerden und Braunerden. Darüber hinaus garantiert der hohe lössbedingte Schluffgehalt für eine agrarökologisch vorzügliche Bodenwasserversorgung.

In den konvexen Hanglagen, vornehmlich in Gipfellagen, herrschen Braunerden und Ranker vor, so im Hohen Westerwald. Vor allem auf den verebneten Arealen, die Überbleibsel der tertiären Verwitterungsflächen sind, sorgen die tonigen Sedimente im Untergrund für Staunässe. Die typischen Böden werden als Pseudogley beschrieben. Die Böden (Lockerbraunerden) mit sehr hohem vulkanischem Tuff des Laacher Sees sind sehr sauer und vor allem im vorderen Westerwald bis Montabaur und Westerburg verbreitet.

Auf den eher selten verbreiteten Quarziten, etwa der Montabaurer Höhe, treten ob des Chemismus des Ausgangsgesteins nur saure bis sehr saure, nährstoffarme Böden auf, die sogar bis zum Podsol (Bleicherde) tendieren. Daher sind sämtliche Versuche zur Besiedlung und landwirtschaftlichen Nutzung erfolglos geblieben. Die auf alten Landkarten verzeichneten Dörfer sind längst wüst gefallen. Der Höhenzug ist bis heute fast lückenlos bewaldet.

In den Bach- und Flusstälern treten nährstoffreiche Auenböden auf. Das Sediment wurde nach Erosionsprozessen an den Hängen und Feldern im Einzugsgebiet im Hochwasser transportiert und dann sedimentiert.

Die historische Bodennutzung spiegelt die Bodenqualität gut wider. Bis zum Beginn der Industrialisierung waren fast alle Waldflächen gerodet. Dann setzte eine Wiederbewaldung ein, die vornehmlich die nährstoffarmen und sauren, also ertragsarmen, Standorte betraf wie die Montabaurer Höhe, während die basaltischen Flächen selbst des Hohen Westerwaldes noch agrarisch genutzt wurden.

6.2 Klima

Der Klimawandel lässt im Grunde nur einen zusammenfassenden Rückblick zu auf das, was bislang die Wetteraufzeichnungen für die Landschaft als charakteristisch ergeben haben. Insgesamt kann man auch jetzt von einem feuchten Klima mit milden Wintern und mäßig warmen Sommern sprechen, das dem subozeanisch-subkontinentalen Klimabereich zuzuordnen ist.

Mit den vorherrschenden Westwinden strömen vom Atlantik feuchte Luftmassen herbei. Infolge des nach Osten zu ansteigenden Gebirges werden die herantreibenden Wolken intensiv ausgekämmt und die **Niederschlagsmenge** steigt mit der Höhenlage. Wurden im Neuwieder Becken durchschnittlich 580 bis 650 mm Niederschläge gemessen, so waren es im mittleren Westerwald etwa 800 bis 900 mm Jahresniederschläge. Im Hohen Westerwald fallen jährlich im Durchschnitt 1125 (nach älteren Angaben 1200 mm) Niederschlag, etwa die Hälfte davon während der Vegetationsperiode.

Die Höhenlage bestimmt ebenso die **Temperatur**. Konnte in Neuwied bei 67 m Seehöhe ein Jahresmittel der Lufttemperatur 9,5 °C ermittelt werden, so waren es in Hachenburg (343 m) 7,7 °C, in Neukirch/Salzburg (636 m) 5,9 °C. Die Temperatur sinkt im Idealfall je 100 m Geländehöhe um 0,55 °C.

Tab. 1: Jahresmitteltemperaturen ausgewählter Klimastationen in verschiedenen Höhenlagen.

Neuwieder Becken	67 m	9,5 °C
Hachenburg	343 m	7,7 °C
Bad Marienberg	545 m	6,7 °C
Neukirch / Salzburg	636 m	5,9 °C

In dem angenommenen Klimabezirk von rund 200 bis 650 m Seehöhe ließ sich ein durchschnittliches Monatsmittel der Lufttemperatur im Januar von -1,0 bis +2 °C, im Juli von 14,0 bis 17,0 °C feststellen; die

Tab. 2: Mittlere Windrichtung (in %) während des Jahres in Neukirch/Salzburg (aus: Häbel 1980).

	N	NO	O	SO	S	SW	W	NW	Windstillen
Frühling	6,3	22,5	5,4	7,8	8,5	24,2	11,3	± 1	1,8
Sommer	4,7	10,7	5,6	8,3	9,4	27,2	10,9	± 20	2,8
Herbst	4,3	19,3	9,0	10,5	11,0	24,2	9,2	± 10	1,7
Winter	3,3	16,1	5,8	8,7	11,4	30,0	15,4	8,2	1,1
Jahr	4,8	17,3	6,1	8,9	10,1	26,9	11,4	12,9	1,1

mittlere Jahresschwankung bewegte sich zwischen 16,0 bis 16,5 °C, die mittlere Dauer eines Tagesmittels der Lufttemperatur von mindestens 5 °C belief sich auf 195 bis 235 Tage, von 10 °C auf 125 bis 165 Tage.

Die mittlere Zahl der Tage mit Schneedecke betrug bisher für >0 cm 30 bis 80. Die Schneemenge machte 20% der Gesamtniederschläge aus. Frosttage, an denen das Temperaturminimum unter den Gefrierpunkt absinkt, wurden etwa 120 gezählt; Eistage, an denen auch das Temperaturmaximum unterhalb dieses Wertes verbleibt, dagegen nur etwa 30. Umgekehrt hat man durchschnittlich mit 20 bis 30 Sommertagen gerechnet, an denen ein Temperaturmaximum von über 25 °C erreicht wird. Die überlieferten Messwerte mögen längerfristig erkennen lassen, wie hier alles in Fluss geraten ist.

Der scharfe **Wind** des Westerwaldes ist sprichwörtlich. Zu 50% weht er aus Westen, wobei der Südwestwind mit 27% überwiegt. Der kalte Nordost hat mit 17% an der gesamten Luftbewegung einen relativ hohen Anteil. Er tritt vorwiegend (zu 25%) im April und Mai auf und bedingt mit die gefürchteten Spätfröste.

6.2.1 Hoher Westerwald

Zum Kerngebiet, das gegenüber anderen Teillandschaften recht homogen erscheint, seien einige neuere Daten beigesteuert, die vielleicht Ansätze zur Prognose liefern könnten. So wurden in den Jahren 1976 bis 1989 als tiefste Temperatur -21,4 °C (Jan. 1979) und als höchste 32,5 °C (Juli 1976) gemessen.

Mittleres Tagesminimum des kältesten Monats war -10,1 °C (Feb. 1986), mittleres Tagesmaximum des wärmsten 25,1 °C (August 1987). Die Temperatur kann also über eine Spanne von 35,2 °C schwanken, ein Betrag, in dem sich der Übergang zum kontinentalen Klima abzeichnet. Insgesamt ist das Klima dieser Höhenlage zeitweise wenigstens feuchter geworden bei einer Steigerung der Niederschläge um durchschnittlich 6,2%.

6.2.2 „Meteorologischer Rufmord"

Die Daten sprechen demnach eine andere Sprache als der Volksmund, der mitunter heute noch Unzutreffendes über das Westerwälder Klima kolportiert. Das begann vielleicht mit einem Reitergedicht aus dem 15. Jahrhundert („*Kompstu denn auf den Westerwald, da ist es sommer und winter kalt*") und tönte im sattsam bekannten Marschlied („ ... über deinen Höhen pfeift der Wind so kalt") munter weiter. Die alten Geschichten, dass auf dem Westerwald die Äpfel zwei Jahre zum Reifen nötig hätten oder dass dort neun Monate Winter und drei Monate kalt seien, werden noch immer gerne erzählt.

Dabei schneidet das Gebiet im Vergleich zu anderen mittelrheinischen Gebirgen noch recht gut ab: Die -1°-Isotherme des Januar betrifft in der Eifel ein noch größeres Gebiet, die mittlere wirkliche Januartemperatur erreicht im Taunus und Hunsrück sogar einen noch um ein Grad tieferen Wert, ja sogar der Wind weht in der Eifel (Nürburg) durchschnittlich mit höheren Geschwindigkeiten als im Hohen Westerwald: Geringere Windgeschwindigkeiten (1/2 m/sec) sind auf der Fuchskaute häufiger als dort, mittlere (über 4 m/sec) dagegen treten in der Eifel häufiger auf.

Bei der Diskussion um Nutzung der Windenergie haben Skeptiker gern auf diesen ostwärts wachsenden Leistungsabfall hingewiesen. Inzwischen hat der Erfolg die Bedenken zerstreut. Man war sich hierzulande schon Ende des 19. Jahrhunderts im Klaren, dass die Windleistung ausreicht, um sie vernünftig nutzen zu können, auch wenn der Westerwald kein Land der Windmühlen ist. Deren Wirksamkeit läuft in der Kölner Bucht aus. Der ruinöse „Müllestump" in Bonn-Beuel dürfte als Baudenkmal die geographische Grenze dieser einst wichtigen Methode der Windnutzung markieren. Um die Wasserversorgung für ihr Dorf zu sichern, beabsichtigten die Bürger von Weltersburg, dieses mittels Windrad aus der Quelle am Watzenhahn ins Dorf zu pumpen. Nach jahrelanger Vorbereitung konnte 1912 die Anlage in Betrieb genommen werden. Der 24 Meter hohe Eisenturm mit Windrad (5 m Ø) bildet heute das Wahrzeichen des Ortes.

Auch bioklimatisch kann der Westerwald günstig beurteilt werden, insofern sein größter Teil der Schonstufe (reizmild bis reizschwach oder schonend) zugerechnet werden muss. Nur die hohen und höchsten Teile gelten als reizmäßig bis reizstark und die Tallandschaften von Rhein und Lahn als teils belastend.

Wenn auch die Höhenstufen meist mehr oder weniger sachte ineinander übergehen und scharfe Abgrenzungen seltener sind, lassen sich die klimatischen Veränderungen in Folge der Höhenlage recht zuverlässig be-

Abb. 59: Windrad (1912) in Weltersburg

obachten. Besonders deutlich kommt das in den **phänologischen Daten** zum Ausdruck. Der Vollfrühling zieht eben im Hohen Westerwald später ein als in den Flusstälern des Gebirgsrandes, und entsprechend beginnt der Winter auf den Höhen zeitiger. Die dadurch bedingte kürzere Vegetationsperiode mit den entsprechenden Folgen für die Landwirtschaft – die Roggenernte beispielsweise beginnt in der Regel erst nach dem 31. Juli – lassen den Hohen Westenwald gegenüber den Tieflagen im Nachteil.

Mit dem Erblühen des Schneeglöckchens (*Galanthus nivalis*) beginnt der Vorfrühling des Vegetationsjahres. Im Rheintal bei Koblenz setzt die Blüte schon Mitte Februar ein, in den übrigen Tieflagen im letzten Drittel des Februars, in Höhenlagen unter etwa 400 m während der ersten zehn Tage des

März. Um die Märzmitte beginnt es in Höhen bis ca. 600 m zu blühen, während dies in den höchsten Lagen über 600 m erst in den letzten Märztagen der Fall ist. Die Apfelblüte bezeichnet den Einzug des Vollfrühlings. Ihr mittlerer Beginn ist im tief gelegenen Bergland Anfang Mai, im unteren Lahntal sogar schon Ende April. Im Gebirge ist je nach Höhenlage zwischen dem 10. und 31. Mai mit der Apfelblüte zu rechnen, so in Montabaur noch zwischen dem 5. und 10. Mai, um Altenkirchen vom 10. bis 15., bei Westerburg vom 15. bis 20. und auf dem Hohen Westerwald ab 20. Mai.

Besonders der hohe Anteil an Nordostwinden im Frühjahr bedingte die für die Landwirtschaft so schädliche, große Spätfrostgefahr. Dies erkannte schon der herzoglich-nassauische Regierungsrat Wilhelm Albrecht und erarbeitete (ab 1840) einen Plan zur Anpflanzung von Windgürteln aus Fichten quer zu diesen Hauptwindrichtungen. Seine vollständige Umsetzung scheiterte jedoch am Eigensinn einiger Grundeigentümer.

Wo die Maßnahme erfolgt ist, geben diese „Schutzhecken" noch heute der Landschaft ihr Gepräge. Insgesamt ließ sich bis zur Gegenwart eine durch die gepflanzten Windschutzstreifen und die partielle Aufforstung begründete Klimaverbesserung feststellen. Der Klimawandel durch die globale Erwärmung erfasst nun auch den Westerwald. So rechnet man mit einer Erhöhung der durchschnittlichen Jahresmitteltemperaturen von 1,5–5,0 °C bis zum Ende des 21. Jahrhunderts.

Die Witterung der letzten Jahre hat man hierzulande als Vorgeschmack dessen empfunden, was die Zukunft bringen wird. Die „Erderwärmung" schien im August 2020 mit einem Monatsmittel von +19,1 °C in Bad Marienberg und +20,2 °C in Montabaur nachfühlbar, wobei am heißesten Tag in der Kurstadt +33,5 °C und in der Kreisstadt gar 35,6 °C gemessen wurden. Immerhin fiel hier umgekehrt am kältesten Tag des Jahres (für den Westerwaldkreis) die Temperatur auf -7,6 °C. Was alte Annalen vom Schneefall berichten, klingt sagenhaft angesichts der schütteren Schneedecke, die im Westerwaldkreis gerade mal an 16 Tagen des Jahres 2020 gesichtet werden konnte. Die 19 cm dicke Schneedecke, die im Februar Bad Marienberg verhüllte, ist da eine Ausnahme. Man sollte sich für klimatische Überraschungen rüsten.

6.3 Gewässer

Ähnlich anderen vergleichbaren Teilen des Rheinischen Schiefergebirges ist auch der Westerwald hydrographisch ganz dem Rhein zugeordnet, dem sämtliche Gewässer letzten Endes zustreben. Kasbach, Wied, Sayn- und Brexbach münden unmittelbar in den Strom, Heller, Daade-Bach, Nister, Hanf- und Pleisbach über die Sieg, Salzböde, Dill, Kerker-, Elb- und Gelbach über die Lahn.

Die Wied ist mit 102 km vom Quellgebiet im Bereich der Westerwälder Seenplatte bis zur Rheinmündung in Neuwied der längste Wasserlauf im Westerwald. Bei Döttesfeld mündet der Holzbach als mit Abstand längster ihrer Nebenzuflüsse (44 km). Ungefähr von dieser Größenordnung sind Saynbach (43 km), Elb- (46,7 km) und Gelbach (39,7 km). Salzböde (27, 6 km) und die von Osten her der Dill zustrebende Aar (20,6 km) haben einen weitaus kürzeren Lauf.

Die Nister schließlich steht mit einer Lauflänge von 64 Kilometern zwischen ihrem Ursprung westlich der Fuchskaute und der Mündung in Nisterbrück an zweiter Stelle der Binnenflüsse des Westerwaldes. Mit vier ihrer Zuflüsse teilt sie den Namen: Vom Stegskopf kommend vereinigt sich nach 12,4 Kilometern bei Heimborn die Kleine Nister mit der Großen, wonach nur noch die Bezeichnung Nister gilt. Zuvor

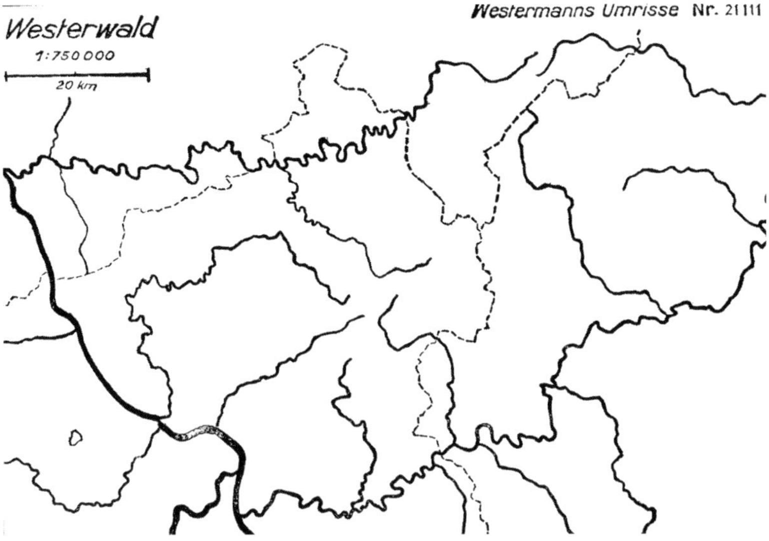

Abb. 60: Gewässernetz des Westerwaldes (Westermann)

sind der Großen Nister bei Langenbach die Schwarze (12,4 km) und bei Hirtscheid die Hornister (auch: Enspeler Bach) zugeflossen. Die Kleine Nister hat bei Nisterberg die Grüne Nister aufgenommen.

Lediglich die Dill hat zwischen Hohem Westerwald und Gladenbacher Bergland innerhalb des Gebirges einen oro-hydrographisch ausgeprägteren Lauf, der von der Kalteiche bis zur Lahn eine Strecke von 55 Kilometern bewältigt. Alle übrigen Wasserläufe entspringen mangels markanter Wasserscheiden und Bergkämmen aus unzähligen Rinnsalen und Bächen, die von den flachwelligen Hochflächen zufallsartig die Richtungen erhalten. Die Wasserführung ist

Abb. 61: Zusammenfluss der Großen und Kleinen Nister bei Heimborn bei nahezu naturnahem Zustand (histor. Foto)

Abb. 62: Erdbachschwinde unterhalb Breitscheid
.

sehr unterschiedlich und kann sich insbesondere bei der Schneeschmelze zu beachtlichem Hochwasser steigern.

Ebenfalls aus dem Einzugsgebiet Kalteiche, jedoch in nordwestlicher Richtung fließt die Heller (30,2 km) zur Sieg hin. In Literatur und Werbung wird das Mittlere Hellertal samt Mittelsiegtal gern als „Nord-Grenze" des Westerwaldes bezeichnet. Rückblickend sind mehrere Ursprungsgebiete der Fließgewässer des Westerwaldes zu erkennen, hauptsächlich Kalteiche, Basalthochfläche, Neunhauser Plateau, Oberwesterwälder Kuppenland, Dreifelder Weiherland, Montabaurer Höhe, Rheinwesterwälder Vulkanrücken, Asbacher Hochfläche und Leuscheid.

Die geologischen Verhältnisse im östlichen Westerwald führen zu einer für unsere Gegend seltenen Veränderung eines Bachlaufs. Südlich der Straße zwischen Breitscheid und Erdbach erstreckt sich ein Karstgebiet (NSG) im „Erdbacher Kalk", einem unterkarbonischen Gestein (Erdbachium) mit Spalten, Höhlen und Dolinen. Dort versickert der Erdbach und tritt nach 1,5 km wieder ans Tageslicht.

6.3.1 Säuerlinge

In unserer Gegend entspringen zahlreiche Mineralquellen, so dass sie besondere Aufmerksamkeit verdienen. Ihre Häufung im Umkreis des Vulkangebietes Laacher See erklärt diesen Umstand. Solche Säuerlinge oder „Sauerbrunnen" fördern natürliches Grundwasser mit erhöhtem Gehalt an freier gasförmiger „Kohlensäure" (über 250 mg/l CO_2) und enthalten in 1 kg Wasser mindestens 1 g gelöster Feststoffe. Für die Wasserheilkunde (Balneologie) gehören alle hiesigen Sauerbrunnen „zu den Na-Mg-Hydrogenkarbonat-Chlorid-Säuerlingen", enthalten also in zum Teil beachtlicher Konzentration Na^+ und HCO_3^--Ionen sowie weitere Kationen (Mg^{++}, Ca^{++}) und Anionen (Cl^-, geringfügig SO_4^{--}).

Bekannte Sauerbrunnen, deren „Mineralwasser" größtenteils auch Heilwirkung zugesprochen wird, entspringen in Bad Hönningen, Ehrenbreitstein („Heribert-Quelle"), Bad Ems (Fürsten-, Kaiser- und Kesselbrunnen, Kränchen, Robert Kampe-Sprudel, Römer- und Victoriaquelle sowie Wilhelms-Felsenquelle), Friedrichssegen, Geilnau, Biskirchen (Gertrudisbrunnen), Proppach (Ersterwähnung 1435), Nenderoth (Sauerborn), Montabaur, Dernbach (Heilborn), Bad Marienberg (Marienquelle). Heilungen durch das Adelheidispützchen bei Bonn-Beuel dürften dagegen wohl eher Glaubenssache sein.

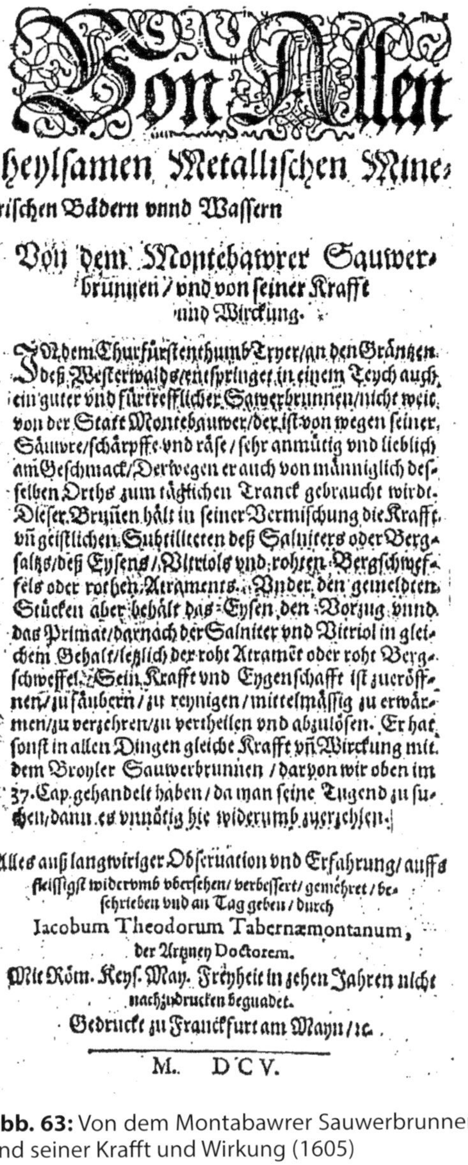

Von Allen
heylsamen Metallischen Mine-
rischen Bädern vnnd Wassern

Von dem Montebawrer Sauwer-
brunnen / vnd von seiner Krafft
vnnd Wirckung.

In dem Churfürstenthumb Trÿer / an den Gräntzen deß Westerwalds / entspringet in einem Teych auch ein guter vnd fürtrefflicher Sawerbrunnen / nicht weit von der Statt Montebauwer / der ist von wegen seiner Säuwre / schärpffe vnd räse / sehr anmütig vnd lieblich am Geschmack / Derwegen er auch von männiglich desselben Orths zum täglichen Tranck gebraucht wirdt. Dieser Brunnen hält in seiner Vermischung die Krafft vñ geistlichen Subtilliteten deß Salniters oder Bergsaltzs / deß Eysens / Vitriols vnd rohten Bergschweffels oder rohten Atraments. Vnder den gemeldten Stücken aber behält das Eysen den Vorzug vnnd das Primat / darnach der Salniter vnd Vitriol in gleichem Gehalt / letzlich der roht Atramēt oder roht Bergschweffel. Sein Krafft vnd Eygenschafft ist zueröffnen / zu säubern / zu reynigen / mittelmässig zu erwärmen / zu verzehren / zu vertheilen vnd abzulösen. Er hat sonst in allen Dingen gleiche Krafft vñ Wirckung mit dem Broyler Sauwerbrunnen / darvon wir oben im 37. Cap. gehandelt haben / da man seine Tugend zu suchen / dann es vnnötig hie widerumb zuerzehlen.

Alles auß langwiriger Obseruation vnd Erfahrung / auffs fleissigst widerumb vbersehen / verbessert / gemehret / beschrieben vnd an Tag geben / durch
Iacobum Theodorum Tabernæmontanum,
der Artzney Doctorem.
Mit Röm. Keys. May. Freyheit in zehen Jahren nicht nachzudrucken begnadet.
Gedruckt zu Franckfurt am Mayn / 2c.
M. DCV.

Abb. 63: Von dem Montabawrer Sauwerbrunnen und seiner Krafft und Wirkung (1605)

6.3.2 Stehgewässer

Alle größeren stehenden Gewässer wurden erst vom Menschen angelegt. Infolge der großen Bedeutung der Binnenfischerei in früheren Jahrhunderten war ihre Zahl einmal sehr groß, wie oft noch aus Flurbezeichnungen ersichtlich ist. Die Fischteiche der „Westerwälder Seenplatte" hatten möglicherweise schon mittelalterliche Vorgänger. In der jetzigen Form entstanden sie gleichsam als „Arbeitsbeschaffungsmaßnahme" nach dem Dreißigjährigen Krieg. Ihre Größe ist unterschiedlich und reicht von 123 ha beim Seeweiher bis zu 1,03 ha beim abgelegenen Wölferlinger Weiher. Analog verlief die Anlage der Secker Weiher durch die Fürsten von Nassau-Hadamar, die 1672 die Wüstung Stöcken fluten ließen.

Manche erwuchsen aus Fischteichen wie der Elkenrother Weiher (8 ha), andere wurden nach jahrzehntelanger Trockenlegung wieder neu aufgestaut wie die Breitenbachtalsperre (47 ha) bei Waigandshain, der Blumentalweiher bei Breitenau und der Wiesensee (80 ha) bei Pottum. Auch der Seeweiher (13 ha) bei Waldernbach bestand schon im 16. Jahrhundert.

Andere Gewässer verdanken ihre Entstehung ehemaligen Industrieanlagen, aufgelassenen Tongruben oder Steinbrüchen, wie der Erlenhofsee bei Ransbach-Baumbach, der Blaue See bei Vettelschoss, die Weiher zwischen Wirges und Siershahn sowie zwischen Herschbach und Marienhausen, ferner der Herthasee (6 ha) bei Holzappel, der Stauweiher südlich Niedertiefenbach, der Landeskroner Weiher (1,35 ha) bei Wilnsdorf, der Schwarze See bei Dattenberg, der Dornheckensee und der Blaue See an der Rabenley bei Oberkassel.

Zur Gewinnung elektrischer Energie wurden die Krombachtalsperre – mit 93 ha Wasserfläche und 4,2 Mill. m^3 Inhalt die bedeutendste im Westerwald – und die Talsperren bei Driedorf, Guntersdorf und im Ulmtal gebaut, ähnlich der Weiher bei der Hammermühle nahe Selters. Aartal- (57 ha) und Perfsee (18 ha) wiederum helfen beim Hochwasserschutz.

Etliche von ihnen sowie der Große Weiher und der Streckweiher bei Seck, der Waldsee bei Maroth, der Klingelweiher bei Maxsain-Goddert, der Schäferweiher bei Herschbach, der Birkensee bei Elbingen, der Vöhler Weiher bei Merenberg und der Heisterberger Weiher (9.7 ha) haben mit ihren Wassersportmöglichkeiten für den Tourismus zum Teil erhebliche Bedeutung erlangt.

7

Pflanzenwelt des Westerwaldes

Eberhard Fischer

Unter natürlichen Bedingungen wäre der Westerwald überwiegend von sommergrünen Laubwäldern bedeckt. Wenn heute hier auch keine „Urwälder“ im strengen Sinne existieren, so finden sich doch stellenweise naturnahe Hochwälder, die trotz forstwirtschaftlicher Eingriffe in etwa der Endphase eines Buchenwaldes entsprechen und den Charakter eines Hallenwaldes aufweisen. Weil die Begleitflora – der Bodenbewuchs beispielsweise – je nach Klimabedingungen und Bodenverhältnissen wechselt, erscheint der Wald im Einzelnen in unterschiedlichen Ausprägungen. Sie lassen sich systematisch nach Kategorien ordnen.

Die Flora und Vegetation des Westerwaldes hat gerade in den letzten 10 Jahren eine dramatische Veränderung, bedingt durch den Klimawandel, die intensive Landwirtschaft und die Forstwirtschaft, z. B. das völlige und destruktive Abholzen der Fichten teilweise mit Großmaschinen (Harvester), erfahren. Besonders desaströs sind diese Abholzungen auf der Montabaurer Höhe. Sehr viele der noch von Sabel & Fischer (1992) genannten Pflanzengesellschaften und Arten sind daher heute verschwunden.

7.1 Vegetation

7.1.1 Wälder

7.1.1.1 Bodensaure Hainsimsen-Buchenwälder (*Luzulo luzuloidis-Fagetum*)

Solche bodensauren Buchenwälder finden sich auf basenarmen Silikatgesteinen. In der Regel ist die Strauchschicht nur in deren Randbereichen entwickelt. Lediglich Eberesche (Vogelbeere: *Sorbus aucuparia*), Faulbaum (*Frangula alnus*) und Traubenholunder (*Sambucus racemosa*) erreichen höhere Stetigkeiten. Die Krautschicht ist arm an Arten und gering bodendeckend. Charakteristisch ist hier das Vorkommen der Weißlichen Hainsimse (*Luzula luzuloides*) und der Drahtschmiele (*Deschampsia flexuosa*).

Dieser Buchenwald kann als „die wichtigste klimabedingte und oft landschaftsbeherrschende Waldform“ unserer Breiten angesehen werden. Im Westerwald stellt er gebietsweise die wichtigste Waldgesellschaft dar, die unter natürlichen Bedingungen mehr als die Hälfte seiner Fläche bedecken würde. Er besiedelt hier vornehmlich oligotrophe, teilweise podsolierte Braunerden, auf Quarzit, Schiefer, Phonolith und Basalt. Man hat eine Untereinheit nach Eichenfarn (*Gymnocarpium dryopteris*) und Frauenfarn (*Athyrium filix-femina*) unterschieden, die auf betont frischen Böden, etwa am Malberg bei Leuterod, wächst.

7.1.1.2 Waldmeister-Buchenwälder (*Galio odorati-Fagetum*)

Sie sind meist durch hohen Deckungsgrad der Krautschicht und Vorherrschen des Einblütigen Perlgrases (*Melica uniflora*) und der Zwiebelzahnwurz (*Cardamine bulbifera*) charakterisiert. Die übrigen Arten treten mit Ausnahme von Waldmeister (*Galium odoratum*) und Waldbingelkraut (*Mercurialis perennis*) zurück. Die Strauchschicht ist oft spärlich entwickelt; lediglich Rotbuche (*Fagus sylvatica*), Traubenholunder und Brombeere (*Rubus fruticosus* s.l.) erreichen höhere Stetigkeiten. Die Gesellschaft findet sich fast immer auf eu- bis mesotrophen Braunerden und Parabraunerden, auf Lösslehm oder lösslehmreichen Schuttdecken.

Abb. 64: Wester-„Wald"

Am Anstieg zur Montabaurer Höhe sowie zum Lahntal hin finden sich Ausbildungen eines Perlgras-Buchenwaldes (*Melico-Fagetum*), die reich an Zahnwurz sind. Auf „von Bimstuff überlagerten Verwitterungsböden von mineralreichen Schiefern" gedeiht daneben die Zwiebelzahnwurz. Weiterhin finden sich am Abfall der Montabaurer Höhe zum Rhein hin Wälder, in denen Waldbingelkraut vorherrscht, die dennoch zum Waldmeister-Buchenwald gerechnet werden können.

7.1.1.3 Zahnwurz-Buchenwald (*Cardamino bulbiferae-Fagetum*)

Dieser gedeiht auf frischen bis mäßig trockenen Böden mittleren bis hohen Nährstoffgehaltes mit Quirlblättriger Weißwurz (*Polygonatum verticillatum*), Fuchs-Greiskraut (*Senecio fuchsii*) und Zwiebelzahnwurz. Er findet sich ausschließlich im Hohen Westerwald. Die Bestände im Westerwald sollen die westliche Rasse dieses Waldtyps darstellen. Arten mit östlichem Verbreitungsschwerpunkt fehlen oder treten nur noch mit geringer Stetigkeit auf.

7.1.1.4 Orchideen-Buchenwälder (*Carici-Fagetum*),

auch Seggen-Buchenwälder genannt, sind an basenreiche Gesteine (z. B. Kalk) gebunden. Die sehr seltene Assoziation wird im Westerwald durch das Weiße Waldvöglein (*Cephalanthera damasonium*) sowie Finger- und Berg-Segge (*Carex digitata, C. montana*) gekennzeichnet. Im Vergleich zu Vorkommen in anderen Gebieten (z. B. Sötenicher Kalkmulde) sind sie hier sichtlich verarmt.

Eine weitere Kennart, das Rote Waldvöglein (*Cephalanthera rubra*), kommt wohl nur noch am Beilstein bei Sinn sowie im Lahntal nahe Diez vor. Ein Vorkommen auf der Montabaurer Höhe ist entweder irrtümlich oder verschwunden. Dagegen findet man das Schwertblättrige Waldvöglein (*Ce-*

phalanthera longifolia) schwerpunktmäßig in Waldmeister-Buchenwäldern des Hohen Westerwaldes. Der Frauenschuh (*Cypripedium calceolus*) war im 19. Jahrhundert im Rhein-Westerwald keineswegs selten. Ein Restbestand hat in einem Fichtenforst bei Bad Hönningen überlebt.

7.1.1.5 Eichen-Hainbuchenwälder (*Galio sylvatici-Carpinetum, Stellario holosteae-Carpinetum*)

mit Stiel- und Traubeneiche (*Quercus robur, Q. petraea*) kommen im Westerwald potentiell nur in den wärmeren Tallagen vor. An warm-trockenen sowie feuchten bis nassen Standorten vermögen Eichen und Hainbuchen fast reine Bestände zu bilden. Eichen treten in den Höhenlagen dagegen fast völlig zurück, so dass dort natürlicherweise reine Buchenwälder dominieren. Die Forstwirtschaft drängt die Eiche immer mehr zurück. Von 61 500 ha Waldfläche des Westerwaldkreises sind 35% von Buchen, 50% von Fichten, 7% von Kiefern und nur 8% von Eichen bestanden. Im Westerwald überwiegen Eichen-Hainbuchenwälder (*Galio-Carpinetum*), nur vereinzelt tritt auch das *Stellario-Carpinetum* in feuchten Tallagen auf.

Die nicht klimabedingten Eichen-Hainbuchenwälder kommen dort vor, wo die Buche nicht zu gedeihen vermag. Wo sie auf Braunerden und Parabraunerden stocken, sind sie durch Niederwaldwirtschaft aus klimatischen Buchenwäldern hervorgegangen. Das Artenspektrum steht dem von Waldmeister-Buchenwäldern nahe. Eichen-Hainbuchenwälder werden vor allem durch Große Sternmiere (*Stellaria holostea*), Maiglöckchen (*Convallaria majalis*) und Waldlabkraut (*Galium sylvaticum*) an trockenen Standorten abgegrenzt. Als Besonderheit kommt in den *Galio sylvatici-Carpineten* des Lahntales und seiner Seitentäler der Blaustern (*Scilla bifolia*) vor, der bis Hundsangen und Wirzenborn vordringt und bei Aumenau ausklingt.

An den Hängen zum Mittelrhein- und Lahntal findet sich eine Ausprägung, die an die wärmeliebenden Elsbeeren-Eichenwälder (*Lithospermo-Quercetum*) mit Elsbeere (*Sorbus torminalis*) und Pfirsichblättriger Glockenblume (*Campanula persicifolia*) erinnert. Der namengebende Blaurote Steinsame (*Lithospermum purpureo-caeruleum*) kommt erst wieder im Brohltal am Mittelrhein und im Siebengebirge vor.

7.1.1.6 Feuchte Eichen-Buchenwälder (*Betulo-Quercetum roboris*)

Auf nährstoffarmen und stark versauerten Böden finden sich Gesellschaften aus Buchen und Eichen, die an atlantische Heiden erinnern. Da sie an Standorten um Linz und Asbach im subatlantischen Bereich gedeihen, kann man sie als Ausläufer der feuchten Eichen-Buchenwälder West- und Nordwestdeutschlands mit Stechpalme (*Ilex aquifolium*) ansehen.

Im Westerwald wird die Krautschicht dieser Waldgesellschaft durch reiches Vorkommen des Pfeifengrases (*Molinia caerulea*) als Feuchtezeiger geprägt, daneben durch *Sphagnum*-Arten und die atlantische Glockenheide (*Erica tetralix*) als Rest der früher hier großflächigen Heidevegetation. In der Baumschicht tritt die Birke (*Betula pendula*) auf, in der Strauchschicht der Faulbaum. Viele Standorte sind heute in Fichtenforste umgewandelt, so bei Komp, wo der Siebenstern (*Trientalis europaea*) vorkommt.

7.1.1.7 Bodensaurer Traubeneichenwald trockenwarmer Hänge (*Hieracio glaucini-Quercetum petraeae*)

Ebenfalls auf nährstoffarmen und sauren Böden, aber ausschließlich in trockenwarmen Hanglagen, findet sich ein artenarmer Eichenwald. Aufgrund der ungünstigen Nährstoffverhältnisse und des niedrigen pH-Wertes des Bodens fehlen hier Arten des Elsbeeren-Eichenwaldes, dafür herrschen Moose und Flechten physiognomisch vor.

Abb. 65: Nister-Mühlengraben bei Hachenburg mit natürlichem Uferbewuchs

Eine Strauchschicht ist nur spärlich entwickelt und hebt sich oftmals nicht deutlich ab, da auch die Baumschicht nur Krüppelwuchs zeigt. Der Bodensaure Traubeneichenwald tritt fast immer im Anschluss an Trockenrasen und Felsfluren auf und beherbergt gelegentlich Arten wie Felsenbirne (*Amelanchier ovalis*) und Blauschwingel (*Festuca pallens*), etwa im klimatisch begünstigten Mittelrhein-, Lahn- und Nistertal.

In der Krautschicht zeigt er mit Drahtschmiele, Weißlicher Hainsimse und Heidelbeere (*Vaccinium myrtillus*) große Ähnlichkeit mit Hainsimsen-Buchenwäldern. Bemerkenswert sind die oft reichen Bestände an Rentierflechten (*Cladonia rangiferina, C. mitis, C. furcata, C. uncialis*).

7.1.1.8 Bach-Erlen-Eschenwälder (*Stellario nemorum-Alnetum glutinosae*)

Die zeitweilig überfluteten Auenwälder der breiteren Talbereiche stehen oft in Kontakt mit Schluchtwäldern (*Fraxino-Aceretum pseudoplatani*), so im Nistertal, oder mit feuchten Ausbildungen der Eichen-Hainbuchenwälder (*Stellario nemorum-Carpinetum*) der Talauen. Allerdings sind die meisten Vorkommen landwirtschaftlicher Nutzung zum Opfer gefallen. Naturnahe Biotope finden sich noch im Nister-, Holzbach-, Elbbach- und unteren Gelbachtal.

Die Baumschicht besteht aus Schwarzerlen (*Alnus glutinosa*) und Eschen (*Fraxinus excelsior*), daneben auch künstlich eingebrachte Gehölze wie Grauerle (*Alnus incana*).

Die Strauchschicht ist oft dicht entwickelt und artenreich. In der Krautschicht gedeihen nur Arten, die eine zeitweilige Überflutung vertragen. Neben der Hain-Sternmiere (*Stellaria nemorum*) sind es Arten der Höhenlagen („montane Arten") wie Blauer und Gelber Eisenhut (*Aconitum napellus* ssp. *lusitanicum*, *A. vulparia*) und Breitblättrige Glockenblume (*Campanula latifolia*).

Auffällig ist ein hoher Anteil der Traubenkirsche (*Prunus padus*). Die Vorkommen sind auf Hochlagen beschränkt und werden von Arten begleitet, die solche Standorte bevorzugen wie Pestwurz, Breitblättrige Glockenblume oder Glanz-Kerbel (*Anthriscus nitida*).

7.1.1.9 Bach-Eschen-Erlen-Quellwälder (*Carici remotae-Fraxinetum*)

In Quellregionen von Bächen tritt eine Gesellschaft auf, die durch die Winkelsegge (*Carex remota*) gekennzeichnet ist. Sie findet sich in regelmäßig überschwemmten Bachauen sowie an quellreichen Hängen und in Quellmulden. Die Baumschicht wird von Esche und Erle gebildet.

Als floristische Besonderheit tritt im Bach-Eschen-Erlen-Quellwald bei Dierdorf der Riesenschachtelhalm (*Equisetum telmateia*) auf. Daneben finden sich das Alpen-Hexenkraut (*Circea alpina*) und das Moos *Trichocolea tomentella*.

Dieser Waldtyp ist in der Regel nur als schmaler Bachsaum oder kleinflächig an Quellmulden ausgebildet. Meist steht er in Kontakt zu bestimmten Buchen- oder Hainbuchenwäldern, wird aber durch gewässerbauliche Maßnahmen oft stark zurück gedrängt.

7.1.1.10 Bergahorn-Eschenwälder (*Fraxino-Aceretum pseudoplatani*)

gliedern sich hier in drei Assoziationen. Der Bergahorn-Eschenwald im engeren Sinne tritt als bachbegleitende Gesellschaft in Talmulden und Steiltälern auf, so im Nistertal und am Holzbach. In der Baumschicht findet sich neben Bergahorn (*Acer pseudoplatanus*) und Esche (*Fraxinus excelsior*) auch die Bergulme (*Ulmus glabra*). Strauch- und Krautschicht sind ungewöhnlich reich entwickelt und ähneln dem bachbegleitenden Erlenwald (*Stellario-Alnetum*). Zusätzlich erscheinen hier auch einige Arten der Hochlagen wie Blauer und Gelber Eisenhut sowie Breitblättrige Glockenblume.

Abb. 66: Blauer Eisenhut

Der **Silberblatt-Bergahornwald** (*Lunario-Aceretum*) im Nistertal lässt sich durch das Silberblatt (*Lunaria rediviva*) vom Bach-Eschen-Erlenwald abgrenzen. Er umfasst auch einige Besonderheiten wie z. B. den Straußfarn (*Matteuccia struthiopteris*), der im Nistertal bei Nauroth in schönen Beständen gedeiht; ebenso der Scheidengoldstern (*Gagea spathacea*). Beide haben hier Verbreitungsschwerpunkte. Schließlich sei das am Schlossberg bei Montabaur wachsende Gelbe Windröschen (*Anemone ranunculoides*) erwähnt.

Der Hirschzungen-Bergahornwald (*Asplenio scolopendrii-Aceretum*) mit Hirschzunge (*Asplenium scolopendrium*) und Gelapptem Schildfarn (*Polystichum aculeatum*) ist auf Schluchtwälder der Lahn und ihrer Seitentäler beschränkt. Mit geringerer Stetigkeit trifft man auch das Silberblatt an.

7.1.1.11 Rasenschmielen-Bergahorn-mischwälder *(Deschampsio caespitosae-Aceretum pseudoplatani)*

Diese Gesellschaft ist außer vom Westerwald nur noch aus Vogelsberg, Knüll und Rhön bekannt. Die Baumschicht wird vom Bergahorn dominiert, die Erle (*Alnus glutinosa*) kommt nur an sehr feuchten Biotopen vor. Die Buche vermag aufgrund der Bodenvernässung keine Bestände zu bilden. In der Krautschicht sind Rasenschmiele (*Deschampsia caespitosa*), Dornfarn (*Dryopteris carthusiana*) und Breitblättriger Wurmfarn (*Dryopteris dilatata*) als Charakterarten anzusehen. Die Standorte liegen auf nährstoffarmen, sauren Gleyen und Pseudogleyen über Basalt.

7.1.1.12 Erlensumpf- und Erlenbruchwälder (*Alnion glutinosae*)

Grob gegliedert finden sich drei Typen von erlenreichen Sumpf- und Bruchwäldern. Diese treten auf nassen, nährstoffreichen, torfigen Nass- und Anmoorgleyen auf, wo sonst keine andere einheimische Holzart gedeiht. Daher ist die Schwarzerle (*Alnus glutinosa*) auch forstwirtschaftlich interessant.

Im Erlenbruch der **Verlängerten Segge** (*Carici elongatae-Alnetum glutinosae*) findet man so gut wie keine Strauchschicht, dagegen ist die Krautschicht üppig entwickelt und von beträchtlichem Artenreichtum.

Alle ihre Vertreter müssen in der Lage sein, Grundwasser und/oder längerfristige

Abb. 67: Erlenbruchwald am Brinkenweiher

Überschwemmungsperioden zu ertragen. Auffällig sind die Bulten der Verlängerten Segge (*Carex elongata*). Daneben treten als Besonderheiten an der Seenplatte Alpen-Hexenkraut, Drachenwurz (*Calla palustris*), Tannen-Bärlapp (*Huperzia selago*) und bei Elkenroth Märzenbecher (*Leucojum vernum*) auf.

Abb. 68: Der Tannen-Bärlapp

Der **Rasenschmielen-Erlensumpfwald** (*Deschampsia caespitosa-Alnus glutinosa*-Gesellschaft) weist Ähnlichkeiten mit der *Crepis paludosus-Alnus glutinosa*-Gesellschaft auf, jedoch tritt der Sumpf-Pippau (*Crepis paludosa*) stark zurück. Die Rasenschmiele kann nur als schwache Kennart gelten.

Abb. 69: Drachenwurz

In dieser Gesellschaft gedeihen einige Besonderheiten, so der Riesenschachtelhalm an der Kleinen Nister bei Nauroth, ferner zwischen Kasbach und Ockenfels in einem *Stellario nemorum-Alnetum*. Ebenfalls bei Nauroth erhielt sich das seltene Moos *Trichocolea tomentella*. Aus dem Hohen Westerwald gedeiht ein torfmoosreicher Erlenmoorwald, der am ehesten dem *Carici laevigatae-Alnetum* entspricht. Dieses *Sphagno-Alnetum* kommt im Raum Daaden-Burbach-Lippe vor.

Als Gesellschaft von Hochlagen ist der auf den Hohen Westerwald beschränkte **Schuppendornfarn-Sumpfpippau-Erlenbruchwald** (*Dryopteris dilatata-Crepis paludosa-Alnus glutinosa*-Gesellschaft) anzusehen. Neben der Schwarzerle (*Alnus glutinosa*) finden sich noch Esche, Bergahorn (*Acer pseudoplatanus*) und Vogelbeere (Eberesche). In der Krautschicht überwiegen Nässe- und Feuchtezeiger wie Sumpfpippau und Schuppendornfarn (*Dryopteris dilatata*).

7.1.1.13 Karpatenbirkenwald (*Betuletum carpaticae*)

Flächenhafte Birkenbruchwälder sind bisher nur aus dem Hohen Westerwald bekannt. Sie besiedeln, ähnlich wie Erlenbruchwälder, nasse Standorte über Moor- und Stagnogleyen, lassen sich aber durch das stete Vorkommen der Karpatenbirke (*Betula pubescens* ssp. *carpatica*) abgrenzen. Diese Vorkommen gleichen denen in der Rhön.

In der Strauchschicht der Gesellschaft finden sich oft Eberesche (*Sorbus aucuparia*), Grauweide (*Salix cinerea*) und Schneeball (*Viburnum opulus*); in der Krautschicht treten Arten wie Waldsimse (*Luzula sylvatica*), Waldgeißblatt (*Lonicera peryclymenum*), Pfeifengras (*Molinia caerulea*), Adlerfarn (*Pteridium aquilinum*) und Schattenblümchen (*Maianthemum bifolium*) dominierend in Erscheinung. Daneben wachsen hier zahlreiche Staunässezeiger (*Viola palustris*, *Cirsium palustre*, *Crepis paludosa*, *Juncus effusus*, *Caltha palustris*, *Sphagnum subsecundum*), die den Birkenbruch-Charakter unterstreichen.

Der Karpatenbirkenwald ist eine seltene, pflanzengeographisch bemerkenswerte Vegetationseinheit. Oft ist eine eindeutige Trennung zwischen Moorbirke (*Betula pubescens* ssp. *pubescens*) und Karpatenbirke (*B. pubescens* ssp. *carpatica*) nicht immer möglich, zumal auch Bastarde mit *Betula pendula* auftreten können.

7.1.2 Hauberge als Ersatzwaldgesellschaften

Am Nordabfall des Westerwaldes zur Sieg hin entstanden im Zusammenhang mit der Eisenverhüttung im Siegerland durch Niederwaldwirtschaft die Hauberge. Von Natur aus wären die Standorte mit Hainsimsen-Buchenwäldern (*Luzulo luzuloidis-Fagetum*) als klimatischer Waldgesellschaft bedeckt. Sie weichen aber heute in ihrer Zusammensetzung stark von den ursprünglichen Wäldern ab, auch wenn sie noch einige Arten der Krautschicht mit ihnen gemeinsam haben, so dass sich gut ein Bild von der natürlichen Vegetation entwerfen lässt. Man hat zwischen Hasel- und Eichen-Birken-Hauberg unterschieden, wobei letzterer am weitesten verbreitet sein soll.

Nachdem die Niederwaldwirtschaft weitgehend aufgegeben worden ist, sind die Hauberge in Gefahr, mit nicht standortsgemäßen Fichtenkulturen aufgeforstet zu werden. Da sie aber frühere Wirtschaftsweisen widerspiegeln und so kulturgeschichtlich bemerkenswert sind, sollte man versuchen, sie zu erhalten. Nicht zuletzt sind sie Lebensräume gefährdeter Tierarten wie beispielsweise des Haselhuhns (*Tetrastes bonasia rhenana*), einer vermutlich heute im Gebiet ausgestorbenen Unterart, deren Verbreitung sich auf das Rheinische Schiefergebirge, den Pfälzer Wald, die Vogesen und den Schwarzwald beschränkte.

7.1.3 Potenziell waldfreie Trockenstandorte

Rodungen, Weidewirtschaft und Ackerbau haben den Wester-„Wald“ von einst völlig umgestaltet und schließlich zu einer enormen Vielfalt von Arten und Gesellschaften geführt, die im 18. Jahrhundert ihren Höhepunkt erreichte. Mit veränderter Wirtschaftsweise in Land- und Forstwirtschaft hat sich neuerdings der Trend umgekehrt und zu einem beschleunigt zunehmenden Artenschwund geführt, der die frühneuzeitliche Vielfalt erheblich vermindert. Gerade in den letzten Jahren haben sich durch trockene Sommer und die Forstwirtschaft katastrophale Veränderungen ergeben.

Eine kleine Gruppe von Lebensräumen im Westerwald ist jedoch wegen der Gründigkeit und Körnung des Bodens natürlicherweise waldfrei. Hierzu gehören die Felsspaltengesellschaften und Trockenrasen, die auf fast nacktem, anstehendem Gestein siedeln. Es sind schmale Grate und Felsen, die von zahlreichen Flechten und Moosen bewachsen sind. Mit Vergrößerung des Wurzelraumes können auch krautige Gefäßpflanzen und niedrige Gehölze (*Cotoneaster integerrima*, *Amelanchier ovalis*) Fuß fassen.

7.1.3.1 Mauerrauten-Gesellschaft (*Asplenietum trichomano-rutae-murariae*)

Diese Gesellschaft ist primär auf Kalk zu finden, aber auch an Felsen und Klippen aus devonischem Schiefer. Sie wird im Westerwald durch Mauerraute (*Asplenium ruta-muraria*), Braunstieligen Streifenfarn (*Asplenium trichomanes*) und Schriftfarn (*Asplenium ceterach*) charakterisiert; daneben treten mit geringerer Stetigkeit noch weitere Gefäßpflanzen auf. Die möglichen Standorte liegen im Mittelrhein- und Lahntal und deren Seitentälern. Sekundär hat der Mensch eine Fülle neuer Biotope durch den Bau von Mauern geschaffen, an welchen die Mauerrauten-Gesellschaft verarmt auftritt, aber zur erheblichen Häufigkeitszunahme der Assoziation führte. Als floristische Besonderheit findet sich bei Bad Ems der Französische Streifenfarn (*Asplenium foreziense*) in einer Schleusenmauer. Die Art hat hier ihren einzigen Wuchsort in Deutschland.

7.1.3.2 Blasenfarn-Gesellschaft (*Asplenio viridis-Cystopteridetum fragilis*)

Während die Mauerrauten-Gesellschaft sonnenexponierte, trocken-warme Standorte bevorzugt, findet sich das *Asplenio viridis-Cystopteridetum fragilis* an schattigen, luftfeuchten und kühlen Stellen und oft im Anschluss oder als Kleingesellschaft in Schluchtwäldern. Diese Assoziation ist im Westerwald nur verarmt zu beobachten, da eine der Kennarten, *Asplenium viride*, nicht vorkommt. Die nächsten Wuchsorte dieses Streifenfarns liegen im Dinkholdertal bei Braubach. Auch beim *Asplenio viridis-Cystopteridetum fragilis* liegt die Hauptverbreitung innerhalb des Westerwaldes im Mittelrheintal sowie im Lahntal und seinen Seitentälern.

7.1.3.3 Gesellschaft des Schwarzen Streifenfarns (*Asplenietum septentrionali-adianti-nigri*)

Hierbei handelt es sich um eine Xerothermgesellschaft, die im Rheinischen Schiefergebirge die Nordgrenze ihrer Verbreitung erreicht. Sie wird durch den Schwarzen Streifenfarn (*Asplenium adiantum-nigrum*) charakterisiert, der als submediterranes Element im Westerwald auf den Bereich des Lahntales und seiner Seitentäler beschränkt ist. Man kann generell eine Ausbildung an beschatteten Wuchsorten, die auf feinerdereichen Stellen mit einer erhöhten Zahl von Begleitern aus anschließenden Waldgesellschaften gedeiht, und eine Ausprägung sonnenexponierter Biotope auf Rohböden mit Begleitern aus wärmeliebenden Felsspaltengesellschaften und Trockenrasen (*Festucion pallentis*) unterscheiden.

Die Gesellschaft des Schwarzen Streifenfarns findet sich im Untersuchungsgebiet fast nur in Tallagen. Als floristische Besonderheit kam gelegentlich der Deutsche Streifenfarn (*Asplenium × alternifolium*) im Gelbachtal bei Wirzenborn und im Lahntal bei Obernhof vor.

7.1.3.4 Pfingstnelken-Blauschwingel-Felsflur (*Diantho gratianopolitani-Festucetum pallentis*)

Die Gesellschaft ist seit längerem aus dem Nistertal bekannt. Es handelt sich um einen Trockenrasen auf Rohboden über devonischem Schiefer, der durch Blauschwingel (*Festuca pallens*) und als floristische Besonderheit Pfingstnelke (*Dianthus gratianopolitanus*) gekennzeichnet wird. Bemerkenswert ist das doch recht isolierte Vorkommen von

Dianthus gratianopolitanus, deren nächster Wuchsort erst wieder im Siebengebirge liegt. Die günstigen kleinklimatischen Standortsbedingungen ermöglichen im Nistertal das Vorkommen pontischer und submediterraner Arten, weitab der Talsysteme von Dill und Lahn, auf die diese Elemente in der Regel beschränkt sind.

7.1.3.5 Gesellschaft des Wohlriechenden Schotendotters (*Erysimum odoratum-Festuca pallens-Gesellschaft*)

Eng verwandt mit der Pfingstnelkenflur findet sich diese Assoziation im östlichen Lahntal bei Fachingen sowohl an primären Standorten als auch Sekundärbiotopen (Steinbruch Altendiez). In allen Fällen aber besiedelt sie Kalkböden mit geringer Humusbildung. Als Kennart fungiert der Wohlriechende Schotendotter (*Erysimum odoratum*) , welcher schon von Rudio (1851) und Wigand (1891) für das Lahntal genannt wird. Die Gesellschaft bevorzugt sonnenexponierte Biotope und zeichnet sich, wie die meisten Felstrockenrasen, durch Reichtum an Flechten und Moosen aus.

7.1.3.6 Feldbeifuß-Wimperperlgras-Gesellschaft (*Artemisio lednicensis-Melicetum ciliatae*)

Diese Felsflur siedelt an ähnlichen Standorten wie die Gesellschaft des Wohlriechenden Schotendotters, jedoch in der Regel auf Syrosemen über Schiefer. Daher findet sich hier auch eine größere Zahl von Azidophyten. Die Assoziationskennart Feldbeifuß (*Artemisia campestris* ssp. *lednicensis*) tritt nur im Mittelrheintal (Erpeler Ley, Hammerstein, Langenbergskopf) sowie im unteren Lahntal auf, so dass diese Vegetationseinheit, die als äußerst charakteristisch für den Mittelrhein angesehen werden kann, im Westerwald meist nur verarmt vorkommt. Das Wimperperlgras (*Melica ciliata*) gedeiht im Mittelrhein- und Lahntal in Felsfluren, während das Transsilvanische Perlgras (*Melica transsilvanica*) sich auf das Limburger Becken konzentriert. Aufgrund der geringen Konkurrenzkraft der Gefäßpflanzen in den Extrembiotopen der Felsfluren, können hier einige gefährdete Moose geeignete Refugien finden. So sind beispielsweise *Mannia fragrans*, *Reboulia hemisphaerica* und *Pleurochaete squarrosa* vom Gabelstein als Begleiter des *Artemisio lednicensis-Melicetum ciliatae* zu nennen.

7.1.3.7 Zwergmispel-Felsenbirnen-Gebüsch (*Cotoneastro-Amelanchieretum*)

Auf feinerdereicheren Standorten können Gehölze wie die Felsenbirne (*Amelanchier ovalis*) Fuß fassen. Nach Runge (1980) handelt es sich beim Felsenbirnen-Gebüsch um eine submediterrane, von Natur aus baumfreie xerotherme Reliktassoziation aus dem Spätglazial oder Frühholozän. Diese Gesellschaft tritt im Westerwald jedoch nur verarmt auf, da eine der Kennarten, die Zwergmispel (*Cotoneaster integerrimus*), fehlt.

7.1.4 Röhrichte, Ufersäume und Wasserpflanzengesellschaften

Diese Gesellschaften sind meist kleinflächig entwickelt und treten vor allem an Fluss- und Bachufern auf. Natürliche stehende Gewässer fehlen im Westerwald. Hier haben die Anlage von Teichen oder Tongruben entsprechende Lebensräume geschaffen.

7.1.4.1 Glanzgrasröhrichte (*Phalaridetum arundinaceae*)

Die im Westerwald weit verbreiteten Glanzgrasröhrichte finden sich potentiell als schmale Säume an Bachbiotopen in Kontakt mit Stellario-Alneten und anderen bachbegleitenden Waldgesellschaften. Durch anthropogene Maßnahmen wird die Ausweitung des *Phalaridetum arundinaceae* auf brachgefallene Nasswiesen gefördert. Physiognomisch herrscht das Glanzgras

Abb. 70: Uferzone am Brinkenweiher

(*Phalaris arundinacea*) vor und nur wenige Arten – Sumpf-Kratzdistel (*Cirsium palustre*), Waldsimse (*Scirpus sylvaticus*), Sumpfschafgarbe (*Achillea ptarmica*), Mädesüß (*Filipendula ulmaria*), Flatterbinse (*Juncus effusus*), Hohlzahn (*Galeopsis tetrahit*), Waldengelwurz (*Angelica sylvestris*) – erreichen höhere Stetigkeiten.

Im Hohen Westerwald findet sich die artenarme Form der Hochlagen, die beispielsweise durch das Vorkommen des Blauen Eisenhuts gekennzeichnet ist. Als Stickstoffzeiger tritt die Brennnessel (*Urtica dioica*) auf, die oft eine eigene Gesellschaft im Kontakt mit dem *Phalaridetum arundinaceae* bildet.

7.1.4.2 Schilf- und Rohrkolbenröhrichte (*Typho-Scirpetum lacustris*)

Die Schilf- und Rohrkolbenröhrichte haben ihren Standort an stehenden Gewässern, die im Untersuchungsgebiet natürlich nicht vorkommen, doch z. T. in der frühen Neuzeit schon angelegt, heute eine naturnahe Artenstruktur aufweisen. Als Kennarten treten der Breitblättrige und der Schmalblättrige Rohrkolben (*Typha latifolia* und *T. angustifolia*) sowie die Seesimse (*Schoenoplectus lacustris*) auf, daneben nur noch die Flatterbinse (*Juncus effusus*) mit höherer Stetigkeit. Bestandsbildend und von hohem Deckungsgrad sind *Typha latifolia* und *T. angustifolia*, die das Bild der Gesellschaft prägen. Darüber hinaus finden sich an der Westerwälder Seenplatte auch noch fast reine Schilfbestände (*Phragmites australis*). Die Röhrichte treten in Kontakt mit Schwimmblattgesellschaften und Großseggenriedern, deren Arten als Begleiter teilweise mit in das *Typho-Scirpetum* eindringen.

Veränderungen der Landschaft etwa durch Tonabbau haben zu einer Vermehrung der Röhricht-Standorte geführt, da *Typha latifolia* zu den ersten Besiedlern der Ufersäume in stillgelegten Tongruben gehört.

7.1.4.3 Wasserschwaden-Röhrichte (*Glycerietum maximae*)

Wasserschwaden (*Glyceria maxima*) ist eine Art, die durch starke Eutrophierung begünstigt wird. Er ist sehr expansiv und neigt zu Reinbeständen, die konkurrenzschwächere Arten verdrängen. Ursprünglich handelt es sich um ein bachbegleitendes Röhricht, das in gleicher Ausbildung auch an den Ufern stehender Gewässer auftritt. Darüber hinaus findet sich die Gesellschaft an Standorten des Filipendulion, wo sie mit diesen Ersatzgesellschaften in Kontakt steht. Im Westerwald ist das *Glycerietum maximae* vor allem im Raum Dierdorf-Selters verbreitet, aber insgesamt gesehen doch eine recht seltene Assoziation, die durch *Glyceria maxima* gekennzeichnet ist.

7.1.4.4 Großseggenrieder (*Magnocaricion*)

Eutrophe Großseggengesellschaften finden sich in der Regel im Kontakt mit stehenden Gewässern. Zum Ufer hin stehen die Magnocariceten mit Kleinseggenrieden und Mädesüß-Ersatzgesellschaften in Kontakt, deren Arten teilweise als Begleiter in die Großseggenrieder eindringen. Die einzelnen Gesellschaften werden nach den jeweils dominierenden Arten charakterisiert, die meist bis zu 3/4 der Aufnahmeflächen decken. Im Westerwald sind dies: Schlanke Segge (*Carex gracilis*), Rispen- (*Carex paniculata*), Schnabel- (*Carex rostrata*), Steif- (*Carex elata*) und Spitze Segge (*Carex acutiformis*). Das *Caricetum elatae* und das *Caricetum acutiformis* kommen nur an wenigen Stellen der Westerwälder Seenplatte vor und entsprechen floristisch weitgehend dem *Caricetum gracilis*. Die Hauptverbreitung von Schlankseggen-, Schnabelseggen- und Rispenseggenried im Westerwald liegt ebenfalls an der Westerwälder Seenplatte mit ihren ausgedehnten Verlandungsgürteln.

7.1.4.5 Schwimmblattgesellschaften (*Nymphaeion*)

Die artenarmen Schwimmblattgesellschaften weisen als Begleiter zahlreiche Pflanzen des Uferröhrichts auf. Lediglich die Assoziationskennarten erreichen Deckungsgrade über 50% und stellen so die Dominanten dar.

Potentiell finden sich Schwimmblattgesellschaften nur in den Bach- und Flußsystemen des Untersuchungsgebietes. Diese früher sehr reichhaltigen Bestände gehören infolge Verschmutzung und gewässerbaulicher Maßnahmen heute zu den stark gefährdeten Pflanzenarten. In der Lahn treten noch Reste mit *Nuphar luteum*, *Potamogeton pectinatus*, *Ranunculus fluitans*, *Sagittaria sagittifolia* und *Butomus umbellatus* auf. In ähnlicher Vergesellschaftung gedeiht die Gelbe Teichrose (*Nuphar luteum*) an verschiedenen Standorten im Lahntal. Im Mittelrheintal sind inzwischen auch wieder zahlreiche Wasserpflanzen (z. B. *Potamogeton lucens*, *P. crispus*, *P. perfoliatus*, *Zannichellia palustris*) vor allem im Bereich der Inseln Niederwerth und Grafenwerth vertreten.

7.1.4.6 Laichkrautgesellschaft (*Potamogeton natans-Gesellschaft*)

Die Laichkrautgesellschaft stellt die häufigste Schwimmblattassoziation des Westerwaldes dar. Sie findet sich gut ausgeprägt in naturnahen Weihern vor allem in Ton- und Quarzitgruben des Unteren Westerwaldes. Außer dem Schwimmenden Laichkraut (*Potamogeton natans*) treten nur Wolfstrapp (*Lycopus europaeus*), Flutender Schwaden (*Glyceria fluitans* s.l.) und Flatterbinse (*Juncus effusus*) als Begleiter aus den anschließenden Röhrichten, sowie das Alpen-Laichkraut (*Potamogeton alpinus*) als Ordnungs- und Klassenkennart mit höheren Stetigkeiten auf.

7.1.4.7 Seerosengesellschaft (*Nymphaeetum albae*)

Die Weiße Seerose (*Nymphaea alba*) ist in ihrem primären Lebensraum im Lahntal längst erloschen, wurde aber an sekundären Standorten wie Quarzit- und Tongruben vom Menschen eingebracht. Als autochthones Seerosenvorkommen wird aber das des Spießweihers bei Montabaur betrachtet, als ziemlich naturnah kann die Gesellschaftsausprägung an den Landshuber Weihern und bei Sessenhausen angesehen werden.

7.1.4.8 Wasserknöterich-Gesellschaft (*Persicaria amphibia aquatica*-*Gesellschaft*)

Diese Assoziation fällt vor allem im Juli und August durch die in voller Anthese befindlichen Wasserknöterich-Pflanzen (*Persicaria amphibia aquatica*) auf, die meist bis zu 3/4 der Aufnahmefläche decken. *Persicaria amphibia* ist als einzige der genannten Gesellschaftskennarten in der Lage, längere Austrocknungsperioden zu überstehen und besiedelt daher auch temporäre Gewässer und sogar Ackerunkrautgesellschaften auf terrestrischen Standorten. Die Wasserknöterich-Schwimmblattgesellschaft weist große Ähnlichkeit mit der Laichkraut-Gesellschaft auf und ist von dieser nur durch das Vorkommen von *Persicaria anphibia* unterschieden.

7.1.4.9 Schlammboden-Gesellschaften (*Nanocyperion, Eleocharito ovatae-Caricetum bohemicae*)

Gerade an der Westerwälder Seenplatte stehen die Großseggenrieder in Kontakt mit kurzlebigen Zwergbinsen-Gesellschaften, die in ihrer Ausbildung einmalig für das Bundesgebiet sind. So wurde das Scheidenblütengras (*Coleanthus subtilis*) hier zum ersten Mal für die Bundesrepublik nachgewiesen.

Verbreitung und Soziologie dieser Gesellschaften sind sehr gut untersucht. Die Schlammboden-Gesellschaften entstehen nach Trockenfallen des Teichbodens. Da heute eine Teichwirtschaft mit regelmäßigem Ablassen selbst an der Westerwälder Seenplatte nicht mehr durchgeführt wird, sind die Schlammboden-Gesellschaften im Rückgang begriffen. Kennarten des Nanocyperion sind Sechs- und Dreimänniges Tännelkraut (*Elatine hexandra, E. triandra*), Wasserpfeffer-Tännelkraut (*Elatine hydropiper*), Nadel- und Eisimse (*Eleocharis acicularis, E. ovata*), Schlammling (*Limosella aquatica*) und Böhmische Segge (*Carex bohemica*). Eine Besonderheit stellt das Massenvorkommen des Strandlings (*Littorella uniflora*) am Hofmannsweiher dar. Die Schlammbodenfluren stehen häufig auch in Kontakt mit Zweizahngesellschaften (Bidention). Dominierende Arten an der Westerwälder Seenplatte sind *Bidens radiata* und *B. tripartita*.

7.1.5 Quellflurgesellschaften

Quellfluren treten meist kleinflächig im Bereich von Quelltöpfen in Kontakt mit weiteren standortgerechten Pflanzengesellschaften auf. Am häufigsten sind sie innerhalb von Erlenbrüchen oder bachbegleitenden Hainmieren-Erlenwäldern zu finden, besiedeln aber auch anthropogene Standorte. Neben diesen moosarmen Quellfluren an eher schattigen Standorten kann man an sonnenexponierten Quelltöpfen in Hochlagen (montane Stufe) Quellmoosgesellschaften beobachten. Bedingt durch Entwässerung und die Umwandlung in Trinkwasser-Gewinnungsanlagen gehören die Quellgesellschaften heute zu den stark gefährdeten Pflanzengesellschaften.

7.1.5.1 Quellmoos-Bachquellkraut-Gesellschaft (*Philonotido fontanae-Montietum rivularis*)

Diese Quellmoosgesellschaft der Hochlagen findet sich vor allem im Hohen Westerwald, wo sie jedoch stark zurückgegangen ist. Größere Bestände treten nur noch im Buchheller- und Aubachtal sowie auf der Fuchskaute auf, während sich kleinflächige Relikte mehrfach halten konnten. Die Gesellschaft ist durch das dominierende Auftreten von Bach-Quellkraut (*Montia fontana*) und Sumpf-Sternmiere (*Stellaria alsine*) gekennzeichnet. Daneben findet sich das an seiner Färbung leicht kenntliche Quellmoos (*Philonotis fontana*). Diese Pflanzengesellschaft steht in der Regel in Kontakt mit Niedermoorgesellschaften (*Caricetum fuscae*), die sich durch hoch anstehendes Grundwasser entwickelten, oder mit Grünlandgesellschaften nasser und anmooriger Böden. Mit Einstellen der Beweidung sind Arten wie die Behaarte Fetthenne (*Sedum villosum*, früher an der Westerwälder Seenplatte und im Hohen Westerwald) oder der Efeublättrige Hahnenfuß (*Ranunculus hederaceus*, früher zerstreut im Hohen Westerwald, heute noch auf der Arnshöfener Viehweide) weitgehend verschwunden.

Abb. 71: Behaarte Fetthenne

7.1.5.2 Milzkraut-Quellflur (*Chrysosplenietum oppositifolii*)

An beschatteten Quellen tritt diese, durch das Vorherrschen von Gegenblättrigem Milzkraut (*Chrysosplenium oppositifolium*) und Bitterem Schaumkraut (*Cardamine amara*) gekennzeichnete Gesellschaft auf. Im Westerwald findet sie sich vor allem in bachbegleitenden Erlenwäldern (*Alnion glutinosae*). Ein Verbreitungsschwerpunkt liegt im Hohen Westerwald. Naturnahe Vorkommen sind von den größten ursprünglichen Quelltöpfen des Untersuchungsgebietes im Naturschutzgebiet Bermeshube bekannt. Dort findet sich als floristische Besonderheit das Alpen-Hexenkraut.

7.1.5.3 Bitter-Schaumkraut-Wald-Schaumkraut-Quellflur (*Cardamine amara-flexuosa*-Gesellschaft)

An quelligen Waldwegen, vor allem im Hohen Westerwald, tritt eine von Oberdorfer (1977) als ranglose Gesellschaft eingestufte Quellflur auf, die sich durch das Vorkommen von Wald-Schaumkraut *(Cardamine flexuosa)* und Bitter-Schaumkraut (*C. amara*) auszeichnet. Das Gegenblättrige Milzkraut (*Chrysosplenium oppositifolium*) fehlt hier.

7.2 Ersatzgesellschaften des Grünlandes

Eine Gruppe von anthropogenen Gesellschaften, die sich anstelle von potentiell natürlichen Gesellschaften bilden konnte, ist heute als Refugium bedrohter Pflanzen und Tiere von großer Bedeutung. Es handelt sich um die Grünland-Gesellschaften, die ihre Existenz unterhalb der Waldgrenze allein den Faktoren Viehweide und Mahd zu verdanken haben. Mit dem Brachfallen entwickeln sich solche Flächen zu einem dem Standort entsprechenden Waldtyp.

Intensivierung der Landwirtschaft, zunehmende Entwässerung und nicht standortgemäße Aufforstung mit Fichten, gefährden einen Großteil der Grünlandgesellschaften. Selbst noch mehr oder weniger intakte Standorte sind durch einsetzende Sukzession gefährdet. Aus naturschützerischen und kulturhistorischen Gründen muss man die vorhandene Artenvielfalt und die durch typische Wirtschaftsweise geprägten Landschaftsteile (z. B. Borstgrasrasen des Hohen Westerwaldes) zu erhalten suchen. Doch ist es nötig, dieser Sukzession durch Pflegemaßnahmen oder besser durch die Beibehaltung einer extensiven Bewirtschaftung entgegenzuwirken.

Abb. 72: Lungenenzian

7.2.1 Nieder- und Zwischenmoore

7.2.1.1 Glockenheide-Moor (*Ericetum tetralicis*)

Diese Zwischenmoorgesellschaft oligotropher bis dystropher Bedingungen findet sich im atlantisch getönten Westerwald. Sie kommt nur an wenigen Stellen bei Asbach und Kircheib vor. Hier treten einige gefährdete Gefäßpflanzen schwerpunktmäßig auf, so die Glockenheide, der Beinbrech (*Narthecium ossifragum*), der Lungenenzian (*Gentiana pneumonanthe*) und der Englische Ginster (*Genista anglica*).

Daneben wurde hier 1954 das pflanzengeographisch sehr bemerkenswerte atlantische Torfmoos (*Sphagnum strictum*) nachgewiesen, welches in Europa sonst nur in Großbritannien und West-Norwegen gefunden wurde und aus der Bundesrepublik mit nur noch zwei weiteren Vorkommen in Nordrhein-Westfalen bekannt ist. Eines dieser als erloschen geltenden Vorkommen im Ebbegebirge ist inzwischen wiedergefunden worden. Auch das Vorkommen im Westerwald konnte inzwischen bestätigt werden.

7.2.1.2 Bodensaures Braunseggenried (*Caricetum nigrae*)

Im Westerwald kommen anthropogen bedingt bodensaure Kleinseggenrieder an potentiellen Bruchwaldstandorten vor, die durch Mahd vor der Wiederbewaldung geschützt wurden. Es handelt sich um Niedermoore auf staunassen, oligotrophen, stark sauren Nass- und Anmoorgleyen. Aspektbestimmend ist die Braunsegge (*Carex nigra*), daneben finden sich Grausegge (*Carex canescens*), Hundsstraußgras (*Agrostis canina*), Schmalblättriges Wollgras (*Eriophorum angustifolium*), Sumpfblutauge (*Potentilla palustris*) und Fieberklee (*Menyanthes trifoliata*) mit oft hohen Deckungsgraden.

Als floristische Besonderheit sei aus dem Untersuchungsgebiet die Blaue Himmelslei-

Abb. 73: Sumpf-Blutauge

Abb. 75: Fieberklee

Abb. 74: Moorklee

ter (*Polemonium caeruleum*) erwähnt, die neben ihren Vorkommen in Braunseggensümpfen vor allem in Ersatzgesellschaften des Filipendulion gedeiht. Die Verbreitung der Himmelsleiter im Westerwald wurde in den letzten Jahren mehrfach untersucht, auch zur Soziologie liegen genauere Erhebungen vor.

Neben der relativ artenreichen Ausbildung findet sich im Hohen Westerwald eine für Hochlagen typische Form, in welcher Fieberklee und Sumpfveilchen (*Viola palustris*) stark zurücktreten, aber das Sumpfblutauge (*Potentilla palustris*) in fast allen untersuchten Flächen vorkommt. Der Moorklee (*Trifolium spadiceum*) tritt als Besonderheit in Braunseggenriedern im Bereich des Nisterquellengebietes auf.

7.2.2 Wiesen und Weiden

Innerhalb der Mittelgebirge zeichnet sich der Westerwald durch eine kulturhistorisch bedingte Vielfalt der Grünlandgesellschaften aus, die in Eifel und Hunsrück nicht erreicht wird. Vor allem zeigt sich die Ähnlichkeit mit dem Hohem Vogelsberg und der Rhön, da viele der für diese beiden Gebirge genannten Gesellschaften auch im Hohen Westerwald nachgewiesen werden konnten. Gerade die Physiognomie des Hohen Westerwaldes ist entscheidend von Grünland geprägt.

7.2.2.1 Trespen-Halbtrockenrasen (*Mesobrometum erecti*)

Wärmeliebende orchideenreiche Trespen-Halbtrockenrasen treten im Mittelrheingebiet vor allem auf Lössanwehungen auf. Im Randbereich des Westerwaldes sind dies Flächen im Raum Linz (Schwarzer See) und Bad Hönningen (Kronenberg). Neben der bestandsbildenden aufrechten Trespe (*Bromus erectus*) kommen Blaugrüne Segge (*Carex flacca*), Helm- und Purpurknabenkraut (*Orchis militaris*, *O. purpurea*), Fliegenragwurz (*Ophrys insectifera*), Bocks-Riemenzunge (*Himantoglossum hircinum*), Großes Zweiblatt (*Neottia ovata*) und Fransenenzian (*Gentianella ciliata*) vor. Die Hummelragwurz (*Ophrys holoserica*) galt am Kronenberg bei Bad Hönningen seit 1968 als verschollen, konnte aber 2005 wiederentdeckt werden. Großflächige Halbtrockenrasen finden sich auch noch im Dillgebiet, so auf der Hörbacher Viehweide, die sich durch das Vorkommen von Kleinem Knabenkraut (*Anacamptis morio*) und Brandknabenkraut (*Neotinea ustulata*) auszeichnet.

7.2.2.2 Borstgrasrasen (*Polygalo-Nardetum*)

Auf frischen bis trockenen, sauren, oligotrophen Böden tritt eine durch Weidewirtschaft und extensive Streunutzung bedingte Ersatzgesellschaft auf, die im Untersuchungsgebiet vor allem im Hohen Westerwald verbreitet ist, aber auch im Unteren Westerwald auf nährstoffarmen Wiesenstandorten sowie kleinflächig an Wegrändern vorkommt. Der Aspekt wird durch Borstgras (*Nardus stricta*) und Arnika (*Arnica montana*) bestimmt, welche einen niedrigen Rasen ohne konkurrenzstarke Gräser benötigt. Die Arnika besitzt an der Fuchskaute ihre größten Vorkommen im gesamten Rheinischen Schiefergebirge. Weitere wertvolle Restbestände finden sich bei Rabenscheid, wo als floristische Besonderheiten noch der Weißzüngel (*Pseudorchis albida*) und die Hohlzunge (*Dactylorhiza viridis*) auftreten. *Pseudorchis albida* fand sich noch bis 2008 bei Niederelbert, ist aber inzwischen durch zunehmende Eutrophierung verschwunden.

Abb. 76: Katzenpfötchen

Die Borstgrasrasen sind heute in starkem Rückgang begriffen. Der frühere Artenreichtum lässt sich anhand der Literatur nachvollziehen. So waren die als Viehtriften genutzten Bestände des Hohen Westerwaldes Standorte von Feld-Enzian (*Gentianella campestris*) und Katzenpfötchen (*Antennaria dioica*). Die früher verbreiteten kleinflächigen, meist an Wegrändern gelegenen Vorkommen auf der Montabaurer Höhe mit *Pedicularis sylvatica* und an einer Stelle *Carex binervis* sind als Folge der Forstwirtschaft verschwunden.

7.2.3 Wachholderheiden und Zwergstrauchheiden

Charakteristisch für das Landschaftsbild des Hohen Westerwaldes und seiner Nachbargebiete ist das Vorkommen von Wachholderheiden, die sich aufgrund der hier früheren Weidewirtschaft entwickeln konnten. Leider sind sie heute durch Aufforstungen mit Fichten erheblich bedroht. Als Pflanzengesellschaft gehören sie meist zu den Borstgrasrasen, oft handelt es sich aber auch um lange brachliegende und stark verheidete Ausbildungen, die mosaikartig innerhalb derselben liegen und dann den Zwergstrauchheiden zuzuordnen sind. Im Hohen Westerwald findet sich die Preiselbeer-Heidekraut-Bergheide (*Vaccinio-Callunetum*) mit Preiselbeere (*Vaccinium vitis-idea*), Besenheide (*Calluna vulgaris*), Keulenbärlapp (*Lycopodium clavatum*), Borstgras, Harz-Labkraut (*Galium hercynicum*), Arnika Blutwurz (*Potentilla erecta*), Gewöhnliches Kreuzblümchen (*Polygala vulgaris*), Ginster, Heidelbeere, Wacholder, Weiches Honiggras (*Holcus mollis*), Drahtschmiele, Salbei-Gamander, Kleiner Sauerampfer (*Rumex acetosella*), Färber-Ginster (*Genista tinctoria*), Rotstängelmoos (*Pleurozium schreberi*) und Kopfige Hainsimse (*Luzula congesta*). Typische Wacholderheiden finden sich heute im Westerwald noch bei Rabenscheid, auf der Fuchskaute, bei Westernohe und im Raum Burbach-Höhe.

Abb. 77: Gewöhnliches Kreuzblümchen

7.2.3.1 Gesellschaft der Sparrigen Binse (*Juncetum squarrosi*)

Auf sauren, nährstoffarmen aber an Humusstoffen reichen, staunassen Böden tritt das seltene *Juncetum squarrosi* auf, welches meist in Kontakt mit Borstgrasrasen steht. Neben Vorkommen im Hohen Westerwald wuchs es auch an feuchten Wegrändern der Montabaurer Höhe mit Sparriger Binse (*Juncus squarrosus*) und Waldläusekraut (*Pedicularis sylvatica*) als Charakterarten. Dort ist es in den letzten 10 Jahren als Folge der Forstwirtschaft verschwunden.

7.2.3.2 Binsenreiche Pfeifengraswiesen (*Junco-Molinietum caeruleae*) und reine Pfeifengraswiesen (*Molinietum caeruleae*)

Auf sauren Böden treten Sauerboden-Pfeifengraswiesen auf, die Anklänge an Borstgrasrasen zeigen. Ihre feuchten bis nassen Standorte werden extensiv als Streuwiesen, also mit jährlich einer Mahd, bewirtschaftet. Allerdings werden in der Literatur unter der Bezeichnung *Junco-Molinietum* eine Reihe uneinheitlicher Gesellschaften erfasst, die begrifflich beim *Juncion acutiflori* Anschluss finden, da es sich oft um ausgetrocknete Stadien der Waldbinsenwiese handelt. Diese haben mit Pfeifengraswiesen basenreicher Standorte nur wenig gemein. Solche *Juncus-Molinia*-Gesellschaften treten auch im Westerwald auf und weisen neben der Trollblume (*Trollius europaeus*) und der Natternzunge (*Ophioglossum vulgatum*) kaum weitere typische Molinion-Arten auf.

Aus dem Buchheller-Quellgebiet wird eine Ausbildung mit Nördlichem Labkraut

Abb. 78: Trollblume oder Blutwurz, das *Tormentill* der Pflanzenheilkunde

(*Galium boreale*) und Färberscharte (*Serratula tinctoria*) gemeldet, die Pfeifengraswiesen zuzuordnen ist. Ähnliche Bestände konnten im Naturschutzgebiet Bermeshub bei Heisterberg aufgenommen werden. Pfeifengraswiesen besiedeln basenreiche Niedermoorböden in mehr oder weniger hoher (submontaner bis montaner) Lage.

7.2.3.3 Glatthafer- und Goldhaferwirtschaftswiesen (*Arrhenatheretalia*)

Glatthaferwiesen (Dauco-Arrhenatheretum elatioris) gehören im Westerwald zu den häufigsten Grünlandgesellschaften, die bei intensiver Nutzung durch ihre Artenarmut auffallen. In der Brache und bei extensiver Bewirtschaftung nimmt jedoch die Vielfalt zu. Es sei hier nur an Orchideen wie das Gefleckte Knabenkraut (*Dactylorhiza maculata*) und die Grünliche Waldhyazinthe (*Platanthera chlorantha*) oder die beiden Klappertopfarten (*Rhinanthus alectorolophus, R. minor*) erinnert.

Glatthaferwiesen finden sich meist auf frischen bis feuchten, selten trockenen, nährstoffreichen Böden. Mit zunehmender Meereshöhe treten sie zurück, um im Hohen Westerwald fast vollständig zu verschwinden und Goldhaferwiesen Platz zu machen.

Der Goldhafer (*Trisetum flavescens*) kann nur bedingt als Unterscheidungsart der Goldhaferwiesen (Geranio-Trisetetum flavescentis) gelten, da er auch in Tieflagenausbildungen der Glatthaferwiesen vorkommt, so am Mittelrhein und im Unteren Westerwald. Bezeichnend ist jedoch das Fehlen des Glatthafers sowie das Auftreten von Waldrispengras (*Poa chaixii*), Trollblume und Waldstorchschnabel (*Geranium sylvaticum*), die in dieser Vergesellschaftung auch in der Hohen Rhön zu finden sind. Die Goldhaferwiesen sind heute im Rückgang begriffen, da ihre Kennarten bei intensiver Bewirtschaftung verschwinden.

7.2.3.4 Weidelgras-Weißklee- und Rotschwingel-Weiden (*Lolio-Cynosuretum cristati, Festuco-Cynosuretum cristati*)

Während die Glatthafer- und Goldhaferwiesen gemäht werden, entwickeln sich an vergleichbaren Standorten bei extensiver Viehwirtschaft Gesellschaften mit Rotschwingel (*Festuca rubra*), Kammgras (*Cynosurus cristatus*) und Weißklee (*Trifolium repens*). In tieferen Lagen des Westerwaldes findet sich die Weidelgras-Weißkleeweide, die durch ein Vorherrschen von Deutschem Weidelgras (*Lolium repens*) gekennzeichnet ist.

Im Hohen Westerwald tritt als Weidegesellschaft der Hochlagen die Rotschwingelweide auf, die sich durch Vorherrschen von Rotschwingel (*Festuca rubra*) und Zartem Straußgras (*Agrostis tenuis*) neben Magerkeitszeigern wie Bibernelle (*Pimpinella saxifraga*), Blutwurz, Thymian (*Thymus pulegioides*), Kleinem Habichtskraut (*Hieracium pilosella*) und Acker-Witwenblume (*Knautia arvensis*) auszeichnet. Zu den Kennarten gehören die Frauenmantelsippen, darunter vor allem der Gewöhnliche Frauenmantel (*A. xanthochlora*), daneben Zittergras (*Briza media*) und Borstgras.

7.2.3.5 Mädesüß-Gesellschaften (*Filipendulion ulmariae*)

Bachufer und Wiesengräben werden wegen des Nährstoffreichtums vom Mädesüß (*Filipendula ulmaria*) besiedelt. Die Pflanze kann sich so sehr ausbreiten, dass sich stellenweise artenarme Reinbestände entwickeln, für die dann der Name *Filipenduletum ulmariae* vorgeschlagen wird. Meist aber stehen die Stauden in Begleitung von Kennarten der typischen *Filipendulion*-Gesellschaften.

7.2.3.6 Baldrian-Himmelsleiter-Wiese (*Valeriano-Polemonietum caerulei*)

Die Baldrian-Himmelsleiter-Wiese, eine vom Oberpfälzer Jura beschriebene Gesellschaft, ist als Kategorie nicht unumstritten.

Abb. 79: Himmelsleiter oder Sparrkraut

Da aber die Himmelsleiter (*Polemonium caeruleum*) im Jura wie im Westerwald als territoriale Kennart zu betrachten ist, kann man sie zumindest als Gebietsassoziation gelten lassen. Himmelsleiter-Wiesen gedeihen vor allem im Nistertal, aus dem die Art schon lange bekannt ist. Da diese Vorkommen wohl an Ort und Stelle entstanden sind, kann man die Benennung auch hier anwenden, zumal auch der Blaue Eisenhut auftritt.

7.2.3.7 Sumpfstorchschnabel-Mädesüß-Gesellschaft (*Filipendulo-Geranietum palustris*)

Die meist bachbegleitende Sumpfstorchschnabel-Mädesüß-Gesellschaft fällt durch die hohe Stetigkeit und den Deckungsgrad des Sumpfstorchschnabels (*Geranium palustre*) auf, der in der nachfolgend beschriebenen Gesellschaft fehlt.

7.2.3.8 Baldrian-Mädesüß-Wiese (*Valeriano-Filipenduletum*)

Die Baldrian-Mädesüß-Wiese tritt neben kleinflächigen, bachbegleitenden Vorkommen auch großflächig in Brachestadien auf. Im Gegensatz zu Aufnahmen aus Südwestdeutschland finden sich im Westerwald häufiger Echter (*Valeriana officinalis*) statt Kriechender Baldrian (*V. procurrens*). Alle drei vorkommenden Mädesüß-Gesellschaften sind eng verwandt und stellen hier die häufigsten Feuchtwiesen-Gesellschaften dar.

7.2.3.9 Sumpfdotterblumen-Wiesen (*Calthion palustris*)

Auf feuchten bis nassen, nährstoffreichen Standorten treten Gesellschaften auf, die sich oft durch Vorherrschen von Waldsimse und Schlangen-Knöterich (*Bistorta officinalis*) auszeichnen.

7.2.3.10 Kälberkropf-Knöterich-Feuchtwiese (*Chaerophyllo-Polygonetum bistortae*)

Die Kälberkropf-Knöterich-Wiese wurde für den Westerwald zum ersten Male aus dem Gebiet von Lippe belegt. Es handelt sich um eine Pflanzengruppe in Hochlagen, die sich durch den hohen Deckungsgrad des Behaarten Kälberkropfes (*Chaerophyllum hirsutum*) sowie des Schlangen-Knöterichs (*Bistorta officinalis*) auszeichnet. Bemerkenswert ist vielerorts das Vorkommen der Trollblume.

7.2.3.11 Kohldistel-Knöterich-Feuchtwiese (*Bistorta officinalis-Cirsium oleraceum*-Gesellschaft)

In Höhenlagen (submontaner bis montaner Bereich) gedeihen an nährstoffreichen Standorten Kohldistel-Knöterich-Feuchtwiesen. Sie sind von den Kohldistelwiesen tieferer Lagen, die im Westerwald nicht nachgewiesen wurden, zu unterscheiden. Die Kohl-Kratzdistel (*Cirsium oleraceum*) in Verbindung mit Stauden der Bergregionen wie dem Schlangen-Knöterich (*Bistorta officinalis*) gibt ihnen das Gepräge. Als Besonderheiten werden auch hier Trollblume neben Blauem Eisenhut und Bachnelkenwurz (*Geum rivale*) beobachtet.

Abb. 80: Bach-Nelkenwurz

7.2.3.12 Rasenschmielen-Knöterich-Feuchtwiese (*Deschampsia caespitosa-Bistorta officinalis*-Gesellschaft)

Im Hohen Westerwald tritt diese Gesellschaft auf Brachestadien mäßig nährstoffreicher, feuchter Wiesen auf. Diese Feuchtwiese ist vor allem durch das Fehlen ausgesprochener Kennarten charakterisiert. Vom Erscheinungsbild her lässt sie sich leicht am hohen Deckungsgrad des Schlangenknöterich und der Rasenschmiele erkennen. Sie ist meist großflächig ausgebildet und steht in Kontakt mit Niedermoorgesellschaften und Borstgrasrasen, zu welchen auch Übergänge existieren.

7.2.3.13 Silau-Feuchtwiese (*Sanguisorbo-Silaetum silai*)

Die Silau-Wiese tritt auf wechselfeuchten Standorten auf und ist von den Glatthafergesellschaften durch hohen Anteil an Feuchtwiesenarten sowie reiches Vorkommen von Wiesensilge (*Silaum silaus*) und Großer Wiesenknopf (*Sanguisorba officinalis*) zu unterscheiden.

Die wohl erste Beschreibung erfolgte im Gladenbacher Bergland. Die westlich der Dill untersuchten Bestände fallen durch ihren Blütenreichtum im Sommer auf. Neben Silau und Großem Wiesenknopf herrscht der Echte Ziest (*Stachys officinalis*) vor. Dieser Wiesentyp kommt vor allem im Unteren Westerwald vor, ist aber durch zunehmende Intensivierung der Wiesenkultur gefährdet.

7.2.3.14 Fadenbinsenwiese (*Juncetum filiformis*)

Die Einheit ist durch Massenvorkommen der Fadenbinse (*Juncus filiformis*) gekennzeichnet, welche sich bevorzugt auf landwirtschaftlich genutzten Flächen entwickelt. Besonders gut entwickelte Bestände finden sich auf regelmäßig gemähten Feuchtwiesen des Hohen Westerwaldes, doch auch vereinzelt im Unteren Westerwald (z. B. Gelbachtal bei Bladernheim). Heute ist ein Großteil der Fadenbinsen-Vorkommen durch intensive Landwirtschaft zerstört worden.

7.2.3.15 Waldsimsen-Nasswiese (*Scirpetum sylvatici*)

Gekennzeichnet durch das beherrschende Vorkommen von Waldsimsen finden sich von ihr geprägte Nasswiesen meist nur kleinflächig, in Kontakt mit ähnlichen Einheiten der Ersatzgesellschaften des Grünlandes. Sie ertragen stärkere Beschattung, verarmen allerdings an solchen Standorten extrem.

7.3 Flora

Der Westerwald gehört zur subatlantischen Provinz der mitteleuropäischen Florenregion. Auffällig ist, dass zahlreiche Verbreitungsgrenzen durch unser Mittelgebirge verlaufen, da sowohl atlantisch-subatlantische als auch subozeanisch-subkontinentale und submediterrane Elemente aufeinandertreffen.

7.3.1 Mitteleuropäisches Florenelement

Die Hauptmasse der Arten zählt naturgemäß zum mitteleuropäischen Florenelement. Charakterarten einiger wichtiger Klimax- und Ersatzgesellschaften sind beispielsweise: Rotbuche, Hainbuche (*Carpinus betulus*), Waldlabkraut, Einblütiges Perlgras und Glatthafer (*Arrhenaterum elatius*). Die meisten der Arten sind im Westerwald annähernd gleichmäßig verbreitet; einige jedoch sind auf spezielle Biotopbedingungen angewiesen und daher in ihrer räumlichen Verteilung eingeschränkt. Hierzu gehört die Hirschzunge (*Asplenium scolopendrium*), welche nur in den Schluchtwäldern der feucht-kühlen Engtäler des Mittelrheintales, der Lahn und ihrer Seitentäler auftritt.

7.3.2 Subozeanisch-Subkontinentales Florenelement

Die Arten dieses Verbreitungstyps erreichen im Westerwald die West- bzw. Nordwestgrenze ihres Areals. Als Beispiele dienen Frühlingsplatterbse (*Lathyrus vernus*), die vor allem in den höheren Lagen (Raum Bad Marienberg und im Gebiet des Aubachtales) vorkommt, sowie Haselwurz (*Asarum europaeum*), deren Hauptverbreitung im Bereich der Montabaurer Senke und der Ems-Gelbach-Höhen liegt.

Die Frühlingsplatterbse kommt in Buchenwäldern des Asperulo-Fagions und im Aceri-Fraxinetum vor und erreicht im Westerwald die Westgrenze ihres Verbreitungsgebietes. Die Haselwurz tritt fast ausschließlich in eutrophen Buchenwaldgesellschaften (*Galio odorati-Fagetum*) auf und berührt mit ihrem Vorkommen im Westerwald die nordwestliche Arealgrenze.

7.3.3 Atlantisch-Subatlantisches Florenelement

Ein großer Teil des Westerwaldes liegt im Einfluss ozeanischen Klimas. Es begünstigt die Entwicklung von Arten des subatlantischen Florenelementes, die reichliche Niederschläge und geringe Temperaturamplituden bevorzugen. Als häufige und weitverbreitete Pflanzen bodensaurer Hainsimsen-Buchenwälder gehören hierzu Salbei-Gamander, Roter Fingerhut (*Digitalis purpurea*), Besenginster (*Sarothamnus scoparius*), Harz-Labkraut und Erdbeer-Fingerkraut (*Potentilla sterilis*), die im östlichen Hessen die Grenze ihrer Verbreitung erreichen. Der Hain-Gilbweiderich (*Lysimachia nemorum*) sowie das Niederliegende Hartheu (*Hypericum humifusum*) treten an lichten und feuchten Standorten in sauren Buchenwäldern auf, z.B. auf der Montabaurer Höhe. Mit vergleichbarem ökologischem Schwerpunkt besitzt die Stechpalme ihre Verbreitungsgrenze etwa entlang der Linie Asbach - Herschbach - Steinen - Bad Ems.

Atlantische Pflanzen im engeren Sinne trifft man im Westerwald nur sehr selten an. Der Beinbrech erreicht hier seine südöstliche Arealgrenze und kommt zusammen mit der ebenfalls atlantischen Glockenheide als Kennart einer eigenen Gesellschaft vor. Bei den Vorkommen des Beinbrechs im Westerwald handelt es sich mit um die südlichsten Standorte in Europa. Nur die möglicherweise angepflanzten Bestände im Marburger Burgwald liegen weiter südöstlich.

Die Zweinervige Segge (*Carex binervis*) hatte auf der Montabaurer Höhe ihre einzigen rechtsrheinischen Wuchsorte, wo sie vornehmlich Weggräben und Fichtenkulturen besiedelte. Dieses Vorkommen ist heute leider durch die Forstwirtschaft zerstört worden. Weitere Arten mit schwerpunktmäßig atlantischer Verbreitung sind der Lungenenzian, der im Raum Kircheib-Asbach auftritt sowie das weiter verbreitete Hartheu (*Hypericum pulchrum*), das u.a. auf der Montabaurer Höhe wächst. Das Vorkommen des atlantischen Torfmooses *Sphagnum strictum* ist inzwischen bestätigt. Die atlantische Grüne Lungenflechte (*Lobaria virens*) kam im 19. Jahrhundert im Siebengebirge vor und wurde vor wenigen Jahren im Lahntal wiederentdeckt.

7.3.4 Submediterranes Florenelement

Im südlichen und westlichen Teil des Westerwaldes, insbesondere im Mittelrheintal, Lahntal und den Seitentälern, finden sich Vertreter des submediterranen Florenbereiches, die höhere Ansprüche an Wärmeversorgung stellen und geringe Niederschläge ertragen. Einige Arten treten auch im Dilltal auf.

So besiedeln Elsbeere und Franzosenahorn (*Acer monspessulanum*) wärmeliebende Gebüsche und Wälder aus Trauben- und Flaumeiche auf vorwiegend südexponierten Standorten, während Traubengamander (*Teucrium chamaedrys*), Wimperperlgras (*Melica ciliata*) und Schriftfarn (*Asplenium ceterach*) Arten wärmeliebender Felsspaltengesellschaften und Trockenrasen sind. Die submediterranen Orchideen Bienen-, Fliegen- und Hummelragwurz (*Ophrys apifera, O. insectifera, O. holoserica*), Bocks-Riemenzunge (*Himantoglossum hircinum*) und Helmknabenkraut (*Orchis militaris*) besiedeln Halbtrockenrasen im Mittelrheintal (z. B. Bad Hönningen).

Gerade die Bienen-Ragwurz ist aktuell, vermutlich durch Klimaerwärmung in Ausbreitung begriffen. Sie konnte inzwischen am Fuß der Montabaurer Höhe bei Horressen sowie bei Molsberg nachgewiesen werden. Die Pyramiden-Hundswurz (*Ana-*

Abb. 81: links: Bocks-Riemenzunge; rechts: Detailansicht

camptis pyramidalis) kam im 19. Jahrhundert in individuenreichen Beständen im Siebengebirge (Annatal) vor. Brandknabenkraut (*Neotinea ustulata*) und Kleines Knabenkraut (*Anacamptis morio*) waren auf mageren extensiven Weiden nicht selten. Heute finden sich nur noch wenige Vorkommen, darunter die reichen Bestände auf der Hörbacher Viehweide.

7.3.5 Pontisch-Subpontisches und Pontisch-Mediterranes Florenelement

Da die Arten dieses Arealtypes unter vergleichbaren Bedingungen gedeihen, deckt sich ihr Verbreitungsgebiet mit dem des submediterranen Florenelements.

Als pontisch werden verschiedentlich folgende Arten mit ökologischem Schwerpunkt in Trockenrasen bezeichnet: Wohlriechender Schöterich (*Erysimum odoratum*), Goldaster (*Aster linosyris*), Blaugrünes Labkraut (*Galium glaucum*) und Feld-Beifuß (*Artemisia campestris*). Die subpontischen Arten bevorzugen wärmeliebende Waldgesellschaften wie Pfirsichblättrige Glockenblume, oder auch Halbtrockenrasen und Saumgesellschaften wie Blutroter Storchschnabel (*Geranium sanguineum*), Feld-Mannstreu (*Eryngium campestre*), Bärenschote (*Astragalus glyciphyllos*) und Flockenblume (*Centaurea scabiosa*).

Als pontisch-mediterranes Element schließlich sei eine weitere Art der Trockenrasen und Felsstandorte der Diptam (*Dictamnus albus*) genannt, der im Lahntal mehrfach vorkommt, so am Allerheiligenberg und Gabelstein. Am Langenbergskopf bei Leutesdorf erreicht die Art ihre Nordgrenze im Mittelrheintal.

Die Federgräser (*Stipa joannis, St. capillata*) finden sich heute noch in Resten unterhalb der Ruine Hammerstein. Der Felsenbeifuß (*Artemisia campestris* ssp. *lednicensis*) besiedelt ähnliche Felstrockenrasen am Mittelrhein und im unteren Lahntal. Der Purpurrote Steinsame (*Lithospermum purpureo-caeruleum*) ist hier jetzt nur aus den Siebengebirgshängen bei Oberkassel bekannt. Das pontische Lebermoos *Mannia fragrans* wächst in Felstrockenrasen an der Erpeler Ley und am Gabelstein. Die Art erreicht hier ihre Nordwestgrenze.

7.3.6 Boreal-Montanes Florenelement

Pflanzen dieses Florenbereichs sind in der Regel eng an die Höhenlagen (sog. montane bis hochmontane Stufe) gebunden, steigen aber in unserem Gebiet bei geeigneten Standorten auch in Tallagen hinab. Hierher gehören einige sehr charakteristische Waldpflanzen wie die Zwiebel-Zahnwurz, die ihre Hauptverbreitung im Hohen Westerwald besitzt, aber auch bis in die Montabaurer Senke und das Lahntal hinab vorkommt. Arten der Perlgras-Buchenwälder sind die Zahnwurz sowie die Quirlblättrige Weißwurz, welche stärker auf die Höhenlagen beschränkt ist und an der Westerwälder Seenplatte bis auf 400 m NN absteigt.

Einen ökologischen Schwerpunkt in bachbegleitenden Erlenwäldern und Schluchtwäldern zeigen Glanz-Kerbel, Platanenhahnenfuß (*Ranunculus platanifolius*), Weiße Pestwurz (*Petasites albus*), Breitblättrige Glockenblume, Blauer und Gelber Eisenhut. Eisenhut und Glockenblume besiedeln vornehmlich die Erlen- und Schluchtwälder des Nister- und Holzbachtals, wobei der Blaue Eisenhut stark in Mädesüßreiche Ersatzgesellschaften ausweicht. Der Glanz-Kerbel tritt nur am Stegskopf auf, wo er einen westlichen Vorposten besitzt; die Pestwurz nur im Raum Burbach-Lippe sowie im Aubachtal. Der Platanenhahnenfuß meidet im Ge-

Abb. 82: Diptam

Abb. 83: Moosbeere

Abb. 84: Rundblättriger Sonnentau

gensatz zur Hohen Rhön die Hochlagen des Westerwaldes und kommt nur im Lahntal und seinen Seitentälern an kühl-luftfeuchten Standorten vor. Der Scheiden-Goldstern erreicht im Westerwald die Südgrenze seines Areals.

Gerade durch die Vorkommen von Glanz-Kerbel, Platanenhahnenfuß, Pestwurz, Breitblättriger Glockenblume, Blauem und Gelbem Eisenhut ergeben sich pflanzengeographische Parallelen zwischen Westerwald und Hoher Rhön. Diese werden durch das gemeinsame Auftreten von Trollblume und Waldstorchschnabel verstärkt, die in beiden Gebieten ihren Schwerpunkt in Goldhaferwiesen haben. Dort tritt auch die Bachnelkenwurz auf.

Als weitere Pflanze nördlicher Waldgesellschaften in Höhenlagen sei der Siebenstern genannt, der in Erlenbruchwäldern bei Komp und Fichtenschonungen auf der Montabaurer Höhe vorkommt (dort durch die Forstwirtschaft inzwischen zerstört), und der Tannenbärlapp mit Schwerpunkt in Erlenbrüchen, etwa an der der Westerwälder Seenplatte. Bevorzugt in Hainsimsen-Buchenwäldern auf der Montabaurer und Bad Marienberger Höhe sowie der „Höh" bei Burbach gedeiht der Rippenfarn (*Blechnum spicant*). Diese Entfernungen können gerade noch auf natürliche Weise überwunden werden, wie das für die Verbreitung von Arten in Höhenlagen charakteristisch ist. Primäre Arten der Hoch- und Übergangsmoore mit Verbreitungsschwerpunkt in nördlichen Höhenlagen wie am Stegskopf sind der Sonnentau (*Drosera rotundifolia*) und die Moosbeere (*Vaccinium oxycoccus*): Sie besiedeln aber zunehmend auch sekundäre Standorte.

Auch die Borstgrasrasen und Wacholderheiden weisen einige Vertreter auf. Hierzu gehören Preiselbeere, Keulenbärlapp und Wacholder (*Juniperus communis*), die vor allem im Hohen Westerwald vorkommen. Der Keulenbärlapp besiedelte neben primären Vorkommen in Hainsimsen-Buchenwäldern verstärkt Ton- und Quarzitgruben. Die noch vor 10 Jahren existierenden Fundorte auf der Montabaurer Höhe sind heute komplett durch die Forstwirtschaft verschwunden.

7.3.7 Präalpines und Dealpines Florenelement

Die Mehlbeere (*Sorbus aria*) wird als präalpines Element mit vorwiegend südlicher Verbreitung angesehen. Die Art hat bei uns ihren Verbreitungsschwerpunkt innerhalb des Lahntales und verhält sich damit räumlich wie ein submediterranes oder pontisches Element.

Ein weiteres präalpines Element stellt der Alpen-Ziest (*Stachys alpina*) dar. Er besitzt im Westerwald einige kleinere Vorkommen

Abb. 85: Lebensraum Totholz

im Raum Burbach-Lippe, im Aubachtal und bei Bad Marienberg. Als dealpin bezeichnet werden kann das Blaugras (*Sesleria varia*), das nur ein Vorkommen im Westerwald aufweist, wo es bewaldete Schieferfelsen der Bäderlei bei Bad Ems besiedelt. Die nächsten Fundorte der Pflanze liegen im Mittelrheingebiet. Das gleiche gilt für das gleichfalls dealpine Brillenschötchen (*Biscutella laevigata*), das im Westerwald nur am Gabelstein auftritt.

7.3.8 Subarktisches Florenelement

Hierzu gehört die Weißzüngel-Orchidee (*Pseudorchis albida*), die früher zahlreiche Borstgrasrasen des Hohen Westerwaldes besiedelte, heute aber nur noch bei Rabenscheid nachgewiesen werden konnte. Ein kleines Vorkommen der Art lag bei Niederelbert, ist aber heute vermutlich verschwunden.

8

Wirbeltierfauna des Westerwaldes

Philipp Schiefenhövel

Die tiergeographischen Einheiten der Westerwälder Wirbeltierfauna sind durch die vorhandene Pflanzenwelt und diese wiederum durch die Böden und das Klima beeinflusst. Die stark gegliederte Hochfläche ist durch basaltdominierte Böden des Schiefergebirges mit oft tonhaltigen Schichten und die von Westen nach Nordosten ansteigenden Höhenlagen geprägt. Durch das kühl gemäßigte Klima mit Jahresniederschlägen von 700–1100 mm und relativ geringen Jahresmitteltemperaturen von 6–8,5 °C konnten zahlreiche Mittelgebirgsbäche, feuchte Wiesen und nasse Senken mit Tümpeln, Weihern und die landschaftsprägende Westerwälder Seenplatte entstehen. Diese Landschaftselemente bieten wasserliebenden Tierarten angemessenen Lebensraum. Ebenso beeinflussen Bodenstruktur und Klima die Landnutzung als Weide- und Wiesenwirtschaft oder als Streuobstwiesen. Intensiver Ackerbau bleibt eher auf die wärmebegünstigten Senken um Dierdorf oder Montabaur, das Asbacher Land und die Ränder des Neuwieder und Limburger Beckens beschränkt.

Auf den windbeeinflussten Höhen entstanden artenreiche Laubmischwälder, die mit zunehmender Höhe in reine Nadelwälder übergehen. Tiere der Wälder sowie der Feld- und Heckenfluren, wie zahlreiche Fledermausarten, Wildkatze, Baummarder und Siebenschläfer, finden hier im Westerwald reichlichen Lebensraum, während Tierarten der landwirtschaftlich genutzten Offenlandflächen seltener vertreten sind.

Einen Sonderfall bilden die wärmebegünstigten Täler von Rhein, Sieg, Lahn und Dill sowie die Wärmeinseln der Tongruben und Steinbrüche. Die besonnten und oft felsigen Lebensräume der Täler bewohnen Zaun-, Mauereidechse und Schlingnatter.

Abb. 86: Baummarder

Abb. 87: Wildkatze

Der Laubfrosch, der Kammmolch, Gelbbauchunke sowie Kreuz- und Geburtshelferkröte sind Charakterarten der warmen Tongruben und Gewässer der Abbaugebiete.

Wegen ihrer versteckten Lebensweise sind die nachtaktiven Säugetiere mit Ausnahme der Fledermäuse noch unvollkommen erforscht. Bestandserhebungen zu Tierarten wie Wildschwein, Dachs, Gelbhals- oder Rötelmaus, Feuersalamander oder Kreuzkröte sind meist auf jagdliche oder wissenschaftliche Untersuchungen begründet. Ebenso blieb die Kenntnis der Fische meist auf fischereiwirtschaftliche Daten beschränkt, bis die europäische Wasserrahmenrichtlinie und der Artenschutz detailliertere Studien anregten.

Abb. 88: Feuersalamander

8.1 Artenbilanz

Für den Westerwald sind mindestens 455 Wirbeltierarten belegt. Davon sind 317 Arten (70%) der Gruppe der Vögel zuzuordnen, von denen neun Arten vor 1950 vorkamen. Die Vögel werden eigens behandelt. Bei den restlichen 138 Arten handelt es sich um 57 Säugetierarten, 35 Rundmäuler- und Fischarten, 15 Amphibien- und sieben Reptilienarten (Abb. 89). Siebzehn dieser Wirbeltierarten sind erst seit Beginn des 16. Jahrhunderts im Westerwald vertreten. Sie haben den Naturraum eigenständig von außen her besiedelt, sind passiv verschleppt oder durch den Menschen bewusst eingebürgert worden. Ihnen stehen sieben Arten gegenüber, die hier mittlerweile ausgestorben sind.

8.1.1 Zuwanderer (*Neobiota*)

Die meisten dieser Einwanderer sind Fische oder Säugetiere. Amphibien sind gar nicht in dieser Gruppe und bei den Reptilien nur die beiden Schmuckschildkröten vertreten (Tab. 3). Diese gelang(t)en wie der Goldfisch als Heim- oder Gartenteichtiere in die Natur, wo sie sich an geeigneten Stellen vermehren konnten. Zander, Bachsaibling und Regenbogenforelle wurden bewusst in Angelteichen ausgesetzt. Von dort gelangten sie genauso wie die wirtschaftlich unwichtigen Arten Sonnenbarsch und Blaubandbärbling in anliegende Fließgewässer. Natürliche Fortpflanzung in freier Natur ist für die meisten der genannten Arten jedoch nicht bekannt.

Von den nicht einheimischen Säugetieren ist das Mufflon bewusst durch den Menschen eingebürgert. Die heutigen Muffelwildvorkommen gingen auf elf ausgewilderte Tiere auf der Montabaurer Höhe und sechs Tiere in den fürstlich wiedischen Wäldern zurück. In dem für sie ungeeigneten Lebensraum ohne felsigen Untergrund erkrankten die Tiere zunehmend, so dass der Bestand auf der Montabaurer Höhe durch die Jagd gänzlich zurückgenommen wurde. Damit ist das Muffelvorkommen im Raum Roßbach das letzte im Westerwald. Das Damwild wird heute vielerorts in Wildgehegen gehalten, aus denen es 1907 in Honneroth bei Altenkirchen erstmals in die freie Wildbahn entwich. Waschbär und Marderhund wanderten von Osten her ein und sind mittlerweile vermutlich im ganzen Gebiet anzutreffen.

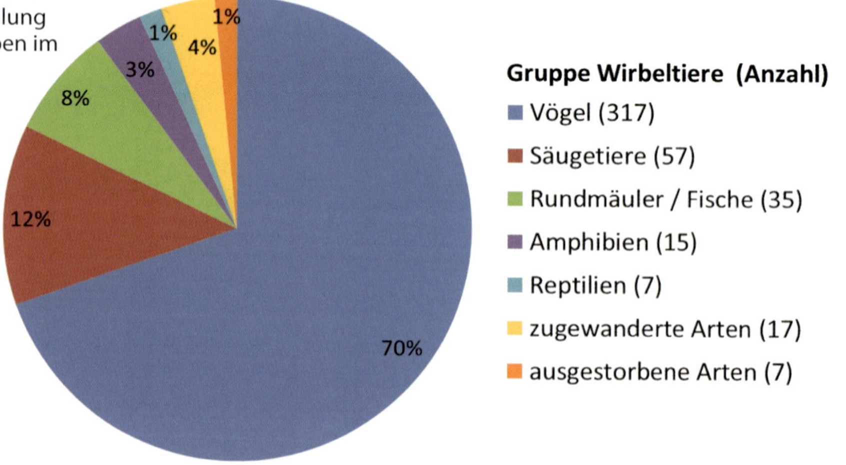

Abb. 89: Übersicht der prozentualen Verteilung der Wirbeltiergruppen im Westerwald

Tab. 3: Übersicht der nicht einheimischen Wirbeltierarten (*Neobiota*) des Westerwaldes, die nach der Entdeckung Amerikas durch Kolumbus (1492) in den Westerwald gelangten.

	Deutscher Name	Wissenschaftlicher Name	Neozoon (Jahr)
	Fische		
1	Bachsaibling	*Salvelinus fontinalis*	ca. 1880
2	Blaubandbärbling, Asiatischer Gründling	*Pseudorasbora parva*	1988 im Rhein
3	Giebel	*Carassius auratus gibelio*	?
4	Goldfisch	*Carassius auratus auratus*	1750–1800
5	Graskarpfen	*Ctenopharyngodon idella*	?
6	Regenbogenforelle	*Oncorhynchus mykiss*	1882
7	Sonnenbarsch	*Lepomis gibbosus*	1877
8	Zander	*Stizostedion lucioperca*	1880 im Rhein
	Reptilien		
9	Hieroglyphen-Schmuckschildkröte	*Pseudemys concinna concinna*	?
10	Rotwangen-Schmuckschildkröte	*Trachemys scripta elegans*	?
	Säugetiere		
11	Bisam	*Ondatra zibethicus*	1946 im WW
12	Damhirsch	*Dama dama*	1907 im WW
13	Kanadischer Biber	*Castor canadensis*	ca. 1920
14	Marderhund	*Nyctereutes procyonoides*	Beobachtungen seit ca. 1990, Trittsiegel 2009
15	Mufflon	*Ovis orientalis musimon*	1958 im WW
16	Nutria	*Myocastor coypus*	ca. 1940
17	Waschbär	*Procyon lotor*	1958 im WW

Eine ähnliche Zuwanderung ausgehend vom Neuwieder Becken und dem wärmebegünstigten Rheintal kann man bei der Nutria beobachten. Nachdem ein individuenreiches Vorkommen dieser Art lange Zeit mit Ausnahmen von Einzelbeobachtungen am Wiesensee (1999) und am Dreifelder Weiher, auf das Egerser Feld im Neuwieder Becken und entlang des Rheintals beschränkt war, hat die Art in jüngster Zeit ihr sesshaftes Vorkommen auch auf höhere Lagen des Westerwaldes ausgebreitet. So kommt sie mittlerweile im Quarzitgrubengebiet sowie am Waagweiher bei Herschbach b. S. und den verschiedenen Seen der Westerwälder Seenplatte vor. Am Dreifelder Weiher beschreibt Kunz im Jahr 2020 den ersten Reproduktionsnachweis dieser Art für das Kerngebiet des Westerwaldes.

Abb. 90: Nutria

8.1.2 Ausgestorbene Wirbeltierarten seit 1800

Die beiden ausgestorbenen Fischarten Stör und Maifisch wuchsen im Meer heran und stiegen nur zum Ablaichen in die Oberläufe der Mittelgebirgsbäche auf. Beide waren begehrte Speise- oder Nutzfische (Störeier). Natürliche Vorkommen des Maifisches sind bis 1875 und für den Stör bis 1952 im Rhein und den Unterläufen der Nebenflüsse belegt. Durch die Errichtung von Wehren an den Nebenflüssen wurde der Aufstieg in geeignete Bruthabitate verhindert. Zusammen mit der Überfischung und der Wasserverschmutzung starben diese beiden Arten aus und sind heute nur noch durch Besatzmaßnahmen im Rhein (Maifisch) oder in wenigen Gewässern (Stör) des Westerwaldes präsent.

Brandmaus, Hausratte, Feldspitzmaus, Große und Kleine Hufeisennase starben durch die Verschlechterung ihrer Lebensbedingungen und unter dem Konkurrenzdruck vitalerer Arten aus. Sowohl die beiden

Tab. 4: Ausgestorbene Wirbeltierarten (ausgenommen Vögel).

	Deutscher Name	Wissenschaftlicher Name	Jahr
	Fische		
1	Maifisch	*Alosa alosa*	1875 Sieg
2	Stör	*Acipenser sturio*	1952 Rhein
	Säugetiere		
3	Kleine Hufeisennase	*Rhinolophus hipposideros*	bis 1975
4	Brandmaus	*Apodemus agrarius*	Ende 19. Jh.
5	Feldspitzmaus	*Crocidura leucodon*	1954 Wiedtal
6	Hausratte	*Rattus rattus*	?
7	Fischotter	*Lutra lutra*	1968 Wiedtal

Hufeisennasen als auch die extrem seltene Mopsfledermaus gehörten einst zu den häufigsten Fledermausarten des Westerwaldes. Fischotter, Biber und Wolf hat der Mensch durch intensive Bejagung ausgerottet. Der Fischotter war im 18. Jahrhundert in allen größeren Bächen wie Wied, Nister, Sayn- und Holzbach verbreitet. Als „Fischräuber“ war er und genauso der Biber verhasst. Ihre dichten Felle trieb Pelzjäger zur Jagd bis zur Ausrottung. Der letzte Nachweis des Fischotters stammt aus dem Fockenbachtal (1968). Später soll er noch einmal im „westlichen Westerwaldkreis“ gesichtet worden sein (1978). Der Fischotter ist in jüngster Zeit im östlichen Hessen nachgewiesen. Von hier ist eine Wiederbesiedlung des Westerwaldes z. B. entlang des hessischen Wassereinzuggebietes von Dill und Lahn vorstellbar.

Mehrere Wölfe, ein einzelner Biber sowie ein einzelnes Individuum der Großen Hufeisennase konnten nach etlichen Jahrzehnten wieder entdeckt werden und gelten somit nicht mehr als ausgestorben. Während beim Wolf von einer dauerhaften Wiederbesiedlung ausgegangen werden kann, bleibt bei der Rückkehr von Biber und der Großen Hufeisennase abzuwarten, ob diese beiden Arten im Westerwald wieder dauerhaft eine Heimat finden können.

8.1.3 Fische und Rundmäuler

Nach heutiger Kenntnis leben im Westerwald insgesamt 35 Fisch- und Rundmaularten (Tab. 5). Ein Viertel davon – Meerneunauge, Rapfen (Schied), Quappe, Blicke (Güster), Wels, Kaulbarsch, Flunder – sind fast ausschließlich auf die Grenzflüsse Rhein, Sieg, Dill und Lahn beschränkt. Die Quappe kommt durch Besatzmaßnahmen bislang nur in der Dill und zusammen mit der Äsche in der hessischen Lahn vor. Blicke, Wels, Kaulbarsch und Flunder sind als Grundfische auf langsame Strömung und große Wassertiefe angewiesen. Auch die seltenen Nachweise der Meerforelle und des Alands liegen im Rhein und den Mündungsbereichen der größeren Rheinnebenflüsse. Ihre Bestände sind durch zunehmende Wasserverschmutzung und den Ausbau der Flüsse stark zurückgegangen.

Sechs der genannten Arten galten im Jahr 1990 in der Roten Liste der Wirbeltiere von Rheinland-Pfalz als „vom Aussterben bedroht“, weitere acht als „stark gefährdet“. Dieser Zustand und die Folgen des Sandoz-Unglücks (1986) führten zum Umdenken. Man baute Fischtreppen an den Wehrstufen zur Wiederherstellung einer gewissen Durchgängigkeit. Durch die Zusammenlegung örtlicher Kläranlagen und durch die

Abb. 91: Flussbarsch

Tab. 5: Übersicht der Fisch- und Rundmaularten des Westerwaldes.

	Deutscher Name	Wissenschaftlicher Name
1	Bachneunauge	*Lampetra planeri*
2	Flussneunauge	*Lampetra fluviatilis*
3	Meerneunauge	*Lampetra marinus*
4	Flussaal	*Anguilla anguilla*
5	Bachschmerle	*Barbatula barbatula*
6	Groppe, Mühlkoppe	*Cottus gobio*
7	Aland	*Leuciscus idus*
8	Bitterling	*Rhodeus sericeus amarus*
9	Blicke, Güster	*Blicca bjoerkna*
10	Brachse	*Abramis brama*
11	Döbel	*Leuciscus cephalus*
12	Elritze	*Phoxinus phoxinus*
13	Flussbarbe	*Barbus barbus*
14	Gründling	*Gobio gobio*
15	Hasel	*Leuciscus leuciscus*
16	Karausche	*Carassius carassius*
17	Moderlieschen	*Leucaspius delineatus*
18	Nase	*Chondrostoma nasus*
19	Rotauge, Plötze	*Rutilus rutilus*
20	Rapfen	*Aspius aspius*
21	Rotfeder	*Scardinius erythrophthalmus*
22	Schleie	*Tinca tinca*
23	Schneider	*Alburnoides bipunctatus*
24	Ukelei	*Alburnus alburnus*
25	Hecht	*Esox lucius*
26	Quappe	*Lota lota*
27	Dreistacheliger Stichling	*Gasterosteus aculeatus*
28	Flussbarsch	*Perca fluviatilis*
29	Kaulbarsch	*Gymnocephalus cernua*
30	Flunder	*Platichthys flesus*
31	Bachforelle	*Salmo trutta fario*
32	Lachs	*Salmo salar*
33	Meerforelle	*Salmo trutta trutta*
34	Äsche	*Thymallus thymallus*
35	Wels	*Silurus glanis*

Abb. 92: Döbel

Abb. 93: Nase

Abb. 94: Stichling

Renaturierung der Nebenbäche konnte die Wasserqualität im Rhein erfolgreich verbessert werden. Lachs, Bachneunauge und Groppe profitierten davon ebenso wie Bachforelle, Brachse, Flussbarbe, Gründling, Schmerle und Schneider.

Neben den „Gewinnern" gab und gibt es jedoch Fischarten, deren Bestände so stark eingebrochen waren, dass deren Erholung zweifelhaft bleibt. Neben Stör und Maifisch sind Aland, Äsche, Bitterling, Karausche, Meerforelle und Meerneunauge zu nennen. Zusätzlich zur natürlichen Bestandsentwicklung verändern Artenschutz- und Besatzmaßnahmen die Fauna wie bei keiner anderen Wirbeltiergruppe. Neben erfolgreichen Besatzmaßnahmen mit Lachs und Meerforelle z. B. im Saynbach und in der Nister, zeigt die noch nicht vorhandene Durchgängigkeit in der Lahn Grenzen dieser Maßnahmen auf. Kritisch zu sehen sind die Verdrängung der Karausche durch den Giebel oder der Bachforelle durch die Regenbogenforelle und den Bachsaibling, aber auch die Ausbreitung nicht heimischer Fische und etlicher nicht einheimischer Flusskrebsarten.

8.1.4 Amphibien

Mit Ausnahme der Knoblauchkröte, des Moor- und Springfrosches kommen alle rheinland-pfälzischen Amphibien hier vor. Somit ist der Westerwald mit 15 Arten eines der amphibienreichsten Mittelgebirge in Deutschland (Tab. 6). Dies ist auf die vielen Seen, Weiher, Teiche und Tümpel, sowie auf die Gewässer der Abbaugebiete und der Niederungen an Rhein, Sieg und Lahn zurückzuführen.

Tab. 6: Übersicht der Amphibienarten.

	Deutscher Name	Wissenschaftlicher Name
1	Bergmolch	*Ichthyosaura alpestris*
2	Fadenmolch	*Lissotriton helveticus*
3	Teichmolch	*Lissotriton vulgaris*
4	Kammmolch	*Triturus cristatus*
5	Feuersalamander	*Salamandra salamandra*
6	Geburtshelferkröte	*Alytes obstetricans*
7	Gelbbauchunke	*Bombina variegata*
8	Erdkröte	*Bufo bufo*
9	Kreuzkröte	*Bufo calamita*
10	Wechselkröte	*Bufo viridis*
11	Laubfrosch	*Hyla arborea*
12	Grasfrosch	*Rana temporaria*
13	Kleiner Wasserfrosch	*Pelophylax lessonae*
14	Seefrosch	*Pelophylax ridibundus*
15	Teichfrosch	*Pelophylax* kl. *esculentus*

Abb. 95: Wechselkröte

8.1.4.1 Seen, Weiher, Teiche und Tümpel

In den „herkömmlichen" Gewässern sind vor allem die häufigen Amphibien wie Erdkröte, Grasfrosch, Grünfrösche sowie alle Molcharten vertreten. Eine Sonderstellung nimmt der Feuersalamander ein. Seine Larven leben in sauerstoffreichen und nährstoffarmen Bachoberläufen und Quellbereichen. Die erwachsenen Tiere sind, ähnlich wie der Bergmolch, in feuchten Wäldern und kühlen Waldtümpeln anzutreffen. Die Larven der Erdkröte sind für Fische nicht genießbar und kommen daher auch in fischreichen Angelteichen vor.

8.1.4.2 Kleinstgewässer und Gewässer in Abbaugebieten

Die meist pflanzenarmen, sonnenbeschienenen Gewässer der Abbaugebiete sind in den Tongruben und den Kies- und Basaltsteinbrüchen zu finden. Hier leben Gelbbauchunke sowie Kreuz- und Geburtshelferkröten, die auf die pflanzenfreien Roh-, Stein- oder Kiesböden angewiesen sind. Dauerhafte, bewachsene und meist tiefere Gewässer werden durch Laubfrosch, Teich- und Kammmolch besiedelt.

8.1.4.3 (Auen)gewässer der Niederungen und Flusstäler

Typische Auengewässer, wie sie im südlichen Rheinland-Pfalz und Baden-Württemberg entlang des Rheins vorhanden sind, gibt es hier nicht. Damit fehlen Spring-, Moor- und Laubfrosch in diesem Lebensraum des Westerwaldes. In den Sand- und Kiesgruben des Engerser Feldes und des Steinsees kommen die Kreuz- und Wechselkröte und potentiell auch die Knoblauchkröte vor. Auf Grund der fehlenden zeitweiligen Austrocknung der meist großen und tiefen Gewässer fehlt die Gelbbauchunke hier. Die Herkunft einer erwachsenen Knoblauchkröte im Unteren Sayntal im Sommer 2010 in 1,5 km Entfernung zum Engerser Feld (einziger Nachweis dieser Amphibienart für den Westerwald) konnte bisher nicht geklärt werden. An Lahn und Rhein kommt der Seefrosch als Amphibienart der Niederungen vor.

Neben diesem heimischen Vorkommen kann man die Wechselkröte sowie den Seefrosch am westlichen Rand des Limburger Beckens innerhalb einer großen Fischzuchtanlage finden. Zahlreiche Nachweise der Wechselkröte in der Umgebung der Fischzuchtanlage lassen eine Ausbreitung im östlichen Unteren Westerwald erkennen. Die Herkunft des Einzelfundes in Urbar (2000) bleibt ungeklärt.

8.1.5 Reptilien

Im Westerwald kommen sieben verschiedene Reptilienarten vor, von denen Schling- und Würfelnatter sowie Mauer- und Zauneidechse einen europäischen Schutzstatus innehaben. Die Würfelnatter gilt sowohl in Rheinland-Pfalz als auch bundesweit als vom „Aussterben bedroht".

8.1.5.1 Aquatische und semiaquatische Lebensräume

Das Vorkommen der streng geschützten Würfelnatter ist auf zwei Standorte an der Lahn bei Nassau und Nievern/Friedrichssegen beschränkt. Als weitere Wasserschlange kommt die Ringelnatter vor. Sie ist die häufigste heimische Schlangenart und nicht wie die Würfelnatter an größere Fließgewässer gebunden, sondern kommt in vielen feuchten Lebensräumen, wie Seen, Tümpeln, Feuchtwiesen und Quellbereichen, aber auch an naturnahen Gartenteichen vor. Sie kommt mit zwei Unterarten der Stammform *Natrix natrix natrix* und der Barrenringelnatter *Natrix natrix helvetica* vor. Die Barrenringelnatter ist im restlichen Rheinland-Pfalz die dominierende der beiden Unterarten.

8.1.5.2 Terrestrische Lebensräume

Die verbleibenden fünf Reptilienarten sind mehr oder weniger wärmeliebende und landlebende Arten. Die Blindschleiche und die Waldeidechse sind mit der Ringelnatter die häufigsten Arten und leben vornehmlich in Feld- und Heckenstrukturen sowie in lichtdurchfluteten Wäldern mit ausreichender Bodenfeuchtigkeit. Die Blindschleiche ist ein Kulturfolger, die gern in strukturreichen Ortsrandlagen anzutreffen ist. Die

Abb. 96: Zauneidechse

Zauneidechse kommt im gesamten Westerwald vor, ist aber im Vergleich zur Waldeidechse stärker auf sonnige Lebensräume angewiesen und daher seltener als die zuvor genannte Art. Noch stärker ausgeprägt ist diese Vorliebe bei der Mauereidechse und der Schlingnatter, die bis auf einige wenige Ausnahmen im Westerwald auf die sonnenbeschienenen Hänge und Weinbergslagen von Rhein und Lahn (Schlingnatter auch Sieg) beschränkt sind (Tab. 7).

Viele Reptilienarten können ein hohes Alter erreichen und werden gerne als Terrarientiere gehalten. Tiere, die durch veränderte Lebensumstände der Besitzer nicht mehr versorgt werden können, werden oft in der Natur ausgesetzt, da es kaum vernünftige Annahmestellen für die Tiere gibt.

Tab. 7: Übersicht der Reptilienarten.

	Deutscher Name	Wissenschaftlicher Name	Vorkommen
1	Blindschleiche	*Anguis fragilis*	überall
2	Ringelnatter	*Natrix natrix*	überall
3	Schlingnatter	*Coronella austriaca*	Rhein, Lahn, Sieg
4	Würfelnatter	*Natrix tessellata*	Lahn
5	Mauereidechse	*Podarcis muralis*	Rhein, Lahn
6	Waldeidechse	*Zootoca vivipara*	überall
7	Zauneidechse	*Lacerta agilis*	überall

Mit wenigen Ausnahmen, wie die bereits erwähnten Schmuckschildkröten (Tab. 3), können die ausgesetzten Arten in freier Natur keine dauerhaften Vorkommen aufbauen. So sind beispielsweise die wenigen in der Natur nachgewiesenen Funde der Kreuzotter trotz potentiell geeigneter Lebensräume stets wieder verschwunden. Demnach gibt es im Westerwald und in ganz Rheinland-Pfalz keine natürlichen Vorkommen der Kreuzotter.

8.1.6 Säugetiere

Die Säugetierfauna ist mit 57 dokumentierten Arten nach der Gruppe der Vögel (317 Arten) die artenreichste Wirbeltiergruppe. Vor allem die verschiedenen Fledermausarten genießen einen hohen Schutzstatus, während von den sonstigen Säugetierarten lediglich die Sumpfspitzmaus als stark gefährdet und Wildkatze, Feldhase und Baummarder als gefährdet gelten (Tab. 8).

8.1.6.1 Lebensraum Wald/Forst

Durch den heute wieder hohen Flächenanteil des Waldes von über 40% im Westerwald und die Vielzahl an waldbewohnenden Großsäugern in Deutschland wie Rot- und Damhirsch, Wildschwein, Reh, aber auch Wolf, Luchs und Wildkatze kommt den Wäldern eine große öffentliche und oft auch politische Aufmerksamkeit zu. Die Bestandsentwicklungen der verschiedenen Wildtierarten wurden von jeher durch die jagdliche und forstliche Nutzung der Wälder bestimmt. Während der Rothirsch in der Vergangenheit in allen größeren Wäldern des Westerwaldes vorkam, beschränken sich die heutigen Vorkommen auf die Waldgebiete des Fürsten zu Wied im Vorderen Westerwald, die Montabaurer Höhe sowie auf ein kleines Vorkommen auf dem Truppenübungsplatz Daaden.

Das Wildschwein, was heute in beachtlichen Dichten im Wald und waldnahen Dickungen vorkommt, wurde in der Vergangenheit durch intensive Bejagung um das Jahr 1830 im Westerwald ausgerottet. Einwandernde Tiere wurden kontinuierlich verfolgt, so dass der Bestand bis 1870 auf einem Minimum gehalten wurde. Ab dieser Zeit ist durch geringere Bejagungsintensität und durch die sich ändernde Land- und Forstwirtschaft bis heute eine stetige Bestandszunahme zu verzeichnen. Ähnlich starke Bejagung erfuhren die mittelgroßen und großen Beutegreifer. Während vom Luchs keine aktuellen und historischen Belege für den Westerwald existieren, kamen Wolf und Wildkatze noch bis Mitte des 19. Jahrhunderts im Westerwald vor. Der vermutlich „letzte“ Wolf wurde 1841 in der Nähe von Herschbach bei Selters erschossen.

Tab. 8: Übersicht der Säugetierarten.

	Deutscher Name	Wissenschaftlicher Name
	Insektenfresser (*Insectivora*)	
1	Europäischer Igel	*Erinaceus europaeus*
2	Hausspitzmaus	*Crocidura russula*
3	Maulwurf	*Talpa europaea*
4	Schabrackenspitzmaus	*Sorex coronatus*
5	Sumpfspitzmaus	*Neomys anomalus*
6	Waldspitzmaus	*Sorex araneus*
7	Wasserspitzmaus	*Neomys fodiens*
8	Zwergspitzmaus	*Sorex minutus*
	Fledermäuse (*Chiroptera*)	
9	Bechsteinfledermaus	*Myotis bechsteini*
10	Braunes Langohr	*Plecotus auritus*
11	Breitflügelfledermaus	*Eptesicus serotinus*
12	Fransenfledermaus	*Myoti nattereri*
13	Graues Langohr	*Plecotus austriacus*
14	Brandtfledermaus	*Myotis brandti*
15	Große Hufeisennase	*Rhinolophus ferrumequinum*
16	Großer Abendsegler	*Nyctalus noctula*
17	Großes Mausohr	*Myotis myotis*
18	Bartfledermaus	*Myotis mystacinus*
19	Kleiner Abendsegler	*Nyctalus leisleri*
20	Mopsfledermaus	*Barbastella barbastellus*
21	Mückenfledermaus	*Pipistrellus pygmaeus*
22	Nymphenfledermaus	*Myotis alcathoe*
23	Rauhhautfledermaus	*Pipistrellus nathusii*
24	Teichfledermaus	*Myotis dasycneme*
25	Wasserfledermaus	*Myotis daubentoni*
26	Wimperfledermaus	*Myotis emarginatus*
27	Zweifarbfledermaus	*Vespertilio murinus*
28	Zwergfledermaus	*Pipistrellus pipistrellus*
	Hasenartige (*Lagomorpha*)	
29	Feldhase	*Lepus capensis europaeus*
30	Wildkaninchen	*Oryctolagus cuniculus*

	Deutscher Name	Wissenschaftlicher Name
	Nagetiere (*Rodentia*)	
31	Eichhörnchen	*Sciurus vulgaris*
32	Erdmaus	*Microtus agrestis*
33	Europäischer Biber	*Castor fiber*
34	Feldmaus	*Microtus arvalis*
35	Gartenschläfer	*Eliomys quercinus*
36	Gelbhalsmaus	*Apodemus flavicollis*
37	Haselmaus	*Muscardinus avellanarius*
38	Kleinwühlmaus	*Microtus subterraneus*
39	Rötelmaus	*Myodes glareolus*
40	Schermaus	*Arvicola terrestris*
41	Siebenschläfer	*Glis glis*
42	Waldmaus	*Apodemus sylvaticus*
43	Wanderratte	*Rattus norvegicus*
44	Westliche Hausmaus	*Mus domesticus*
45	Zwergmaus	*Micromys minutus*
	Beutegreifer (*Carnivora*)	
46	Baummarder	*Martes martes*
47	Dachs	*Meles meles*
48	Fuchs	*Vulpus vulpus*
49	Hermelin	*Mustela erminea*
50	Iltis	*Mustela putorius*
51	Mauswiesel	*Mustela nivalis*
52	Steinmarder	*Martes foina*
53	Wildkatze	*Felis silvestris*
54	Wolf	*Canis lupus*
	Unpaarhufer (*Perissodactyla*)	
55	Reh	*Capreolus capreolus*
56	Rothirsch	*Cervus elaphus*
57	Wildschwein	*Sus scrofa*

Abb. 97: Wolf, Exponat im Landschaftsmuseum Westerwald zu Hachenburg

Über 170 Jahre galt er als ausgestorben, bis ein wandernder Wolf im Februar 2012 mehrmals beobachtet und dokumentiert werden konnte. Nur zwei Monate später wurde dieser aus den italienischen Alpen stammende Wolf am 21.4.2012 bei Hartenfels, nicht weit entfernt von der historischen Abschussstelle, von einem Jäger erschossen. Seit dem Auftreten des ersten Wolfs im Jahr 2012 sind bis Ende 2020 über ein Dutzend weitere Wölfe in den Westerwald eingewandert. Da man im Jahr 2018 von einer dauerhaften Ansiedlung des Wolfes in der Nähe von Leutesdorf im „Feldkirchener Wald" im Kreis Neuwied ausging, wurde der Westerwald am 30.5.2018 zum ersten Wolfspräventionsgebiet für Rheinland-Pfalz ausgewiesen. Nach Feststellung der Territorialität einer Wölfin auf dem ehemaligen Truppenübungsplatz Daaden wurde am 3.4.2019 das Wolfsterritorium „Stegskopf" ausgewiesen. Am 21.8.2019 wurde mit einem Foto einer jungenführenden Wölfin die Fortpflanzung des Wolfes bei Bad Hönningen offiziell bestätigt. Der Wolf war somit erstmals seit Mitte des 19. Jahrhunderts wieder sesshaft geworden. Der hohe Wald- und verhältnismäßig hohe Grünlandanteil mit großen Wildtierbeständen bei zeitgleicher teils geringer menschlicher Besiedlungsdichte im Westerwald bieten dem Wolf gute Lebensbedingungen, so dass mit einer dauerhaften Ansiedlung mehrerer Wolfsrudel zu rechnen ist.

Wie der Wolf wurde die Wildkatze intensiv bejagt, so dass ihr Bestand Anfang des 20. Jahrhunderts auf ein kleines Restvorkommen auf der Montabaurer Höhe und den südlichen Unteren Westerwald beschränkt war. Von hier aus konnte sie sich in jüngster Zeit in den westlichen und nördlichen Westerwald ausbreiten, so dass sie mittlerweile in fast allen Wäldern angetroffen werden kann.

Ebenso machen zunehmende Beobachtungen des Luchses im hessischen Taunus sowie gesicherte Nachweise von Jung- und Alttieren des Luchses in Nordhessen bei Kassel einen Artnachweis im Westerwald immer wahrscheinlicher.

Viele der heimischen Fledermausarten, wie Bechstein-, Fransen- sowie Wasserfledermaus oder Großer- und Kleiner Abendsegler nutzen den Wald und die Waldränder zur nächtlichen Jagd und zur Aufzucht ihrer Jungen. Die größeren zusammenhängenden Wälder sind vom Baummarder besiedelt. Sein deutlich häufigerer Verwandter, der Steinmarder, nutzt genauso wie Waldspitz-, Gelbhals- und Rötelmaus auch die kleineren Wälder, die Feldflur und die Nähe zu Siedlungen. Eine Besonderheit der waldbewohnenden Säugetiere ist das einmalige Sommervorkommen im Stelzenbachtal und wiederholte Wintervorkommen der Mopsfledermaus sowie der einmalige Nachweis im Winter 1995/96 einer Teichfledermaus im Gelbachtal. Außerdem konnten im Stelzenbachtal bei Welschneudorf die Wimperfledermaus und Nymphenfledermaus mit Hilfe eines Sonogrammes belegt werden. Ein direkter Nachweis eines gefangenen Tieres dieser beiden Arten konnte bisher nicht erbracht werden. Eine Sensation gelang im Winter 2017/2018 durch die Wiederentdeckung eines Individuums der Großen Hufeisennase in einem Winterquartier im südlichen Westerwald, die hier seit 1938 als ausgestorben galt.

8.1.6.2 Landwirtschaftlich genutzte Flächen

Die landwirtschaftlichen Flächen wurden auf Grund des rauen Westerwälder Klimas in der Vergangenheit meist extensiv als Mäh- und Viehweiden oder für die Selbstversorgung mit verschiedensten Feldfrüchten bestellt. Durch die Vielzahl an bäuerlichen Kleinbetrieben fand eine starke Parzellierung der Landschaft mit ausreichend Platz für Feld- und Gehölzstrukturen und zahlreichen Streuobstwiesen statt. In jüngster Zeit reichten die extensiven Bewirtschaftungsformen zum Überleben der Kleinbetriebe nicht mehr aus. Nach der Aufgabe der Betriebe fand vielerorts ein Nutzungswandel der Mäh- und Viehweiden und klein parzellierten Ackerflächen statt. Im Hohen Westerwald wurden viele Weiden durch Nadel- und Nutzwälder aufgeforstet oder fielen der natürlichen Sukzession zum Opfer. Im Unteren und Vorderen Westerwald wurden die landwirtschaftlichen Flächen meist in intensiv genutztes Grün- und Ackerland umgewandelt.

Abb. 98: Feldhase

Durch die Intensivierung und die Nutzungsänderung der Landwirtschaft ging vielen Wirbeltierarten, wie der Schabrackenspitz-, der Kleinwühl-, der Zwergmaus und der Haselmaus der Lebensraum verloren. Im Fall der Feldspitzmaus und der Brandmaus führten die Veränderungen zum gänzlichen Verschwinden der beiden Arten. Trotzdem sind noch viele ehemalige Strukturen der kleinbäuerlichen Landwirtschaft erhalten geblieben, die auch heute noch einer Vielzahl von Säugetieren wie Maulwurf, Mauswiesel, Fuchs, Dachs und Reh Lebensraum bieten.

Die Restbestände der Streuobstwiesen und die Feldflur mit den Randsaumbereichen zum Ackerland bieten Wildkaninchen, dem Feldhasen oder in sehr seltenen Fällen dem Gartenschläfer eine Lebensgrundlage. Deutlich häufiger als der Gartenschläfer kommt der Siebenschläfer vor, und auch die Haselmaus ist an gehölzreichen Waldrändern und der strukturreichen Feldflur noch vertreten.

8.1.6.3 Siedlungen

In vielen Ortschaften ging durch das Verschwinden der bäuerlichen Kleinbetriebe und kleiner Handwerksbetriebe die dörfliche Baustruktur verloren. Durch die Ausweisung von Neubaugebieten in den Randlagen wurden die Westerwälder Ortschaften immer stärker zu reinen Wohn- und Schlafdörfern mit ausgeprägten Ziergarten- und Rasenflächen. Durch das zunehmende Verschwinden der naturnahen Bauerngärten sind selbst häufige Arten, wie die westliche Hausmaus, die Hausspitzmaus oder der Igel seltener geworden. Die zunehmende Flächeninanspruchnahme durch Gewerbegebiete und Industrieflächen und vor allem der Ausbau des Straßennetzes und zahlreicher Ortsumgehungsstraßen machen besonders den mobilen Säugetierarten wie Rothirsch, Reh, Dachs und Wildkatze zu schaffen.

Abb. 99: Mausohr

Manche Säugetierarten, wie Wanderratte, Fuchs und Steinmarder haben sich an die Veränderungen gut angepasst. Andere Arten, vor allem die in den Siedlungen vorkommenden Fledermausarten Braunes und Graues Langohr, das Große Mausohr oder die häufige Zwergfledermaus finden durch die Modernisierung der Bauweise in den Siedlungen immer seltener geeignete Unterschlupfmöglichkeiten für die Aufzucht ihrer Jungen. Für die Kleine und Große Hufeisennase, die zugluftfreie Dachböden, Kirchtürme und Scheunen mit großen offenen Einfluglöchern besiedelten, waren die Veränderungen der Gebäudestrukturen zu gravierend, so dass sie ausstarben.

8.1.6.4 Fließ- und Stillgewässer

Die Fließ- und Stillgewässer, die für das Vorkommen der anderen Wirbeltiergruppen von entscheidender Bedeutung sind, spielen für das Artenspektrum der Säugetiere keine besonders große Rolle. Viele Säugetierarten der angrenzenden Lebensräume nutzen zwar den hohen Anteil an Oberflächenwasser als gut zugängliches Trinkwasser, sind aber in den meisten Fällen nicht unmittelbar an die Wasserlebensräume gebunden. Stillgewässer und strömungsarme Fließgewässer in Waldnähe werden gerne von Wasser-, Fransen- und Zwergfledermaus genutzt, um über den Wasseroberflächen und entlang der angrenzenden Wälder nach Insekten zu jagen.

Eine direkte Bindung an den Wasserlebensraum haben Sumpf- und Wasserspitzmaus, Bisam, Wanderratte sowie Waschbär und Nutria. Die beiden erstgenannten Arten sind auf naturnahe Fließgewässer und kleine strukturreiche Stillgewässer angewiesen. Schermaus, Bisam- und Wanderratte und der Waschbär kommen hingegen an fast al-

Abb. 100: Rotfuchs mit Beute

len Gewässertypen vor. Die Nutria lebt vor allem an den Uferbereichen der größeren Stillgewässer im Neuwieder Becken und Rheintal (Steinsee im Engerser Feld). Sie konnte in jüngster Zeit, vermutlich durch die klimatisch begünstigten Verhältnisse der vergangenen Jahre, ihr Vorkommen auf die Stillgewässer der Westerwälder Seenplatte und des Kernwesterwaldes ausweiten.

Ähnlich wie der Fischotter kam auch der Biber vor seiner Ausrottung an zahlreichen Westerwälder Bächen in der Vergangenheit vor. Einen Verbreitungsschwerpunkt hatte die Art an der Wied und ihren Nebenbächen, wo 1840 das letzte Tier erlegt wurde. Während der Westerwald seither unbesiedelt ist, konnte der Biber in der Eifel, im Hunsrück, dem Pfälzer Wald und entlang der Rheinschiene verlassene Lebensräume ausgehend vom Saarland, Belgien, Frankreich und Luxemburg zurückerobern. Im Jahr 2009 wurde ein Biber am Rand des Westerwaldes im Lahntal überfahren. Da es sich bei diesem Tier um einen kanadischen Biber handelte, muss es ein ausgesetztes oder entflohenes Tier gewesen sein.

Erstaunlicherweise konnte im Herbst 2017 im Umfeld der Westerwälder Seenplatte erneut ein Biber festgestellt werden. Hier hat sich seit dieser Zeit zwischen Wölferlingen und Freilingen ein Biber am Saynbach niedergelassen. Im Gegensatz zum Biber aus dem Lahntal handelt es sich bei diesem Tier um einen einheimischen Europäischen

Biber, so dass diese streng geschützte Tierart nach über 170 Jahren den Weg zurück in den Westerwald gefunden hat. Ob es der Biber eigenständig geschafft hat, die Strecke von 65 km Luftlinie von den nächsten sicheren Bibervorkommen bei Simmern im Hunsrück bis in den Westerwald zurück zu legen oder ob es sich um ein verschlepptes Tier handelt, bleibt offen.

8.1.6.5 Abbaugebiete: Steinbrüche und Tongruben

Ähnlich wie die Gewässerlebensräume sind auch die Abbaugebiete der Steinbrüche und Tongruben für die Säugetierfauna von nachrangiger Bedeutung. Die in den Abbaugebieten befindlichen Gewässer werden von den verschiedenen Wildtierarten gerne als Tränke genutzt. Die bereits stillgelegten Renaturierungsflächen der Tongruben dienen bei ausreichender Aufforstung dem Rehwild, Fuchs, Hermelin u.v.m. als Lebensraum. Bodenbewohnende Nagetiere sind in den Abbaugebieten seltener vertreten. Die Ton- und Steinböden bieten den Nagern meist keine geeigneten Grabbedingungen, und die Pflanzengemeinschaften sind durch die vorherrschende Trockenheit und geringe Wasser- bzw. Nährstoffversorgung meist nicht besonders energiehaltig.

9

Skizzen zur Vogelwelt des Westerwaldes

Antonius Kunz

Die Vogelwelt des Westerwaldes ist seit etwa 180 Jahren Gegenstand gezielter Untersuchungen, die überwiegend von Amateuren getragen werden. Waren es anfangs Vogelkundler, die mehr oder weniger auf sich allein gestellt arbeiteten, so entstand vom Ende der 1950er Jahre an ein kleines Beobachternetz. Seit 1975 werden die wichtigsten Resultate in zusammenfassenden Jahresberichten oder anderweitigen Publikationen dargestellt. Es ist also möglich, die in einem Zeitraum von annähernd 200 Jahren aufgetretenen Veränderungen rückblickend zu überschauen. Bedingt durch den säkularen Landschaftswandel sowie durch die sich weiterhin intensivierende Landschaftsnutzung ist auch die Zusammensetzung der Vogelwelt einem erheblichen Wandel unterworfen, der sich für immer mehr Arten nachteilig auswirkt.

9.1 Bilanz der Arten

Nach heutigem Kenntnisstand (Stichtag: 31.12.2020) sind im Westerwald mind. 314 Vogelarten im Freiland beobachtet worden. Darunter finden sich 28 Arten, die sicher oder mit sehr hoher Wahrscheinlichkeit aus menschlicher Haltung entwichen oder vorsätzlich freigesetzt worden sind. Unter den verbleibenden 286 Arten gibt es neun, die nur vor 1950 nachgewiesen wurden (Auerhuhn, Birkhuhn, Steinadler, Großtrappe, Doppelschnepfe, Sperbereule, Mauerläufer, Steinrötel und Bindenkreuzschnabel). Mit Kanadagans, Nilgans, Mandarinente und Straßentaube treten heute vier Arten auf, deren Vorkommen im Freiland auf vorsätzliche vom Menschen bewirkte Ansiedlungen in anderen Regionen zurückgehen. Der Fasan hingegen verdankt sein heutiges Vorkommen überwiegend den aus jagdlichem Interesse motivierten Freisetzungen vor Ort.

Für deutlich weniger als die Hälfte der insgesamt nachgewiesenen Vogelarten ist ein Brutvorkommen belegt. 110 Arten können gegenwärtig als regelmäßige Brutvögel gelten, und von weiteren 17 Arten ist ein einmaliges oder ganz unregelmäßiges Brüten registriert worden. Mindestens 21 ehemals regelmäßig brütende Vogelarten müssen heute als ausgestorben gelten (Tab. 9). In den weitaus meisten Fällen sind es ganz nachhaltige Eingriffe des Menschen in ihren Lebensraum, die ihr Verschwinden bewirkt haben. Mit der Saatkrähe findet sich hierunter jedoch auch eine vorsätzlich ausgerottete Art.

Die Dynamik in der Zusammensetzung der Brutvogelarten zeigt sich in einer Reihe von Neuansiedlungen seit 1950 (Tab. 10). Sie gehen entweder auf großräumige Arealerweiterungen zurück (z. B. Reiherente, Rothalstaucher, Türkentaube, Tannenhäher, Wacholderdrossel, Birkenzeisig) oder sind wie beim Raufußkauz das Resultat gezielter Schutzbemühungen. Bemerkenswert ist, dass mit Schwarzstorch, Uhu und Kolkrabe drei im Laufe des 19. Jh. rücksichtslos ver-

Tab. 9: Ausgestorbene Brutvogelarten im Westerwald seit 1800.

Art	als Brutvogel verschwunden	
Rebhuhn	um 2005	
Birkhuhn	ca. 1940	
Auerhuhn	um 1900	
Zwergdommel	1966	
Fischadler	19. Jh.	Abb. 109: Fischadler
Schlangenadler	ca. 1880	
Wanderfalke	1949	
Bekassine	ca. 2010	
Ziegenmelker	1969	
Wiedehopf	1969	Abb. 110: Wiedehopf
Wendehals	ca. 1992	
Rotkopfwürger	ca. 1965	
Raubwürger	2008	
Saatkrähe	1959	
Haubenlerche	?	
Heidelerche	ca. 1985	
Uferschwalbe	ca. 1910	
Drosselrohrsänger	1949	
Gelbspötter	?	
Steinschmätzer	ca. 1970	
Schafstelze	ca. 1985	

Tab. 10: Neu angesiedelte Brutvogelarten im Westerwald seit 1950.

Art	Brutvogel seit
Höckerschwan	ca. 1970
Kanadagans	1999
Graugans	2018
Nilgans	(1981/83) 2006
Tafelente	1978
Reiherente	1969
Rothalstaucher	1997
Schwarzstorch	1990
Türkentaube	1955
Raufußkauz	1971
Uhu	(vor) 1990
Tannenhäher	ca. 1955
Kolkrabe	ca. 1998
Orpheusspötter	2015
Wacholderdrossel	(1941/44) 1964
Alpenbirkenzeisig	1983

folgte und ausgerottete Arten ein erneutes Brutvorkommen etablieren konnten. Ebenso könnte dem Wanderfalken in naher Zukunft die Wiederbesiedlung gelingen.

Für zwei äußerst versteckt lebende und schwer zu erfassende Vogelarten ist ihr gegenwärtiger Status im Westerwald nicht geklärt. Es ist keineswegs mehr sicher, dass es noch das Haselhuhn als Brutvogel gibt. Dagegen spricht einiges für zumindest unregelmäßige Brutvorkommen des Sperlingskauzes, der kleinsten heimischen Eulenart, deren wiederholtes Auftreten registriert, deren Brüten aber noch nicht dokumentiert ist.

9.2 Vögel im Lebensraum Wald/Forst

Mehr als 40% der Fläche des Westerwaldes tragen heute (wieder) Wald, der bis auf unbedeutende Ausnahmen einer forstwirtschaftlichen Nutzung unterliegt. Neben der bedeutenden Ausweitung der waldbestockten Fläche – ganz besonders im Hohen Westerwald – sind im hier betrachteten Zeitraum vor allem die großflächige Einführung der Fichte, die Einrichtung von Altersklassenbeständen sowie die Hochwaldwirtschaft zentrale Faktoren, die das Waldbild prägten. Dem Umbau der Wälder fiel das Auerhuhn zum Opfer, das sich bis Ende des 19. Jh. auf der Montabaurer Höhe und um den Hartenfelser Kopf halten konnte, weil dem begehrten Jagdwild bis 1866 die besondere Förderung der nassauischen Herzöge zuteil wurde. Das Birkhuhn hingegen siedelte,

Abb. 101: Haselhuhn

räumlich davon klar getrennt, in einem aus dem Raum Asbach über Altenkirchen und Gebhardshain zur Fuchskaute reichenden Streifen. Sein Lebensraum waren solche Flächen, die infolge der Übernutzung des Waldes verheidet, als Niederwald einer regelmäßigen Zwischennutzung als Ackerland unterworfen oder als Moorflächen wie im Derscher Geschwämm natürliche „Waldkampfzonen“ waren.

Der erst in jüngster Zeit zum Stillstand gekommene Fichtenanbau schuf seit Anfang des 19. Jh. einer ganzen Reihe von Vogelarten die Möglichkeit, im Westerwald zu siedeln, dem bis dahin Nadelgehölze außer dem Wacholder fehlten. Hier sind etwa Hauben- und Tannenmeise oder das Wintergoldhähnchen ebenso zu nennen wie der Fichtenkreuzschnabel (dieser als Brutvogel schon 1862 in Dillenburg sowie 1888/89 in Altenkirchen/Ww. nachgewiesen). Auch das unregelmäßige Brüten des Erlenzeisigs ist an Mastjahre der Fichte gebunden. Der spätestens seit 1955 als Brutvogel bekannte Tannenhäher ist für seine mit Haselnüssen betriebene Vorratswirtschaft auf Fichten-

Abb. 102: Haubenmeise

Abb. 103: Schwarzspecht

Stangenhölzer angewiesen. Geradezu stürmisch konnte der Schwarzspecht zwischen 1890 und 1910 Einzug in den Wäldern halten, weil einerseits der Fichtenanbau seine Nahrungsgrundlage verbesserte, zugleich aber die Buchen auch ein höheres Bestandsalter erzielen konnten.

Das seit 2018 zu registrierende dürre- und hitzebedingte Absterben der Fichtenforste und das nachfolgende großflächige Einschlagen der von Borkenkäfern befallenen Bestände werden bei den vorgenannten „Profiteuren" des Fichtenanbaus zu gravierenden Bestandseinbrüchen führen, der Tannenhäher wird sicher bald als Brutvogel verschwinden.

9.3 Vögel landwirtschaftlich genutzter Flächen

Besonders im Hohen und Oberen Westerwald nahmen weitläufige Gemeindeviehweiden bedeutende Flächenanteile ein, bevor sie um 1900 beginnend allmählich durch Aufforstungen oder Entwässerungen umgewandelt wurden. Als charakteristische Brutvogelarten siedelten hier Heidelerche und Raubwürger sowie Wiedehopf und Steinschmätzer.

Bis in die jüngste Vergangenheit prägten Zwerg- und Kleinbetriebe die Struk-

Abb. 104: Braunkehlchen

Abb. 105: Neuntöter

tur der Landwirtschaft, woraus eine starke Parzellierung des Grundbesitzes und eine hohe Vielfalt der Nutzungen resultierten. Vor allem das wechselfeuchte Grünland, oft in Nähe zu anmoorigen Standorten, bot Braunkehlchen, Wiesenpieper und Bekassine Brutgelegenheiten. Diese Arten sind in ihrer Verbreitung in den letzten zwanzig Jahren erheblich eingeschränkt worden, die Bekassine ist mittlerweile ausgestorben. Neben großflächig durchgeführten Drainagemaßnahmen sind ihnen das Abrücken von der Heugewinnung und der gleichzeitige Übergang zu Silagewirtschaft besonders abträglich. Als weiterer Indikator strukturreicher Grünlandflächen kann der Neuntöter gelten, der im Westerwald noch bemerkenswert hohe Siedlungsdichten erreicht.

Das Rebhuhn als ehemals typischer Brutvogel der Feldfluren ist durch zwei verschiedene Entwicklungen vollständig verschwunden: zum einen der Übergang zur nahezu reinen Grünlandwirtschaft im Hohen Westerwald, zum anderen durch Nutzungsintensivierungen. In Verbindung mit Nutzungsänderungen (z. B. Anbau von Mais und Winterraps) gerät selbst ein ehemaliger „Allerweltsvogel" wie die Feldlerche zunehmend unter Druck.

9.4 Vögel der Siedlungen

Nicht ganz 10% des Westerwaldes nehmen Siedlungs- und Gewerbeflächen ein. Der Strukturwandel in der Landwirtschaft hatte den nachhaltigsten Einfluss auf die Vogelwelt dieses Lebensraumes. Dass er seinen ehemals dörflichen Charakter verloren hat, registrieren viele wehmütig im Niedergang der Brutbestände der Rauchschwalbe. Ebenso augenfällig ist der Rückgang des Haussperlings oder auch der Türkentaube, beides Arten, die von im Auslauf gehaltenem Federvieh profitierten. Die zu reinen Wohngebieten mutierten Dörfer wurden mit ihren Ziergärten und Rasenflächen vom Alpenbirkenzeisig neu besiedelt. Als Resultat der stärkeren Durchgrünung auch mit hochwüchsigen Nadelhölzern sind in den letzten 25–30 Jahren Ringeltaube und Singdrossel zu Brutvögeln der Ortschaften geworden.

9.5 Vögel an Weihern

Im Unterschied zu den übrigen Landschaften des Rheinischen Schiefergebirges ist der Westerwald ein „Weiherland". Vor allem die Krombachtalsperre mit der nahegelegenen Breitenbachtalsperre und der Driedorfer Talsperre, sodann der Wiesensee und als besonderes Kleinod die sieben Weiher der Westerwälder Seenplatte sind für die Vogelwelt von herausragender Bedeutung. Die Naturschutzgebiete der Westerwälder Seenplatte sind Brutgebiet einer Vielzahl seltener Vogelarten (Zwerg-, Hauben-, Rothals- und Schwarzhalstaucher, Reiher- und Tafelente, Wasserralle, Teichrohrsänger). Alle genannten Gewässer sind zur Zugzeit Anziehungspunkt für viele Entenvögel, Watvögel, Möwen und Seeschwalben, denen aber die allenthalben praktizierten Freizeit- und Tourismusnutzungen das Leben schwer machen. Mit Reiherente, Kanadagans und

Abb. 106: Gebirgsstelze

Abb. 107: Wasseramsel

Nilgans haben sich drei Brutvogelarten etabliert, die selbst an kleinen Angelteichen oder Schönungsteichen der Kläranlagen ein Auskommen finden.

9.6 Vögel an Bächen

Viele größere Bäche des Westerwaldes sind nach wie vor von den drei typischen Bachvogelarten Wasseramsel, Gebirgsstelze und Eisvogel besiedelt. Für Letzteren sind die Große Nister, die Wied und der Gelbach von ganz herausragender Bedeutung. Nahezu in Vergessenheit geraten ist das ehemalige Brutvorkommen der Uferschwalbe an der Wied von Altenkirchen an bachabwärts und am Unterlauf des Holzbaches. Der Graureiher brütet in mehreren kleinen Kolonien verstreut über den gesamten Westerwald.

9.7 Vögel in Steinbrüchen und Tongruben

Die großen Basaltsteinbrüche im Hohen und Oberen Westerwald sowie die Tontagebaue im südlichen Westerwaldkreis sind im 20. Jh. entstanden, und ihre verstärkte Ausbeutung erfolgte erst nach 1950. Als „Lebensraum aus zweiter Hand" hat sich der Flussregenpfeifer diese Abbaugebiete nutzbar machen können, muss sie jedoch räumen, wenn der Abbau zum Erliegen kommt. Das Inventar der Steinbrüche und Tongruben stellte den ausschlaggebenden Rückhalt für die Wiederansiedlung des Uhus im Westerwald. Bemerkenswert ist auch, dass das Schwarzkehlchen gerade auf Ruderalflächen um die Tonabbaugebiete einen Schwerpunkt seines Vorkommens hat.

9.8 Neue Entwicklungen bei Durchzüglern und Gastvögeln

Die bisherige Darstellung hat die Dynamik im Arteninventar der Brutvögel abrissartig vorgestellt. Für die allein als Durchzügler und Gastvögel im Westerwald auftretenden Arten kann hier aus Platzgründen keine vergleichbare Gesamtschau geboten werden. Es soll aber an drei dieser Arten gezeigt werden, wie auch für sie der Westerwald ein bedeutsamer Lebensraum in ihrem Jahreszyklus sein kann. Der Silberreiher war bis zum Jahr 2000 eine Ausnahmeerscheinung im Westerwald. Seither tritt er ganzjährig auf, und seine herbstlichen Ansammlungen an

Abb. 108: Bergfinken

Abb. 109: Fischadler

Abb. 110: Wiedehopf

der Westerwälder Seenplatte bringen es auf ca. 150 Individuen. Im Winter verteilen sich die Silberreiher, deren Herkunft aus Ungarn oder Weißrussland durch Beringung nachgewiesen ist, weit im Land auf Wiesen und Ackerflächen. Auch der Kranich, seit jeher zu beiden Zugzeiten über den Westerwald ziehend, hat sein Auftreten seit 2010 geändert. Seither rastet und übernachtet die Art regelmäßig im Gebiet der Westerwälder Seenplatte.

Die Buchenwälder des Westerwaldes können in Mastjahren mit überreichem Angebot an Bucheckern den Bergfinken beherbergen. Dabei kann es zur Bildung von Großschlafplätzen kommen, wie es 2015 bei Hillscheid zu registrieren war. Schätzungsweise 4 Mio. Bergfinken übernachteten damals im Januar und Februar im Talkessel des Feisternachtbaches.

Diese Liste folgt in Systematik, Taxonomie und Nomenklatur P. H. Barthel & T. Krüger (2019): Liste der Vögel Deutschlands. Version 3.2. Radolfzell 2019.

Erläuterung der Kategorien

A: Die Art wurde seit 1. Januar 1950 mindestens einmal als Wildvogel festgestellt.

B: Die Art wurde lediglich im Zeitraum vom 1. Januar 1800 bis 31. Dezember 1949 als Wildvogel festgestellt.

C: Ursprünglich nicht heimische Art; vorsätzlich oder versehentlich angesiedelt bzw. Vorkommen im Westerwald auf vorsätzliche oder versehentliche Ansiedlung in anderen Regionen zurückgehend.

Erläuterung des Brutstatus

0: Ehemals regelmäßiger Brutvogel, seit 2010 kein Brutnachweis.

1: Hat seit 1800 ausnahmsweise gebrütet, ist aber kein regelmäßiger Brutvogel (mehr).

2: Brütet nicht alljährlich, aber doch in erkennbar regelmäßigen Abständen.

3: Regelmäßiger Brutvogel, aber in sehr geringer Anzahl und/oder auf wenige Brutgebiete beschränkt.

4: Regelmäßiger Brutvogel.

Tab. 11: Liste der Vögel des Westerwaldes.

Deutscher Name	Wissenschaftlicher Name	Kategorie	Brutstatus
HÜHNERVÖGEL	ORDNUNG GALLIFORMES		
Haselhuhn	*Tetrastes bonasia*	A	0?
Auerhuhn	*Tetrao urogallus*	B	0
Birkhuhn	*Lyrurus tetrix*	B	0
Rebhuhn	*Perdix perdix*	A	0
Wachtel	*Coturnix coturnix*	A	3
Jagdfasan	*Phasianus colchicus*	CE	3
ENTENVÖGEL	ORDNUNG ANSERIFORMES		
Ringelgans	*Branta bernicla*	A	
Kanadagans	*Branta canadensis*	C	4
Graugans	*Anser anser*	AC	1
Tundrasaatgans	*Anser serrirostris*	A	
Blässgans	*Anser albifrons*	A	
Höckerschwan	*Cygnus olor*	AC	3
Zwergschwan	*Cygnus columbianus*	A	
Singschwan	*Cygnus cygnus*	A	
Nilgans	*Alopochen aegyptiaca*	C	4
Brandgans	*Tadorna tadorna*	A	
Mandarinente	*Aix galericulata*	CE	
Knäkente	*Spatula querquedula*	A	1
Löffelente	*Spatula clypeata*	A	
Schnatterente	*Mareca strepera*	A	
Pfeifente	*Mareca penelope*	A	
Stockente	*Anas platyrhynchos*	A	4
Spießente	*Anas acuta*	A	
Krickente	*Anas crecca*	A	1
Kolbenente	*Netta rufina*	A	
Tafelente	*Aythya ferina*	A	3
Moorente	*Aythya nyroca*	AD	
Reiherente	*Aythya fuligula*	A	3
Bergente	*Aythya marila*	A	
Eiderente	*Somateria mollissima*	A	
Samtente	*Melanitta fusca*	A	
Trauerente	*Melanitta nigra*	A	

Deutscher Name	Wissenschaftlicher Name	Kategorie	Brutstatus
Eisente	*Clangula hyemalis*	A	
Schellente	*Bucephala clangula*	A	
Zwergsäger	*Mergellus albellus*	A	
Gänsesäger	*Mergus merganser*	A	
Mittelsäger	*Mergus serrator*	A	
NACHTSCHWALBENVÖGEL	ORDNUNG CAPRIMULGIFORMES		
Nachtschwalbe	*Caprimulgus europaeus*	A	0
SEGLERVÖGEL	ORDNUNG APODIFORMES		
Mauersegler	*Apus apus*	A	4
TRAPPEN	ORDNUNG OTIDIFORMES		
Großtrappe	*Otis tarda*	B	
KUCKUCKE	ORDNUNG CUCULIFORMES		
Kuckuck	*Cuculus canorus*	A	4
TAUBEN	ORDNUNG COLUMBIFORMES		
Straßentaube	*Columba livia* f. *domestica*	C	3
Hohltaube	*Columba oenas*	A	4
Ringeltaube	*Columba palumbus*	A	4
Turteltaube	*Streptopelia turtur*	A	3
Türkentaube	*Streptopelia decaocto*	A	4
KRANICHVÖGEL	ORDNUNG GRUIFORMES		
Wasserralle	*Rallus aquaticus*	A	3
Wachtelkönig	*Crex crex*	A	2
Kleinsumpfhuhn	*Zapornia parva*	A	
Tüpfelsumpfhuhn	*Porzana porzana*	A	
Teichhuhn	*Gallinula chloropus*	A	4
Blässhuhn	*Fulica atra*	A	3
Kranich	*Grus grus*	A	
LAPPENTAUCHER	ORDNUNG PODICIPEDIFORMES		
Zwergtaucher	*Tachybaptus ruficollis*	A	4
Rothalstaucher	*Podiceps grisegena*	A	3
Haubentaucher	*Podiceps cristatus*	A	3
Ohrentaucher	*Podiceps auritus*	A	

Deutscher Name	Wissenschaftlicher Name	Kategorie	Brutstatus
Schwarzhalstaucher	*Podiceps nigricollis*	A	3
REGENPFEIFERVÖGEL	ORDNUNG CHARADRIIFORMES		
Triel	*Burhinus oedicnemus*	A	
Austernfischer	*Haematopus ostralegus*	A	
Säbelschnäbler	*Recurvirostra avosetta*	A	
Kiebitz	*Vanellus vanellus*	A	3
Goldregenpfeifer	*Pluvialis apricaria*	A	
Kiebitzregenpfeifer	*Pluvialis squatarola*	A	
Sandregenpfeifer	*Charadrius hiaticula*	A	
Flussregenpfeifer	*Charadrius dubius*	A	3
Seeregenpfeifer	*Charadrius alexandrinus*	A	
Regenbrachvogel	*Numenius phaeopus*	A	
Brachvogel	*Numenius arquata*	A	
Pfuhlschnepfe	*Limosa lapponica*	A	
Uferschnepfe	*Limosa limosa*	A	
Steinwälzer	*Arenaria interpres*	A	
Knutt	*Calidris canutus*	A	
Kampfläufer	*Calidris pugnax*	A	
Sumpfläufer	*Calidris falcinellus*	A	
Sichelstrandläufer	*Calidris ferruginea*	A	
Temminckstrandläufer	*Calidris temminckii*	A	
Sanderling	*Calidris alba*	A	
Alpenstrandläufer	*Calidris alpina*	A	
Zwergstrandläufer	*Calidris minuta*	A	
Graubrust-Strandläufer	*Calidris melanotos*	A	
Waldschnepfe	*Scolopax rusticola*	A	4
Zwergschnepfe	*Lymnocryptes minimus*	A	
Doppelschnepfe	*Gallinago media*	B	
Bekassine	*Gallinago gallinago*	A	0
Odinshühnchen	*Phalaropus lobatus*	A	
Thorshühnchen	*Phalaropus fulicarius*	A	
Flussuferläufer	*Actitis hypoleucos*	A	
Waldwasserläufer	*Tringa ochropus*	A	
Rotschenkel	*Tringa totanus*	A	
Teichwasserläufer	*Tringa stagnatilis*	A	
Bruchwasserläufer	*Tringa glareola*	A	

Deutscher Name	Wissenschaftlicher Name	Kategorie	Brutstatus
Dunkelwasserläufer	*Tringa erythropus*	A	
Grünschenkel	*Tringa nebularia*	A	
Dreizehenmöwe	*Rissa tridactyla*	A	
Lachmöwe	*Chroicocephalus ridibundus*	A	
Zwergmöwe	*Hydrocoloeus minutus*	A	
Schwarzkopfmöwe	*Ichthyaetus melanocephalus*	A	
Sturmmöwe	*Larus canus*	A	
Silbermöwe	*Larus argentatus*	A	
Steppenmöwe	*Larus cachinnans*	A	
Mittelmeermöwe	*Larus michahellis*	A	
Heringsmöwe	*Larus fuscus*	A	
Lachseeschwalbe	*Gelochelidon nilotica*	A	
Raubseeschwalbe	*Hydroprogne caspia*	A	
Brandseeschwalbe	*Thalasseus sandvicensis*	A	
Zwergseeschwalbe	*Sternula albifrons*	A	
Flussseeschwalbe	*Sterna hirundo*	A	
Küstenseeschwalbe	*Sterna paradisaea*	A	
Weißbart-Seeschwalbe	*Chlidonias hybrida*	A	
Weißflügel-Seeschwalbe	*Chlidonias leucopterus*	A	
Trauerseeschwalbe	*Chlidonias niger*	A	
Spatelraubmöwe	*Stercorarius pomarinus*	A	
Schmarotzerraubmöwe	*Stercorarius parasiticus*	A	
Falkenraubmöwe	*Stercorarius longicaudus*	A	
SEETAUCHER	ORDNUNG GAVIIFORMES		
Sterntaucher	*Gavia stellata*	A	
Prachttaucher	*Gavia arctica*	A	
Eistaucher	*Gavia immer*	A	
STÖRCHE	ORDNUNG CICONIIFORMES		
Schwarzstorch	*Ciconia nigra*	A	4
Weißstorch	*Ciconia ciconia*	A	1
RUDERFÜSSER	ORDNUNG SULIFORMES		
Basstölpel	*Morus bassanus*	A	
Zwergscharbe	*Microcarbo pygmaeus*	A	
Kormoran	*Phalacrocorax carbo*	A	

Deutscher Name	Wissenschaftlicher Name	Kategorie	Brutstatus
PELIKANVÖGEL	ORDNUNG PELECANIFORMES		
Sichler	Plegadis falcinellus	A	
Löffler	*Platalea leucorodia*	A	
Rohrdommel	*Botaurus stellaris*	A	
Zwergdommel	*Ixobrychus minutus*	A	0
Nachtreiher	*Nycticorax nycticorax*	AE	
Graureiher	*Ardea cinerea*	A	3
Purpurreiher	*Ardea purpurea*	A	
Silberreiher	*Ardea alba*	A	
Seidenreiher	*Egretta garzetta*	A	
GREIFVÖGEL	ORDNUNG ACCIPITRIFORMES		
Fischadler	*Pandion haliaetus*	A	0
Wespenbussard	*Pernis apivorus*	A	4
Gänsegeier	*Gyps fulvus*	A	
Schlangenadler	*Circaetus gallicus*	A	0
Schreiadler	*Clanga pomarina*	A	
Zwergadler	*Hieraaetus pennatus*	A	
Steinadler	*Aquila chrysaetos*	B	
Sperber	*Accipiter nisus*	A	4
Habicht	*Accipiter gentilis*	A	4
Rohrweihe	*Circus aeruginosus*	A	1
Kornweihe	*Circus cyaneus*	A	
Steppenweihe	*Circus macrourus*	A	
Wiesenweihe	*Circus pygargus*	A	
Rotmilan	*Milvus milvus*	A	4
Schwarzmilan	*Milvus migrans*	A	4
Seeadler	*Haliaeetus albicilla*	A	
Raufußbussard	*Buteo lagopus*	A	
Mäusebussard	*Buteo buteo*	A	4
EULEN	ORDNUNG STRIGIFORMES		
Schleiereule	*Tyto alba*	A	3
Uhu	*Bubo bubo*	A	4
Waldkauz	*Strix aluco*	A	4
Sperbereule	*Surnia ulula*	B	
Sperlingskauz	*Glaucidium passerinum*	A	?

Deutscher Name	Wissenschaftlicher Name	Kategorie	Brutstatus
Steinkauz	*Athene noctua*	A	3
Raufußkauz	*Aegolius funereus*	A	3
Waldohreule	*Asio otus*	A	4
Sumpfohreule	*Asio flammeus*	A	
HORNVÖGEL	ORDNUNG BUCEROTIFORMES		
Wiedehopf	*Upupa epops*	A	0
RACKENVÖGEL	ORDNUNG CORACIIFORMES		
Blauracke	*Coracias garrulus*	A	
Eisvogel	*Alcedo atthis*	A	4
Bienenfresser	*Merops apiaster*	A	
SPECHTVÖGEL	ORDNUNG PICIFORMES		
Wendehals	*Jynx torquilla*	A	0
Mittelspecht	*Dendrocoptes medius*	A	4
Kleinspecht	*Dryobates minor*	A	4
Buntspecht	*Dendrocopos major*	A	4
Schwarzspecht	*Dryocopus martius*	A	4
Grünspecht	*Picus viridis*	A	4
Grauspecht	*Picus canus*	A	4
FALKEN	ORDNUNG FALCONIFORMES		
Turmfalke	*Falco tinnunculus*	A	4
Rotfußfalke	*Falco vespertinus*	A	
Merlin	*Falco columbarius*	A	
Baumfalke	*Falco subbuteo*	A	4
Wanderfalke	*Falco peregrinus*	A	0
SPERLINGSVÖGEL	ORDNUNG PASSERIFORMES		
Neuntöter	*Lanius collurio*	A	4
Schwarzstirnwürger	*Lanius minor*	A	
Raubwürger	*Lanius excubitor*	A	0
Rotkopfwürger	*Lanius senator*	A	0
Pirol	*Oriolus oriolus*	A	1
Eichelhäher	*Garrulus glandarius*	A	4
Elster	*Pica pica*	A	4
Tannenhäher	*Nucifraga caryocatactes*	A	3

Deutscher Name	Wissenschaftlicher Name	Kategorie	Brutstatus
Dohle	*Coloeus monedula*	A	4
Saatkrähe	*Corvus frugilegus*	A	0
Rabenkrähe	*Corvus corone*	A	4
Nebelkrähe	*Corvus cornix*	A	
Kolkrabe	*Corvus corax*	A	4
Seidenschwanz	*Bombycilla garrulus*	A	
Tannenmeise	*Periparus ater*	A	4
Haubenmeise	*Lophophanes cristatus*	A	4
Sumpfmeise	*Poecile palustris*	A	4
Weidenmeise	*Poecile montanus*	A	4
Blaumeise	*Cyanistes caeruleus*	A	4
Kohlmeise	*Parus major*	A	4
Beutelmeise	*Remiz pendulinus*	A	
Bartmeise	*Panurus biarmicus*	A	
Heidelerche	*Lullula arborea*	A	0
Feldlerche	*Alauda arvensis*	A	4
Haubenlerche	*Galerida cristata*	A	0
Uferschwalbe	*Riparia riparia*	A	0
Rauchschwalbe	*Hirundo rustica*	A	4
Mehlschwalbe	*Delichon urbicum*	A	4
Seidensänger	*Cettia cetti*	A	
Schwanzmeise	*Aegithalos caudatus*	A	4
Waldlaubsänger	*Phylloscopus sibilatrix*	A	4
Fitis	*Phylloscopus trochilus*	A	4
Zilpzalp	*Phylloscopus collybita*	A	4
Grünlaubsänger	*Phylloscopus trochiloides*	A	1
Drosselrohrsänger	*Acrocephalus arundinaceus*	A	0
Seggenrohrsänger	*Acrocephalus paludicola*	A	
Schilfrohrsänger	*Acrocephalus schoenobaenus*	A	
Teichrohrsänger	*Acrocephalus scirpaceus*	A	3
Sumpfrohrsänger	*Acrocephalus palustris*	A	4
Orpheusspötter	*Hippolais polyglotta*	A	1
Gelbspötter	*Hippolais icterina*	A	0
Feldschwirl	*Locustella naevia*	A	3
Schlagschwirl	*Locustella fluviatilis*	A	1
Rohrschwirl	*Locustella luscinioides*	A	1

Deutscher Name	Wissenschaftlicher Name	Kategorie	Brutstatus
Mönchsgrasmücke	*Sylvia atricapilla*	A	4
Gartengrasmücke	*Sylvia borin*	A	4
Klappergrasmücke	*Sylvia curruca*	A	4
Dorngrasmücke	*Sylvia communis*	A	4
Samtkopf-Grasmücke	*Sylvia melanocephala*	A	
Sommergoldhähnchen	*Regulus ignicapilla*	A	4
Wintergoldhähnchen	*Regulus regulus*	A	4
Zaunkönig	*Troglodytes troglodytes*	A	4
Kleiber	*Sitta europaea*	A	4
Mauerläufer	*Tichodroma muraria*	B	
Waldbaumläufer	*Certhia familiaris*	A	4
Gartenbaumläufer	*Certhia brachydactyla*	A	4
Star	*Sturnus vulgaris*	A	4
Ringdrossel	*Turdus torquatus*	A	
Amsel	*Turdus merula*	A	4
Wacholderdrossel	*Turdus pilaris*	A	4
Rotdrossel	*Turdus iliacus*	A	
Singdrossel	*Turdus philomelos*	A	4
Misteldrossel	*Turdus viscivorus*	A	4
Grauschnäpper	*Muscicapa striata*	A	4
Rotkehlchen	*Erithacus rubecula*	A	4
Blaukehlchen	*Luscinia svecica*	A	
Nachtigall	*Luscinia megarhynchos*	A	1
Trauerschnäpper	*Ficedula hypoleuca*	A	3
Halsbandschnäpper	*Ficedula albicollis*	A	1
Zwergschnäpper	*Ficedula parva*	A	
Hausrotschwanz	*Phoenicurus ochruros*	A	4
Gartenrotschwanz	*Phoenicurus phoenicurus*	A	3
Steinrötel	*Monticola saxatilis*	B	
Braunkehlchen	*Saxicola rubetra*	A	3
Schwarzkehlchen	*Saxicola rubicola*	A	3
Steinschmätzer	*Oenanthe oenanthe*	A	0
Wasseramsel	*Cinclus cinclus*	A	4
Haussperling	*Passer domesticus*	A	4
Feldsperling	*Passer montanus*	A	4
Schafstelze	*Motacilla flava*	A	0

Deutscher Name	Wissenschaftlicher Name	Kategorie	Brutstatus
Zitronenstelze	*Motacilla citreola*	A	
Gebirgsstelze	*Motacilla cinerea*	A	4
Bachstelze	*Motacilla alba*	A	4
Spornpieper	*Anthus richardi*	A	
Brachpieper	*Anthus campestris*	A	
Wiesenpieper	*Anthus pratensis*	A	3
Baumpieper	*Anthus trivialis*	A	4
Rotkehlpieper	*Anthus cervinus*	A	
Bergpieper	*Anthus spinoletta*	A	
Buchfink	*Fringilla coelebs*	A	4
Bergfink	*Fringilla montifringilla*	A	
Kernbeißer	*Coccothraustes coccothraustes*	A	4
Gimpel	*Pyrrhula pyrrhula*	A	4
Karmingimpel	*Carpodacus erythrinus*	A	
Grünfink	*Chloris chloris*	A	4
Berghänfling	*Linaria flavirostris*	A	
Bluthänfling	*Linaria cannabina*	A	4
Taigabirkenzeisig	*Acanthis flammea*	A	
Alpenbirkenzeisig	*Acanthis cabaret*	A	3
Fichtenkreuzschnabel	*Loxia curvirostra*	A	2
Bindenkreuzschnabel	*Loxia leucoptera*	B	
Stieglitz	*Carduelis carduelis*	A	4
Girlitz	*Serinus serinus*	A	3
Erlenzeisig	*Spinus spinus*	A	2
Spornammer	*Calcarius lapponicus*	A	
Schneeammer	*Plectrophenax nivalis*	A	
Grauammer	*Emberiza calandra*	A	
Goldammer	*Emberiza citrinella*	A	4
Ortolan	*Emberiza hortulana*	A	
Zwergammer	*Emberiza pusilla*	A	
Rohrammer	*Emberiza schoeniclus*	A	3

10

Zur naturkundlichen Erforschung des Westerwaldes

Hermann Josef Roth

Zum naturkundlichen Kenntnisstand des Mittelalters gibt es nur indirekte Belege, z.B. naturalistische Pflanzendarstellungen in der gotischen Baukunst, wie den Kapitellen im Kreuzgang von Rommersdorf und in den Stiftskirchen von Marienstatt und Wetzlar.

Reformation und überseeische Entdeckungen veränderten radikal das geistige Klima. Nassau-Dillenburg war damals die einzige Grafschaft des Reichs, der die Gründung einer Landeshochschule gelang: die Hohe Schule zu Herborn (1584–1817). Hier lehrte der Polyhistor Johann Heinrich Alstedius (Alstedt, 1588–1638), der die erste deutsche Wissenschaftsenzyklopädie (Scientiarum omnium encyclopaedia, 1630) verfasst hat. Der vielseitig gebildete Zacharias Rosenbach (1595–1638) führte 1638 die erste Sektion eines menschlichen Körpers in Herborn durch. Seine „Vier Bücher der Natur" erschienen in der Enzyklopädie von Alsted (1630) und enthalten floristische und faunistische Angaben.

10.1 Botanik

Zwischen Mittelalter und Neuzeit steht die Gestalt von Otto Brunfels (ca. 1489–1534), dessen Vater aus Braunfels stammt. Der Kartäusermönch, dann lutherischer Prediger und Arzt, hat in seinem bahnbrechenden Werk Herbarum vivae icones (1530/36; dt.: Contrafayt Kräuterbuch, 1532–1537) erstmals Abbildungen einheimischer Pflanzen mit deutschen Namen veröffentlicht. Sein Kollege Tabernaemontanus (1530–1590) bereiste 1585 den Westerwald und machte floristische Angaben unter anderem aus der Hachenburger Gegend. Diese „Väter der Botanik" verfolgten in erster Linie pharmazeutische Interessen.

Abb. 111: Johann Jakob Dillenius

Verbesserte Reisemöglichkeiten und die Verbreitung botanischer Gärten begünstigten im 16./17. Jahrhundert die Beschäftigung mit Botanik. Gießen erhielt in Ludwig Jungermann (1572–1653) den wohl ersten Lehrstuhlinhaber für Botanik in unserem Raum.

Überregionale Bedeutung erlangte Johann Jakob Dillenius (1684–1747), der zunächst als Arzt in Gießen und Braubach wirkte, sich seit 1721 aber in England botanischen Studien widmete und 1734 einen Lehrstuhl in Oxford erhielt. Sein Catalogus plantarum sponte circa Gissam nascentium (Verzeichnis der in der Umgebung von Gießen wildwachsenden Pflanzen, 1719) dürfte die erste detailgetreue Flora Westdeutschlands sein und blieb vorbildlich für die nachfolgenden Florenwerke des Lahngebietes. Der Katalog verzeichnet 140 neue Moosarten und 90 bis dahin unbekannte Pilze. Mit seiner Historia muscorum (1741) schließlich gilt er als Begründer der Mooskunde.

Dem Vorsteher der Hofapotheke in Herborn, Johann Daniel Leers (1727–1774), verdanken wir eine weitere Lokalflora (1775). Darin findet bereits die binäre Nomenklatur nach Linné Anwendung. Die geplante Fauna Herbornensis kam dagegen nicht zustande.

Diesen Weg verfolgten sodann Johann Adam Hoffmann (1707–1781), der das System nach Linné nun konsequent rezipierte, oder Johann Jakob (1684–1747) sowie der botanisch interessierte Theologe Johann Friedrich Fuchs (1739–1823). Vor allem der Arzt und Botaniker Hoffmann, ein Sohn von Leers, ließ sich aus Begeisterung für die Schönheit der Natur zur systematischen Bestandsaufnahme der heimischen Flora anregen. Er schuf in Herborn einen botanischen Garten nach holländischem Vorbild. Zu Lehrzwecken legte er ein Herbarium an und richtete ein Naturalienkabinett ein. Gleichzeitig religiös gebunden und theologisch interessiert ist er bemüht, Glaube und Wissen in Einklang zu bringen, Rationalität und Emotionalität gegeneinander aufzuwiegen.

Abb. 112: Catharina Helena Doerrien, Ölgemälde von Ludwig Huck (1761), Museum Wiesbaden. Naturwissenschaftliche Sammlung

Nur hier konnte – unerhört für die damalige Zeit – eine Frau zu wissenschaftlichen Ehren gelangen, die unvergleichliche Catharina Helena Doerrien (1717–1795). Die Privatlehrerin dehnte die floristische Bestandsaufnahme erheblich aus und schmückte ihr Werk (1777) mit 1427 künstlerisch und wissenschaftlich hochwertigen Aquarellen, von denen heute nur noch 34 erhalten sind und im Museum Wiesbaden betreut werden. Die Doerrien veröffentlichte dazu 1776 ein „Verzeichnis und Beschreibung der in den Fürstlich Oranisch-Nassauischen Landen wildwachsenden Gewächse“. Zusammen mit den Reisenotizen (1736) von Johann Ja-

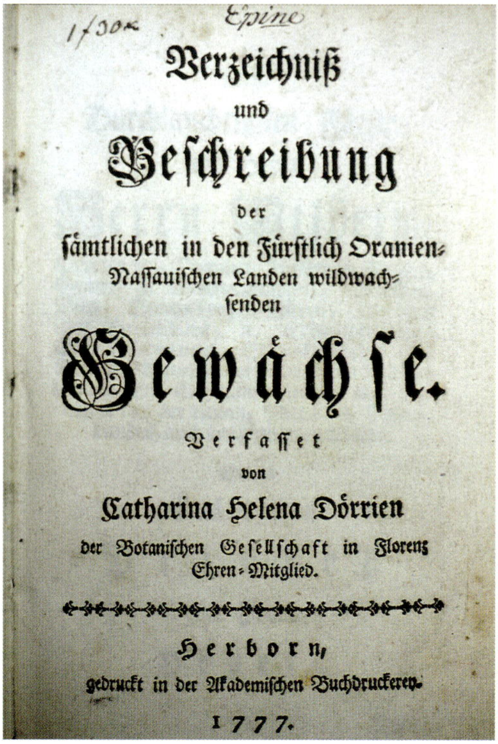
Verzeichniß
und
Beschreibung
der
sämtlichen in den Fürstlich Oranien-Nassauischen Landen wildwachsenden
Gewächse.
Verfasset
von
Catharina Helena Dörrien
der Botanischen Gesellschaft in Florenz Ehren-Mitglied.
Herborn,
gedruckt in der Akademischen Buchdruckerey.
1777.

Abb. 113: Flora Doerrien

kob Senckenberg (1707–1772) besitzen wir heute eine floristische Dokumentation des Lahn-Dill-Gebietes und des Westerwaldes, die bei vergleichender Betrachtung Beurteilungskriterien für aktuelle ökologische Fragen liefern kann.

Mit Heinrich August Meinhard (1776–1858) und Johann Jakob Roemer (1759–1825) verlagerte sich der Schwerpunkt der Naturkunde von der Hohen Schule, die 1817 geschlossen wurde, an das Pädagogium in Dillenburg. Während Meinhard nichts veröffentlicht hat, aber von Leers als „der beste Botaniker des Westerwald- und Dillgebietes“ gerühmt und bei Rudio oft zitiert wird, schrieb Roemer zahlreiche Beiträge für die „Dillenburgische Intelligenz-Nachrichten“ und vor allem das „Ausführliche Verzeichnis der in Nassau wildwachsenden giftigen und verdächtigen Pflanzen“ (1802). Er steht noch ganz in der Tradition der Hohen Schule zu Herborn, so dass er neben seinem Hauptberuf als Pädagoge zeitweilig auch als Pfarrer amtierte. Franz Rudio (1813–1877) machte sich als Manager des Nassauischen Vereins für Naturkunde verdient und veröffentlichte in dessen Jahrbüchern „Übersicht über die Phanerogamen und Gefässkryptogamen in Nassau“ (1851, 1852).

Vielseitig, wie alle diese Gelehrten, waren als „Auch-Botaniker“ Friedrich Albert Pompejus von Arnoldi (1787–1839) und Christian Daniel Vogel (1789–1852), der durch seine „Beschreibung des Herzogthums Nassau“ (Wiesbaden 1843) bekannt geworden ist. Trug Letzterer vor allem zur Allgemeinen Landeskunde bei, so beteiligte sich Arnoldi am Aufbau des Nassauischen Herbars.

Günstige Umstände hatten um die geistigen Zentren in Herborn und Dillenburg, Hohe Schule und Pädagogium, sowie in Nachbarschaft zu den Universitäten Marburg und Gießen die Erforschung des rechtsrheinischen Schiefergebirges schon früh und intensiv gefördert. Am Rhein selbst setzte dieser Prozess erst mit der politischen Neuorganisation des Erbes der aufgelösten geistlichen Kurfürstentümer ein.

Drei Faktoren haben dies bewirkt: 1. die Verbesserung der Lehrerbildung, 2. die Entstehung naturwissenschaftlicher Vereinigungen und 3. die Gründung der Universität Bonn (1815). Die beiden ersten Faktoren gelten sowohl für die nun preußischen Rheinlande als auch für das Herzogtum Nassau (seit 1806), das 1866 als Provinz Hessen-Nassau Bestandteil von Preußen wurde.

So erschien das wohl erste Florenwerk des 19. Jahrhunderts für den Nassauischen Raum von Adolph Schenk (1803–1878; publ. 1815) „nebst pädagogisch-didacti-

Abb. 114: Johann Philipp Sandberger

schen Vorerinnerungen". Selbst der Apotheker Franz Christian Nicolaus Hergt (1760–1838) schrieb seine Flora „für Schulen" im Raum Hadamar und Wallmerod (1822), deren Bedürfnissen auch Johann Wilhelm Jung (1799–1865) mit seiner „Flora" (1832) entsprechen wollte. Allerdings sind die meisten dieser Floren wenig originell und übernehmen oft unkritisch die Angaben älterer Autoren wie Leers, Doerrien oder, wie im Falle Rudio (1851), von Meinhard. Mehr der pharmazeutischen Sicht verhaftet ist die Lokalflora von Koblenz (1838) des Apothekers Mattias Josef Löhr (1799–1882), die auch den Westerwald berührt.

Sozusagen im Gefolge der Doerrien wandelt der Theologe Johann Philipp Sandberger (1783–1844), der sich nach vorzeitiger Pensionierung (1837) ganz den Naturwissenschaften widmete. Während seiner Dienstzeit am Pädagogium in Dillenburg (1820–1827) hat er 2451 Pflanzenbilder geschaffen. Veröffentlicht hat er ein „Verzeichnis der Mineralien, Pflanzen und Thiere der Umgebung von Weilburg" (1841).

Spätere Autoren wie Michael Bach (1808–1878; publ. 1873, 1879), Dosch und Scriba (1873), Hoffmann (1884), Marcellus Melsheimer (1884), Wilhelm Neinhaus (1866), Hermann Wagner (1824–1879; publ. 1890) und Albert Wigand (1821–1886; publ. 1879) konnten in ihren Florenwerken auf die bedeutenden Vorarbeiten von Karl Wilhelm Gottlieb Leopold Fuckel (1821–1876) und Philipp Wirtgen (1806–1870) zurückgreifen, haben aber auch eigene Untersuchungen beigesteuert wie besonders Josef Sassenfeld (1888).

Fuckel wirkte beruflich zuletzt als Apotheker in Usingen, Eltville und Oestrich. Als Nachfolger von Rudio leitete er die botanische Sektion des Nassauischen Vereins für Naturkunde in Wiesbaden. Daraus erwuchs „Nassaus Flora" (1857) und Nachträge dazu in den Jahrbüchern des Vereins. Mehr noch aber dürfte ihn die Pilzkunde gefesselt ha-

Abb. 115: Karl Wilhelm Gottlieb Leopold Fuckel

Abb. 116: Senckenberg

ben, der er eine Reihe von Veröffentlichungen widmete, die als Pionierleistungen gelten und mit ihren Illustrationen eine beeindruckende Lebensleistung darstellen. Sein Phanerogamen- und Farn-Herbar besitzt das Senckenberg-Museum in Frankfurt, die Pilzsammlung der Nassauische Verein für Naturkunde.

Für den Nordosten des Westerwaldes sind auch die westfälischen Florenwerke aufschlussreich. Sowohl Wilhelm von Fricken (1904) als auch Anton Karsch (1822–1892; publ. 1853, 1911) berücksichtigten ausdrücklich die an Westfalen „angrenzenden Gebiete“ und verfolgten fachdidaktische Ziele.

Unvermutet enthält auch die lateinische Flora Bonnensis (1841) von J. Jos. Schmitz und Eduard August von Regel (1815–1892) sowie die „Flora von Bonn“ (1866) von F. Hildebrand Standortangaben von den Randzonen des Westerwaldes.

Während bei den meisten der Genannten der Interessenschwerpunkt bei den Kormophyten lag, wandten sich Carl Friedrich Ferdinand Genth (1810–1837) und Daniel Wilhelm Bay[e]rhof[f]er (1793–1868) den Moosen und Flechten zu. Genth hegte den kühnen Plan, eine neue „Flora des Herzogthums Nassau sowie der Rheingegenden von Speyer bis Köln“ zu veröffentlicht. Ein tödlicher Unfall vereitelte das Vorhaben.

Die „Flora des Regierungsbezirks Wiesbaden“ (1890/91) von Hermann Peter Philipp Wilhelm Wagner (1824–1908) trägt im Titel der Eingliederung des Herzogtums Nassau in den preußischen Staat (1866) Rechnung. Vorangegangen war seine „Flora des unteren Lahntales“ (1889), die gleichfalls in zwei Bänden erschien, aber mehr auf eigenen Beobachtungen fußte, die der Autor als Lehrer in Diez und Bad Ems anstellen konnte. Das Niveau von Bayrhofer haben diese beiden Werke allerdings nicht erreicht.

Auch Paul Rittershausen (1865–1924) aus Driedorf kam über seinen Beruf als Apotheker zur Botanik. In seiner Dissertation (1892) untersuchte er die Gattung Acalypha aus der Familie der Wolfsmilchgewächse (Euphorbiaceae) unter anatomisch-systematischen Gesichtspunkten.

Mit der Veröffentlichung von Nees (1823) beginnt die systematische Erforschung der Kryptogamen (Pteridophyta), insbesondere der Moose (Bryophyta), der eifrige Sammler zuarbeiteten. Einer von ihnen, Johann Friedrich Sehlmeyer (1788–1856), veröffentlichte 1845 die erste Flora der blütenlosen Pflanzen für den Raum Köln-Bonn. Der Forscherfleiß fand seinen Niederschlag auch in wertvollen Herbarien. Für den Wes-

Abb. 117: Blatt aus dem Rheinischen Herbar

terwald ist das Rheinische Herbar am wichtigsten. Es wurde 1835 von Ph. Wirtgen und Theodor Friedrich Ludwig Nees von Esenbeck (1787–1837) begründet, als Vergleichsherbar für die botanische Erforschung der Rheinlande. Zu diesem Zweck hatten sie mit anderen 1834 den „Botanischen Verein am Mittel- und Niederrheine“ ins Leben gerufen, aus dem später (1843) der „Naturhistorische Verein der Rheinlande“ hervorgegangen ist. Seit 1846 liegt das Herbar in Bonn.

Mit etwa 70 000 Belegen höherer Pflanzen aus der Zeit zwischen 1805 und 1935 ist es die bedeutendste Sammlung von Farn- und Blütenpflanzen unserer Gegend. Es enthält zahlreiche Originalbelege neubeschriebener Arten und ist gleichzeitig ein wichtiges Archiv zur Dokumentation von Veränderungen der Artenvielfalt.

Erwähnung verdienen außerdem die Herbarien von Melsheimer (1884) und Heinrich Reiter (1830) in der Universität Koblenz-Landau, Campus Koblenz, sowie die botanischen Sammlung der „Pollichia" im Pfalzmuseum für Naturkunde, Bad Dürkheim, und das noch unbearbeitete Herbar Julius Schlickum (1804–1884) im Heimatmuseum zu Winningen.

Die rationalisierte Land- und Forstwirtschaft, letztere durch „Waldordnungen" (z. B. Westerburg 1746) behördlich etabliert, strebten nach naturwissenschaftlicher Begründung ihrer Maßnahmen. Wilhelm Albrecht (1785–1868), den Westerwäldern durch die „Schutzhecken" bekannt, widmete den „Landleuten und Weinbauern" zwei Hefte der „Blätter aus Nassau" (1843, 1844) mit praktischen, aber manchmal recht weitläufigen Ratschlägen. Demgegenüber enthält das „Forstbotanische Merkbuch" den „Nachweis ... der urwüchsigen Sträucher, Bäume und Bestände" der „Provinz Hessen-Nassau" (1905), eine in manchem noch heute brauchbare Dokumentation.

10.2 Zoologie

Die Zoologie ist erst viel später als die Botanik quellenmäßig zu belegen. Fischerei, Jagd und Tierzucht zeugen indirekt von tierkundlichem Wissen.

Den wohl ersten zoologischen Beleg liefert der Pfälzer Biologe Johann Adam Pollich (1741–1780), der 1779 mindestens sechs Monate in Weilburg verbrachte und dabei zoologische Untersuchungen angestellt hat. Eine dabei entdeckte Steinwanze

Abb. 118: Maximilian Prinz zu Wied

erhielt die wissenschaftliche Bezeichnung *Cimex vilburgensis*.

Die erste Zusammenstellung der Vögel und Säuger am Mittelrhein enthält ein unveröffentlichtes Manuskript von Maximilian Prinz zu Wied-Neuwied (1782–1847). Vor allem der Ornithologe Franz Peter Brahts (1802–1872) hat von diesen Aufzeichnungen profitiert.

Um die Avifauna des Westerwaldes machte sich sodann Otto Karl Adolf Sachse (1818–1902) verdient. Seine Beobachtungen sind in späteren faunistischen Werken verwertet worden. Mit dem ornithologischen Hauptwerk des Pfarrers Wilhelm Schuster („von Forstner", 1880–1942) liegt „eines der barockesten Erzeugnisse" im Buchwesen vor. Ganz im Gegensatz dazu stellen die über 100 Aufsätze seines Bruders Ludwig (1883–1954) wertvolle Beiträge zur regionalen Avifauna als auch zur allgemeinen Ornithologie dar.

Die erste annähernd vollständige, publizierte Regionalfauna der Vögel und Säuger entstand 1857 unter Federführung von Guido Sandberger (1821–1879), der sich dabei auf Notizen seines Vaters und Angaben vieler Gewährsleute stützen konnte. Er listet insgesamt 2003 Arten auf: 30 Mollusken, 31 Ringelwürmer, 58 Spinnentiere, 1754 Insekten, 26 Fische, 11 Amphibien, 6 Reptilien, 57 Vogel- und 39 Säugerarten. Im Vergleich dazu beschreibt der Prinz zu Wied (1841) aus Westerwald und Neuwieder Becken: 28 Fische, 14 Amphibien und Reptilien, 285 Vögel und 44 Säuger. So beeindruckt die wiedische Fauna durch größere Artenzahlen besonders bei den Vögeln, die der Prinz besonders intensiv beobachtet und, wie damals üblich, gejagt hat.

Die vergleichbare Aufstellung durch August Roemer (1825–1899) stützt sich dagegen vorwiegend auf die Sammlungen des Museums Wiesbaden, wo er Präparator (1839) und schließlich Konservator (1886) war. Das Museum erhielt 1909 die stattliche Sammlung von Vogeleiern aus dem Nachlass des Hauptmanns Wilhelm Giebeler (1851–1908) aus Nassau. Das Sammelgut hat Giebeler außerdem eigenhändig in mehreren Alben mit kolorierten Tafeln verewigt, die sich jetzt im Biohistoricum zu Bonn befinden.

Die Säugetiere wurden, abgesehen vom Jagdwild und der „Fauna" des Prinzen zu Wied, relativ spät wissenschaftlich bearbeitet. Besondere Aufmerksamkeit fanden recht früh die Fledermäuse (Chiroptera), über die Koch (1862/63) erstmals umfassend berichtet hat. Koch hat mit Sandberger auch über Spinnen- (Arachnidae) und Weichtiere (Mollusca) publiziert. Die Aufmerksamkeit war nach dem Zweiten Weltkrieg zunächst auf den Wiederaufbau konzentriert. Faunistische Untersuchungen richteten sich auf akut bedrohte Arten und Gattungen. Hierzu gehörten die Fledermäuse, denen Hans Engländer (1914–2011) und Anna Gisela Johnen (1925–2014) aufschlussreiche Studien gewidmet haben.

Um die Entomologie hat sich als einer der ersten Johann Wilhelm Meigen (1764–1845) verdient gemacht. Sein Vetter Johann Matthias Baumhauer (1759–1818) führte zur Bestimmung von Dipteren deren Flügeläderung als Kriterium ein.

Philipp Adolf Schenck (1803–1878), der „bemerkenswerteste Entomologe der nassauischen Länder" blieb beruflich stets seiner Heimat, dem Lahn-Dill-Gebiet, verhaftet, während sein Kollege Carl Ludwig Kirschbaum (1812–1880) als Lehrer und Dozent in Weilburg, Hadamar und Wiesbaden unterschiedliche Landschaften entomologisch bearbeitete. Ihre Veröffentlichungen sind zum Teil noch heute beachtenswert.

Die als Botaniker erwähnten Michael Bach und Anton Karsch waren ebenso als Entomologen erfolgreich. Neben den Spezialuntersuchungen Bachs ist seine vierbändige „Käferfauna ... mit besonderer Berücksichtigung der preußischen Rheinlande" (1851–1860) bemerkenswert. Sein „Wegweiser zum Studium der Käfer" (1846) indes schweift von philosophisch-theologischen Überlegungen bis zum Sammeln gefangener Insekten.

Auch Karsch war interdisziplinär tätig und las zeitweise Pastoralmedizin für die Theologen der Bonner Universität. Zudem wissenschaftsgeschichtlich interessiert, beschäftigte er sich mit der Zoologie des Aristoteles.

Guido Sandberger und maßgeblich sein Bruder Carl Ludwig Fridolin (1826–1898) veröffentlichten 1857 eine „Übersicht über die naturhistorische Beschaffenheit des Herzogthums Nassau". Den Säugetieren, insbesondere den Fledermäusen, widmete der Landesgeologe Carl Koch (1827–1888) seine Aufmerksamkeit. Nicht nur ornithologisch interessiert leistete der Offizier Wilhelm Giebeler einen „Beitrag zur Käferfauna um Montabaur" (1909).

Abb. 119: Georg August Goldfuß

Die so genannten Niederen Tiere fanden zunächst nur Aufmerksamkeit, weil sie als lästig, wenn nicht gar schädlich empfunden wurden oder als nützlich galten. So machte der Entomologe Hermann August Hagen (1817–1893) im Jahre 1855 erstmals verlässliche Angaben über Eintagsfliegen infolge eines Massenvorkommens der „Rheinmücke“ (*Oligoneuriella rhenana*) im Raum Koblenz. McLachlan publizierte 1895 die erste Übersicht zur Neuropterenfauna der preußischen Rheinprovinz. Wilhelm von Reichenau (1847–1925) aus Dillenburg musterte nach einer Kriegsverletzung als Offizier ab und arbeitete zunächst als Präparator der Rheinischen Naturforschenden Gesellschaft in Mainz. Diese berief ihn 1888 zum Konservator an ihr naturkundliches Museum, dessen Leitung er 1910 übernahm. In „Einiges über die Macrolepidopteren“ (1904/05) berücksichtigt er auch unsere Gegend.

Den Schnecken und Muscheln widmete sich Otto Goldfuß (1831–1905), der 1856 ein „Verzeichnis der bis jetzt in der Rheinprovinz und Westfalen beobachteten Land- und Wassermollusken“ vorlegte.

10.3 Geologie

Ein Blick in die geologische und mineralogische Spezialliteratur vermittelt rasch einen Eindruck davon, wie sehr die Landschaft zwischen Lahn und Sieg Gegenstand wissenschaftlicher Forschungen gewesen ist. In erster Linie haben selbstverständlich die wirtschaftlich bedeutenden Bodenschätze diesen Studien Vorschub geleistet. Aber auch die auftragsfreie Wissenschaft hat sich unserem Gebiet nachhaltig gewidmet. Günstige Aufschlussverhältnisse oder ergiebige Fundpunkte lieferten wesentliche Einblicke in die Devon- und Tertiärgeologie.

Bonn war als Sitz des kurfürstlichen Hofes und der Bergbauabteilung der Hofkammer, seit 1818 der Universität und schließlich unter Preußen des Oberbergamtes, für Sammler also ein lohnendes Pflaster. Neben den amtlichen Sammlungen bestanden beachtliche private, die sogar Alexander von Humboldt bei seinem Besuch in Bonn (1789) besichtigte. Er wurde sozusagen Lehrmeister für Georg August Goldfuß (1782–1848), der auf diesem Wege zum Gründer eines Naturhistorischen Museums wurde, aus dem das heutige Mineralogische Museum und das Goldfuß-Museum hervorgegangen sind, die wichtige Belegstücke auch aus dem Westerwald besitzen.

Als „Cabinettsaeculum“ erweist sich das 18. Jahrhundert auch im Rheinland. Mehr aus modischen als wissenschaftlichen Motiven entstehen Naturaliensammlungen, darunter das „Musaeum“ des Johann Crafft Hiegel in Ehrenbreitstein (1714). Sie alle enthielten außer Gesteinen und Mineralien auch Fossilien, anfangs auch sonstige Naturalien samt Curiosa, so dass die Begriffe „Mineralogie“ oder „mineralogisch“ zunächst nicht im heutigen Sinne verstanden worden sind.

Die auffälligen landschaftlichen Besonderheiten des Rheinischen Schiefergebirges haben geologische Studien von großer Tragweite angeregt. Besonders die vulkanischen Erscheinungen beschäftigten die Geognosten, wie man Geologen damals nannte. Den Hintergrund bildeten heftige Kontroversen über die Entstehung der vulkanischen Erscheinungen: Stammten sie aus den Feuerschlünden der Erde (Plutonismus) oder war das Meer am Werk gewesen (Neptunismus).

Ein verlassener Basaltsteinbruch zwischen Remagen und Godesberg mit den vorgelagerten Unkelsteinen und Basaltriffen im Strombett, veranlassten den 21-jährigen Alexander v. Humboldt zu seiner ersten wissenschaftlichen Arbeit (1790). Er nahm auch die Erpeler Ley mit ihren Basaltsäulen und die Kuppen des Siebengebirges in Augenschein.

Die Universität und das Oberbergamt in Bonn, die Bedürfnisse des Bergbaus und des Gesteinsabbaus, schließlich der Bau und Ausbau von Verkehrswegen und nicht zuletzt Aktivitäten der regionalen wissenschaftlichen Gesellschaften begünstigten geologische Forschungen und erweiterten ihr Spektrum erheblich.

Durch Oberberghauptmann Heinrich von Dechen (1800–1889), der ehrenamtlich Vorsitzender des Naturhistorischen Vereins gewesen ist, fanden viele Amateure zu seriöser wissenschaftlicher Betätigung. Die „Decheniana“ sind bis heute Pflichtlektüre der Geo- und Bioamateure geblieben.

Der beachtliche Fortschritt von Geologie und Mineralogie wirkte auch auf die Paläontologie anregend. Der bereits als Sammler erwähnte G. A. Goldfuß schuf in Bonn das grundlegende Tafelwerk Petrefacta Germaniae (1818). Heinrich Ernst Beyrich (1815–

Abb. 120: Heinrich von Dechen

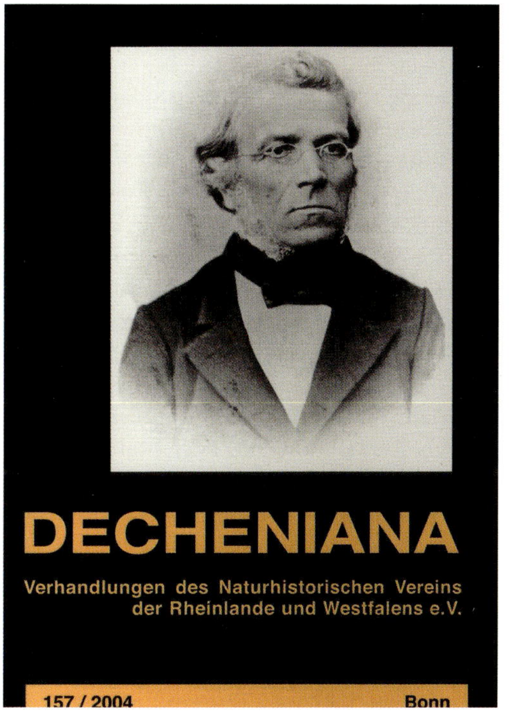

Abb. 121: Phillip Wirtgen: Titelbild der Zeitschrift „Decheniana“

1896) untersuchte „Versteinerungen des rheinischen Übergangsgebirges" (1837), was Philipp Wirtgen und Regierungsrat F. Zeiler mit „Versteinerungen in der rheinischen Grauwacke" (1854) fortsetzten.

Die geologische Terminologie spiegelt beredt das explosionsartige Anwachsen geologischer und paläontologischer Kenntnisse in dieser Zeit. Fundorte und Fundstücke aus unserem Raum sind in Schichtnamen oder in der Bezeichnung von Gattungen und Arten verewigt. So handelte man in der Literatur von den „Coblenzschichten", allerdings derart willkürlich, dass man sehr viel später das „Coblentzien" in Siegenium und das „Ahrien" in Emsium umbenannt hat.

10.4 Paläontologie

Die paläontologische Forschung wurde durch den Bergbau und seinen Bedarf an geologischen Erhebungen im weitesten Sinne stark gefördert. Die fast unübersehbare Zahl an Publikationen und ihr inhaltlicher Reichtum würden eine eigene Abhandlung erfordern, so dass hier nur auf diesen Komplex hingewiesen werden kann.

Wohl die erste Erwähnung von Fossilien in den Rheinlanden findet sich in dem Werk „De natura fossilium" des Georg Agricola (1494–1555), die bei Reparaturen an der Burg Ehrenbreitstein aufgefallen waren.

Doch ist das pflanzenführende Devon des Westerwaldes im Prinzip erst seit wenig mehr als 200 Jahren bekannt. Carl Wilhelm Nose (1753–1835) berichtet in seinen „Orographischen Briefen über das Siebengebirge und die benachbarten zum Theil vulkanischen Gegenden beyder Ufer des Nieder-Rheins" (1789/90) von vier kohligen Flözen, die man beim Abteufen eines Brunnenschachtes in Seligenthal entdeckt hatte. Nose kennzeichnete die im „Kräuterschiefer" enthaltenen Fossilien als „Abdrücke von Stroh-ähnlichen Halmen" und beschrieb damit wohl erstmals Pflanzenreste

Abb. 122: Carl Wilhelm Nose

in Schichtgliedern des Unterdevons. Noses Mitteilung blieb jedoch weithin unbeachtet und erregte selbst in der Fachwelt kein weiteres Aufsehen.

Für die Altersbestimmung von Gesteinsschichten können indes die eingeschlossenen Fossilien von ausschlaggebender Bedeutung sein. Geologen und Paläontologen arbeiteten also Hand in Hand. Emanuel Kayser (1845–1927) widmete sich „der Fauna der Siegenschen Grauwacke" (1892). Auch C. Koch bemühte sich, anhand der fossilen Faunen „die Gliederung der rheinischen Unterdevon-Schichten zwischen Taunus und Westerwald" (1881) darzustellen. Fast gleichzeitig war auch F. Maurer um Klärung der Schichtenfolge des rechtsrheinischen Unterdevon zwischen Braubach und Vallendar bemüht (1882, 1886).

Als fleißiger Sammler betätigte sich auch der Koblenzer Oberpostrat Schwerd, der etwa 13 000 Fossilien zusammentrug, die bis zum Kriegsende 1945 einen wichtigen

Bestandteil des naturkundlichen Museums in Koblenz bildeten. Sie lieferten die Belegstücke für weitere Untersuchungen, so über „das rheinische Unterdevon“ (1889) und über „die devonischen Aviculiden“ (1891) von Fritz Frech (1863–1917) sowie über „die Lamellibranchiaten des rheinische Devon“ (1895) von Louis Beushausen (1863–1904).

Carl Ludwig Fridolin Sandberger (1826–1898) erforschte die Devon-Fossilien des Lahngebietes (1858–1863). Mit seinem Bruder, dem bereits erwähnten Zoologen, veröffentlichte er die „Systematische Beschreibung der Versteinerungen des rheinischen Schichtensystems in Nassau“ (1850–1856). Anregungen kamen zweifellos von ihrem Vater, der im Raum Villmar an der Lahn Fossilien aufgesammelt hatte, die an das Museum Wiesbaden gelangten.

Der Umstand, dass Fridolin bei Lehrern wie Robert Bunsen (1811–1899) und Justus Liebig (1803–1873) studiert hatte, ordnet ihn jenseits der idealistischen Naturphilosophie, zu der sich nicht wenige Naturforscher damals bekannten, als exakten Naturwissenschaftler ein.

Carl Ferdinand Roemer (1818–1891) verfeinerte die Methoden und Erkenntnisse der Biostratigraphie für „Das Rheinische Uebergangsgebirge“ (1844). Der Gymnasiallehrer Otto Follmann (1856–1926) untersuchte systematisch alle ihm bekannten Aufschlüsse der Koblenzschichten. Monographisch behandelte er die Aviculaceen und Crinoiden des Gebietes, wobei ihm die Erstbeschreibung von *Hystericrinus schwerdii* Follm. gelang. „Die Koblenzschichten am Mittelrhein und im Moselgebiet“ (1925) beschreibt alle bis dahin bekannten Fundpunkte samt Fossilien, wobei er sich auf seine eigene Sammlung und die von Schwerd bezieht.

Ihn übertraf bei weitem Ferdinand Alexander Karl Theodor Fuchs (1874–1935), der die Fauna „des Hunsrückschiefers und der Unterkoblenzschichten am Mittelrhein“ (1907) zu stratigraphischen Zwecken verglich. Spezielle Studien widmete er einer „Unterkoblenzfauna bei Daaden“ (1911).

Auch Friedrich („Fritz“) Ernst Drevermann (1875–1932) hat lokale Fundorte studiert und dabei eine „Fauna der Siegener Schichten von Seifen“ (1904) bestimmt. Hermann Schaafhausen (1816–1893) aus Koblenz gilt als „Pionier der Urzeitforschung im Rheinland“. Seit 1870 beteiligte er sich an der Untersuchung eiszeitlicher Siedlungsreste aus den Höhlen an der Lahn und berichtete auch über „Funde aus der Höhle Wildscheuer bei Steeden“ (1876).

Im Kulm, wie es bei Herborn ansteht, erinnert eine für die Örtlichkeit typische Muschel an den Dillenburger Bergrat Johann Philipp Becher (1752–1831), als einen wissenschaftlich verdienten Fachmann. Ein urzeitlicher Schachtelhalm vom Herborner Fundpunkt „Weinberg“ trägt den Namen

Abb. 123: Johann Philipp Becher

des Sammlers Stephan Spitzer, um den „unentbehrlichen Beitrag der Liebhaberforscher für die Wissenschaft zu würdigen", wie der Namengeber Klaus Ulrich Leistikow (1929–2002) ausdrücklich betont hat.

Dem Herborner Diplom-Ingenieur Dr. Wolfdietrich Bindemann gelang neben anderen wichtigen Entdeckungen der beinahe einmalige Fund des Kauapparates eines fossilen Stachelhäuters am „Weinberg". Auch Fritz Dreverman hat sich mit dem Unterkarbon von Erdbach und der Erdgeschichte des Scheldetales beschäftigt.

Als Glücksfall für die Paläontologie erwies sich in den 1920er Jahren die Entdeckung pflanzenführender mitteldevonischer Schichten im Wahnbachtal bei Siegburg und in benachbarten Tälern des nördlichen Westerwaldes wie dem Jabachtal. Sie halfen nicht nur bei Klärung taxonomischer Einzelfragen, sondern beleuchteten einen wichtigen Schritt der Evolution. Nach den Aufsehen erregenden Funden von Rhynia in Schottland, lieferten die im Rheinland wesentliche Ergänzungen zum Bild von der Eroberung des Festlandes durch Pflanzen. Hermann Gerhard Weyland (1888–1974) veröffentlichte zusammen mit Richard Kräusel zahlreiche „Beiträge zur Kenntnis der Devonflora" (1923–1929) und „Pflanzenreste aus dem Devon" (1930–1934), während die Flora des Wahnbachtales durch Wilhelm Elberskirch und Gustav Steinmann (1856–1929) entdeckt und zuerst beschrieben worden ist (1929). Jetzt war der Fundplatz bei Seligenthal mit einem Mal bekannt und wenig später sogar berühmt.

Zuletzt entstanden entlang der Baustelle der ICE-Trasse vorübergehend Aufschlüsse im Siegenium. Die Abfolgen in den stratigraphisch tiefsten Profilen werden als Ablagerungsbereiche eines Flussdeltas und von Lagunen verstanden. Hier konnten erstmalig für das Sigenium im Rheinischen Schiefergebirge terrestrische Spinnentiere (Arachnidae), bestimmte Kieferklauenträger (Chasmataspididae) und Riesen-Gliederfüßer (Arthropleuridae) festgestellt werden.

Die stratigraphisch höheren Profile Epgert, Krunkel und Grube Georg entstanden dagegen aus Ablagerungen eines zum Meer offenen Flachwasser-Bereichs, so dass sie Versteinerungen von Meerestieren mitführen, wie Brachiopoden, Trilobiten, Moostierchen (Bryozoa), Korallen und Muscheln. Diese lassen sich dem Mittel- und Ober-Siegenium zuordnen.

10.5 Naturkunde-Vereine

Große Bedeutung erlangten die neu gegründeten naturkundlichen Vereinigungen für die Organisation der wissenschaftlichen Aktivitäten sowie als Forum für die überwiegend ehrenamtlich tätigen Forscher. Soweit sie sich damals eingehend mit dem Westerwald befasst haben sind dies, jeweils mit der zurzeit gültigen Bezeichnung:

- Nassauischer Verein für Naturkunde zu Wiesbaden (gegr. 1829),
- Rheinische Naturforschende Gesellschaft in Mainz (gegr. 1834),
- Botanischer Verein am Mittel- und Niederrhein zu Bonn (gegr. 1834); wurde 1843 zum Naturhistorischen Verein der preußischen Rheinlande und Westfalens (NHV) erweitert,
- POLLICHIA – Verein für Naturforschung und Landespflege (gegr. 1840).

Die Gründungen verfolgten durchweg eher praktische als rein akademische Ziele. So sollte der NHV dem Aufbau eines regionalen Herbariums dienen. Der Nassauische Verein verfolgte die Einrichtung einer naturkundlichen Sammlung in einem Museum. Diese naturwissenschaftlichen Gesellschaften sind bis in die Gegenwart von erheblicher Bedeutung für die Regionalforschung geblieben.

Boten die Vereine in Wiesbaden und Mainz bei fehlender Universität allein den Biologen ein Forum des geistigen Austauschs, so profitierte die Bonner Gesellschaft von der unter Preußen gegründeten Hochschule. Ihre Gründer orientierten sich um Prof. Theodor Friedrich Ludwig Nees von Esenbeck (1787–1837). Eigentlicher Kopf der Gruppe aber war Philipp Wirtgen, der nach Esenbecks Tod die Aktivitäten nach Koblenz verlagerte, das lange den „Mittelpunkt der rheinischen botanischen (d. h. floristischen) Forschungen" bildete. Die von ihm angeregte Gründung des Naturwissenschaftlichen Vereins zu Koblenz (1851) lieferte die Aktionsbasis. Der Verein konnte sogar in der Alten Burg ein Naturkundemuseum aufbauen, dessen Bestände im Zweiten Weltkrieg vernichtet worden sind.

Alle drei sind noch heute aktiv. Ihre Publikationen sind für ernsthafte Heimatforscher unverzichtbar. Das Motto könnte ihnen der berühmte Pharmazeut Friedrich Mohr (1806–1879) aus Koblenz geliefert haben: „Das Erkennen der Natur ist die erhabenste Aufgabe des menschlichen Geistes".

11

Naturgeschichte namentlich

Hermann Josef Roth

Abhandlungen zur Erdgeschichte, über Mineralien oder Versteinerungen enthalten Stichwörter, die einem Handbuch der Heimatkunde entnommen sein könnten. Viele natürliche Bildungen der Erde sind erstmals am Mittelrhein studiert und manche Erscheinungen hier entdeckt worden. Diese Fundpunkte (loci typici, Sing.: locus typicus) setzten weltweit gültige Maßstäbe, an denen jeder Neufund geprüft wird.

In unserem Gebiet haben wirtschaftlich bedeutende Bodenschätze diese Studien gefördert. Aber auch die auftragsfreie Wissenschaft ließ sich durch günstige Aufschlussverhältnisse oder ergiebige Fundpunkte von Mineralien oder Fossilien zu Forschungen anregen. Nicht zuletzt hat der Sammlerfleiß von Bergleuten und Liebhabern prächtige Stufen und interessante Kleinstmineralien der Mineralogie überwiesen. Die biologische Erforschung dagegen setzte erst spät ein. In der Fachsprache der Erdwissenschaften jedoch bekamen etliche Bezeichnungen zeitweilig oder dauernd Geltung, die mit dem Westerwald eng verknüpft sind.

11.1 Gesteine

Zwei wichtige Gesteinspakete des Unterdevons heißen Siegen (Sigenium) und Ems (Emsium). Diese Ems-Schichten nannte man ursprünglich „Koblenz-Schichten". Innerhalb beider werden weitere Gesteinsfolgen unterschieden, die zum Teil nach Orten unserer Gegend benannt sind. So kennen wir im Siegen beispielsweise die Bänderschiefer mit Grauwackenbänken der Kirchener Schichten, etwas darüber die Grauwacken und Bänderschiefer der Betzdorfer Schichten. Im Mittleren Siegen trifft man auf die Wildflasergrauwacke der Seifener Schichten. Im Unter-Ems lagern die Vallendar-, darüber die Nellenköpfchen-Schichten. Im Ober-Ems tragen die Hohenrheiner Schichten ihren Namen nach einer Örtlichkeit bei Lahnstein. Eine bestimmte Schicht des Karbons, die Pericyclus-Stufe (zwischen Tournai und Visé), erhielt die Bezeichnung Erdbachium. Aus naheliegenden Gründen sind alle tektonischen Spezialbildungen nach Ortschaften des betreffenden Gebietes katalogisiert worden und in die Literatur eingegangen.

Die Schichtenfolgen weisen mitunter Gesteine auf, die ganz speziellen Charakter haben und infolgedessen nach ihrem Vorkommen benannt worden sind. Im Unterdevon ist der Ems-Quarzit von landschaftsprägender Bedeutung. Schon 1882 unterschied F. Maurer die „Hohenrheiner Stufe" als Schichtfolge oberhalb der namengebenden Mühle bei Niederlahnstein.

Blaugrüne sandige Schiefer des Oberen Siegen sind die Daadener Schiefer. Wegen ihrer Fossilien wurden die Wissenbacher Schiefer auch bei Liebhabern berühmt. Unterschieden werden die mitteldevonischen Greifensteiner, Günteroder und Ballersbacher Kalke sowie die unterkarbonischen

Erdbacher Kalke. Die „Dillenburger Tuffe“ und „Gießener Grauwacken“ sind allerdings mittlerweile aus dem Sprachgebrauch ausgeschieden. Die Langenaubacher Tuffbrekzie stellt eine einmalige Erscheinung dar. Selbst die Flussgerölle, die in der Tertiärzeit zu Tal geschleppt und bei uns abgelagert wurden, haben nahe der Lahnmündung einen eigenen Charakter, so dass man von den Arenberger oder Vallendarer Schottern spricht.

11.2 Versteinerungen

Für die Altersbestimmung von Gesteinsschichten können bekanntlich die eingeschlossenen Fossilien von ausschlaggebender Bedeutung sein. Nach dem Siegen benannt wurden die Schnecken *Turbonitella sigana* und *Strophonella sigana*, die vor 1936 als neue Arten an der Unkelmühle bei Eitorf entdeckt worden sind. Neuerdings wurde aus den Seifen-Schichten (Mittleres Siegnium) die Muschel *Cornellites siegeniensis* beschrieben. Im Namen des Armkiemers (Brachiopode) *Rhensselaeria* (*Rhenorhensselaeria*) *confluentina* dienen die „Koblenz-Schichten“ als Artbezeichnung. Unschwer ist bei *Homalonotus rudersdorfensis* der namengebende Siegerländer Ort in der Artbezeichnung zu erkennen.

Der bereits erwähnte Greifensteiner Kalk lieh neuerdings einem dort gefundenen Dreilapper (Trilobit) den Namen als *Otarion* (Otarionella) *greifensteinense*. Im Kulm, wie es bei Herborn ansteht, kommt die Muschel *Posidonia becheri* als charakteristisches Fossil vor. Sie ist nach dem Dillenburger Bergrat Johann Philipp Becher (1752–1831) benannt. Herborn ist auch verewigt in dem Namen des Stachelhäuters *Meeckechinus herbornensis* und des „Urkrebses“ *Archegonus aequalis herbornensis*, der 1967 am Fundpunkt „Weinberg“ entdeckt wurde.

Bei Erdbach lieferte der Aufschluss am „Homberg“ wertvolle Funde aus dem Kulm. Der Trilobit *Archegonus* (Phillibole) *hombergensis* erinnert seit 2007 daran. Innerhalb der Erdbach-Kalke haben Neufunde die Einrichtung von zwei jetzt neu beschriebenen Trilobiten-Gattungen veranlasst: *Erdbachaspis* und *Westerwalddiscus poschmanni*, wobei Letzteres zugleich eine neue Art darstellt.

Abb. 124: Die fossile Muschel *Posidonia becheri* im Museum Erdbach

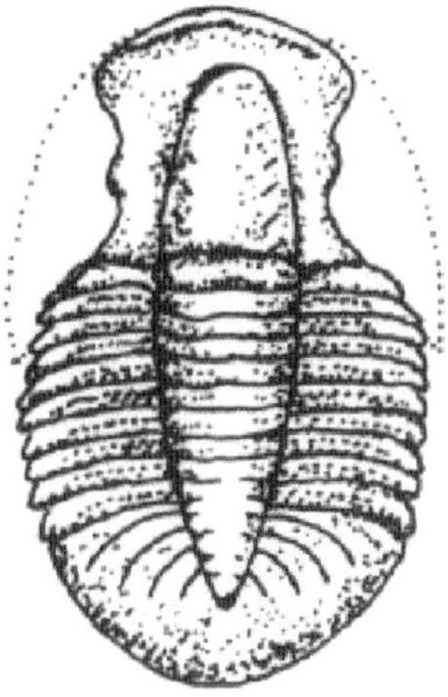

Abb. 125: *Archegonus aequalis herbornensis*, ein „Urkrebs" aus Herborn

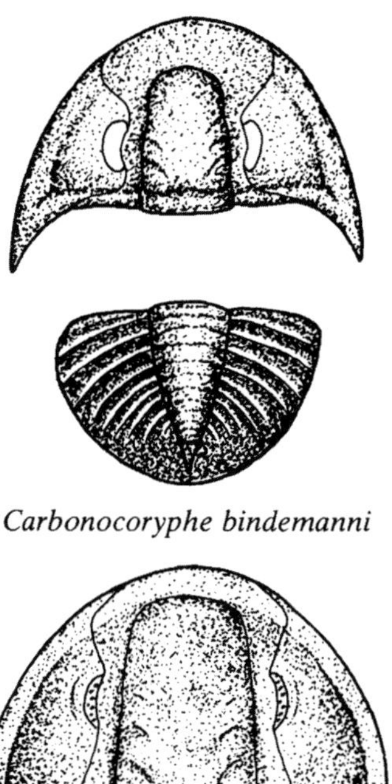

Carbonocoryphe bindemanni

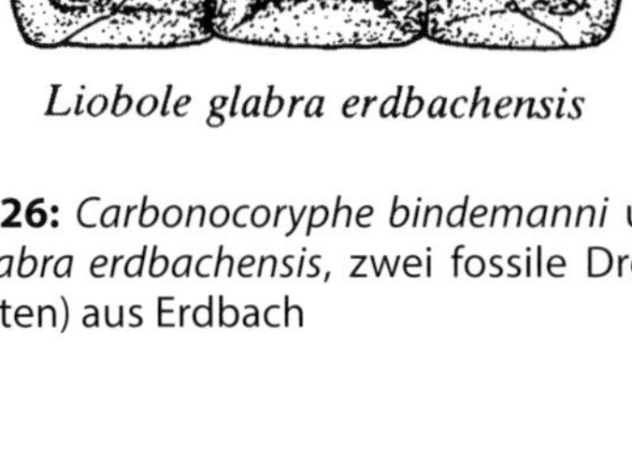

Liobole glabra erdbachensis

Abb. 126: *Carbonocoryphe bindemanni* und *Liobole glabra erdbachensis*, zwei fossile Dreilapper (Trilobiten) aus Erdbach

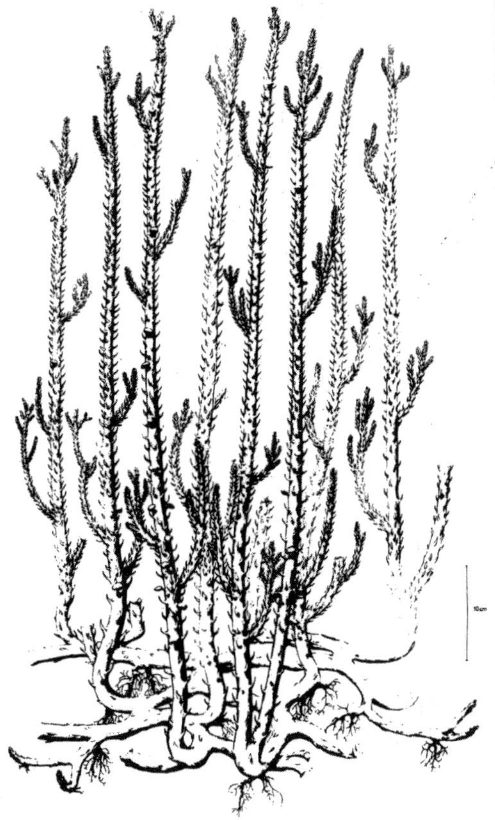

Abb. 127: Die „Hachenburger Pflanze" (Rekonstruktion nach H.-J. Schweitzer 1983)

Der urzeitliche Schachtelhalm *Archaeophyllum spitzeri* wurde nach dem Herborner Sammler Stephan Spitzer benannt, um den unentbehrlichen Beitrag der Liebhaberforscher für die Wissenschaft zu würdigen, wie der Namengeber Prof. Leistikow ausdrücklich betont hat. Auch der Herborner Diplom-Ingenieur Dr. Wolfdietrich Bindemann (1919–2015) kam auf diese Weise zu nomenklatorischen Ehren. Da ihm der beinahe einmalige Fund des Kauapparates eines fossilen Stachelhäuters am Fundpunkt „Weinberg" gelang (1938), erhielt 1950 der Trilobit *Carbonocoryphe bindemanni* seinen

Namen. Später wurde auch der Goniatit *Girtyoceras bindemanni* nach ihm benannt. Aus dem Oberdevon des Scheldetales stammt der Dreilapper (Trilobit) *Drevermannia scheldana*, aus dem Unterkarbon von Erdbach *Liobole glabra erdbachensis*. Gleichfalls in der Dill-Mulde wurden die Goniatiten *Crickites scheldensis* und *Monticiceras bickense* festgestellt. Im Stöffel-See lebte während des Tertiärs der Fisch *Palaeorutilus enspelensis*.

Der berühmte Tertiär-Biotop in Rott bei Hennef erscheint ebenfalls in taxonomischen Begriffen. Unter den Funden befinden sich das Rotter Haarmützenmoos (*Polytrichum rottense*) sowie eine noch recht ursprüngliche Riesenschlange vom Typ mittelamerikanischer Zwergboas, die *Rottophis atavus*. Bei der berühmten Stöffel- oder Enspelmaus beließ man es dagegen bei der umgangssprachlichen Bezeichnung.

Bei der „Hachenburger Pflanze“ verhält es sich ähnlich. Als *Drepanophycus spinaeformis* ist sie vor allem aus den Wahnbach-Schichten (Emsium) bekannt, wo sie mit anderen Arten jene Epoche dokumentiert, „als die Pflanzen an Land gingen“.

11.3 Mineralien

Mehrere Mineralnamen stammen von Fundpunkten im Westerwald. Um den Leser nicht allzu sehr zu beschweren, seien sie in alphabetischer Reihenfolge aufgezählt. Der Dernbachit hatte seinen Namen von der Grube „Schöne Aussicht“ bei Dernbach. Den Grundbeleg lieferte allerdings die Grube „Luise“ bei Bürdenbach im Kreis Altenkirchen. Sie und nicht Dernbach ist somit die Typlokalität für dieses Mineral, das zunächst nach dem französischen Mineralogen François Sulpice Beudant († 1850) Beu-

Abb. 128: Dernbachit oder Corkit

Abb. 129: Emser Tönnchen

dantit benannt worden ist. Inzwischen hat sich die Bezeichnung Corkit eingebürgert.

Eleonorit ist eine Varietät des Beraunit, die nach der aufgelassenen Brauneisensteingrube Eleonore bei Bieber am Dünsberg benannt wurde. Von dort erhielt auch das Mineral Bieberit seinen Namen. Die Emser Tönnchen sind eine in Bad Ems anzutreffende Kristallform des Pyromorphits.

Der „rubinrote Eisenglimmer“ von der Eisenzeche bei Eiserfeld, wurde auf Vorschlag des Pfarrers Heinrich Adolf Achenbach (1765–1819) und des Bergmeisters Johann Daniel Engels (1761–1828), beide aus Siegen, Goethit genannt. Der Dichter notierte: „Wohlwollende Männer vom Westerwald entdecken ein schönes Mineral und nennen es mir zu Lieb und Ehren Goethit“. Bekanntlich hat Goethe aus geologischem Interesse das Lahngebiet und den Westerwald bereist und in Holzappel Mineralien gesammelt.

Weitere nach Fundorten des Siegerlandes oder des Lahn- und Dillgebietes gebildete Mineralnamen sind Herbornit, Siegenit und Staffelit.

Fleißige und erfolgreiche Forscher erfahren von Kollegen die Anerkennung in Form von Namensgebungen. Allen voran steht Maximilian Prinz zu Wied (1782–1867), nach dem etwa einhundert Tier- und Pflanzenarten benannt sind. Die Forscher Georg Dahmer und Fritz Drevermann (1875–1932) sind in dem Armkiemer *Meganteris drevermanni* Dahmer, (Terebratulaceae) und der Muschel *Palaeonucula grandaeva* Goldf. var. *dahmeri* Maill. (Taxodonta) verewigt.

Abb. 130: Goethit, auch Brauner Glaskopf oder Nadeleisenerz (Raimond Spekking, wikimedia)

11.4 Pflanzen und Tiere

In der botanischen und zoologischen Nomenklatur begegnet man erwartungsgemäß nur selten einer wissenschaftlichen Bezeichnung mit Bezügen zum Westerwald. Geographische Namen sind eher die Ausnahme, wie die Steinwanze *Cimex vilburgensis*, der an den Aufenthalt des pfälzischen Gelehrten Johann Adam Pollich (1741–1780) in Weilburg (1779) erinnert. In der Regel nennt die Taxonomie Namen von Persönlichkeiten, die damit geehrt werden sollen. Mit schier Unüberbrückbarem liegt hier Maximilian Prinz zu Wied an der Spitze. Etwa einhundert ihm gewidmete zoologische und botanische Art- und Gattungsbezeichnungen kennt die Wissenschaft. Das Genus Neuwiedia und die Artnamen *maximiliana*, *maximiliani*, *maximilianum*, *neovidensis*, *neuwidiana*, *neuwidii*, *wiedi* und *widii* bezeichnen allerdings durchweg überseeische Organismen. Das gilt dann auch für die ostafrikanische Erdorchidee *Habenaria hermannjosefrothii*.

Die Hessenfliege (*Mayetiola destructor* Say, 1817), auch Hessenmücke, Roggengallmücke, Getreideverwüster oder englisch Hessian fly, hat wenigstens indirekt mit dem Westerwald zu tun. Der amerikanische Naturforscher und Gastgeber des Prinzen zu Wied Thomas Say (1787–1843) glaubte nämlich, hessische Söldner hätten im Unabhängigkeitskampf (1775–1783) das Insekt im Stroh ihrer Schlafsäcke in Nordamerika eingeschleppt, von wo der „Schädling" weltweite Verbreitung fand.

11.5 Flur- und Ortsbezeichnungen

Anders als in den Geowissenschaften haben Westerwälder Orte der lebenden Natur keine Namen geliehen, sondern von ihr solche empfangen. Wohl am häufigsten leben Rot- oder Rehwild in Orts- oder Flurnamen fort. Hirsch-Berg, Himmerich, angeblich von Hinde abgeleitet, und die Kitzenhardt wären Belege aus dem Siebengebirge, die Ortschaft Rehe hingegen aus dem Oberwesterwald. Wiederholt tauchen Bezeichnungen wie Tiergarten (Montabaur) und Thierhecke (Siebengebirge) auf an Stellen, an denen tatsächlich Rotwild eingegattert gehalten wurde. „Tier" ist aber auch synonym für „Hirsch" gebraucht worden.

Verbreitet war und ist wohl noch, dass der Volksmund Ortschaften und ihre Einwohner scherzhaft mit Tiernamen belegte oder belegt: zum Beispiel Ameisen (Ometze, Horressen), Bachstelzen (Bachwetze, Bladernheim, Ettersdorf, Reckental, Wirzenborn), Buchfinken (Gackenbach, Horbach, Hübingen: „Buchfinkenland"), Hasen (Hoose, Großholbach), Kröten (Kutte, Holler), Kuckucke (Welschneudorf).

Bei Niederelbert und Arzbach heißt ein Walddistrikt „Wolfsheck" und soll daran erinnern, dass hier der für damals letzte Wolf 1886 erlegt worden ist. Nordwestlich Hellenhahn stammt der Flurname Wiesenerberg von der Wüstung Wiesenfeld. Diese hieß zunächst Wesintfelt (1403, 1416) und Wiesentfelt (1450), was von Wisent (nicht Wiesel!) abgeleitet ist.

Ein Weistum des Forstes Spurkenberg (12. Jh.) bezeichnet mit Elewartin eine Försterhube zwischen Lahn, Gel-, Eis- und Saynbach. Dort werden noch 1479 die Wildhuben erwähnt. Danach sollte der (kur-)trierische Förster mit Hunden zweimal im Jahr mit dem Grafen von Nassau als Waldvogt und dem Herrn von Isenburg, an einer „Warte" (warta) auf den Elch ansitzen.

Häufiger haben Pflanzennamen, vornehmlich Bäume, ihren Niederschlag in Ortsbezeichnungen gefunden. Endungen auf -holz, -hard, -busch, -büschen, -heid, -haid oder -hecken erinnern an einstige Rodungstätigkeit, weshalb dieser Begriff in vielen Varianten (Rod, Roth, Rott oder als entsprechende Endung) auffallend oft auftritt. Nicht selten ist auch der einst vorherrschende Baumbestand erkennbar in Ortsnamen († = Wüstung): † Birken bei Kirburg; † Birkenmühle bei Hausen (Kreis Limburg); † Buchen bei Lochum; † Königsbuch bei Driedorf; † Habuch bei Hadamar; Dornburg und Dorndorf; Malmeneich; Ellar; Erlenhof; Nieder- und Obererbach; Ehrlich; Erbach; Erlenbehang (zu Langenbach); Schönerlen; Eschenau und Eschelbach; † Haselau (Unterlahn) und Hasselbach.

Heisterbach und † Heistern (zu Niedersayn) leitet sich vom mittelhochdeutschen heister ab und bezeichnet einen jungen Eichen- oder Buchenstamm. Bei Holler war der Holderstrauch oder Holunder namengebend. Es bleiben Linden und Lindenberg (zu Obererbach) sowie Weidenhahn (um 1200 Weidenhagen), Wied, Alt- und Neuwied, denen die Weide (wida) den Namen lieh. Seelbach (†) bei Hilgert kommt von Salweide.

Früherer Weinbau schließlich hat seine Spuren im Ortsnamen Weinähr (Weynähr) hinterlassen. Am Schlossberg zu Montabaur lautet ein historischer Straßenname Rebstock.

12

Naturkundliche Literatur zum Westerwald

Die Zusammenstellung hält Belege für die Aufsätze des Buches bereit. Sie folgt dabei den Empfehlungen der Autoren, was kapitelweise kleine Unterschiede in der Zitierweise erklärt. Aus Platzgründen mussten außerdem Abkürzungen verwendet und vertretbare Streichungen vorgenommen werden. Für wissenschaftliche Zwecke ist also Einsichtnahme in die Originale ratsam. Somit liegt hier keine Bibliographie im strengen Sinne vor. Vielmehr orientiert sich die Auflistung an älteren Versuchen dieser Art, insbesondere an „Planaria 3“, die bisher als einzige den gesamten Raum und alle relevanten Disziplinen erfasst hat. Infolgedessen sind mit wenigen Ausnahmen nur Veröffentlichungen seit Erscheinen im Jahr 1989 aufgenommen worden.

Bibliographien

Fülling, H.-P. (1976): Bibliographie der geologischen Literatur des bergischen Landes und angrenzender Gebiete. Krefeld.

Hüser, K. (1973): Die tertiärmorphologische Erforschung des rheinischen Schiefergebirges. Ein kritischer Literaturbericht. – Karlsruher Geogr. Schr. **5**: 42–45, 115–116. Karlsruhe, TH.

Jungbluth, J. H. & R. Bürk (1976): Bibliographie der Arbeiten über die Mollusken in Hessen. - Philippia **3**: 122–155.

Jungbluth, J. H. & R. Bürk (1985): Bibliographie der Arbeiten über die Mollusken in Hessen. I. Nachtrag. – Philippia **V/3**: 265–293.

Kasperek, G. (1909): Bibliographischer Nachweis botanischer Literatur über Hessen. Stand und Perspektiven - Hess. Florist. Br. **58** (3/4): 33–45.

Kutzelnigg, H. & G. Friedrich (1981): Bibliographie der botanischen Literatur des Rheinlandes (NRW). Farn- und Blütenpflanzen. - Decheniana **134**: 1–27 [Nachtrag 1983 → Roth].

Roth, H. J (1989): Naturkundliche Bibliographie des rechtsrheinischen Schiefergebirges zwischen Lahn und Sieg. – Planaria **3**: 1–202. Overath. ISSN 0931-3737.

Roth, H. J. (1995): Bibliographie Westerwald. – Werkstatt-Beiträge zum Westerwald **1**: 9–25 (Naturkunde). Montabaur, Westerburg.

Wittenberger, G. (2009): Schriften zur Flora von Hessen. - Hess. Florist. Br. **58**(3/4): 57–61.

Zeitschriften

Charadrius. Zeitschrift f. Vogelkunde, Vogelschutz u. Naturschutz in NRW [2010 = 46. Jg.] – ISSN 0174-1004

Decheniana. Veröff. d. Naturhistorischen Vereins d. Rheinlande u. Westf. [2010 = 163. Jg.] – ISSN 0366-872 X

Hessische Floristische Briefe, Darmstadt [2010 = 59. Jg.] – ISSN 0439-0687

Vögel und Umwelt. Zeitschrift f. Vogelkunde u. Naturschutz in Hessen [2010 = Bd. 18] – ISSN 0173-0266

Kartenblätter TK50

Westerwald L5310/12/14/16, L5512/14/16, L5712/14/16

Kruse, H. (Koord.): Bundesanst. f. Geowiss. u. Rohstoffe (Hrsg.): Bodenatlas Deutschland – Böden in thematischen Karten 1/2016.

Allgemeines zur Landschaft

Adolphi, K. & Kremer, B. P. (2016): Naturerlebnis Fockenbachtal. Unterwegs im schönsten Seitental der Wied. – Heimat-Jahrbuch 2017 des Landkreises Neuwied, S. 306–316.

Adolphi, K. & Kremer, B. P. (2017): Die Wied – ein kleines naturkundliches Flussporträt. – Heimat-Jahrbuch 2018 des Landkreises Neuwied, S. 323–335.

Gränitz, F. (Hrsg.) (2003): Das mittelrheinische Becken. Eine landeskundliche Bestandsaufnahme im Raum Andernach, Bendorf, Koblenz, Mayen, Mendig, Münstermaifeld und Neuwied. – Landschaften in Deutschland **65**: 1–345 S.; Köln, Weimar, Wien: Böhlau.

Kremer, B. P. (1985): Der Mittelrhein. Mittelrheinisches Becken und unteres Engtal. – Rhein. Landschaften **26**; 1-35; Neuss.

Kremer, B. P. (2005): Zwischen Sayn und Siebengebirge: Der Naturpark Rhein-Westerwald. – Rhein. Landschaften **55**; Köln.

Kremer, B. P. (Hrsg.) (2008): Naturführer Bonn und Umgebung. Landschaft, Naturschutz, Ökologie. 2. Aufl. Bonn.

Kremer, B. P. (2009): Das Siebengebirge, eine Schatzkammer der Geo- und Biodiversität. – Koenigiana **3**(1): 3–18.

Kremer, B. P. (2009): Die Exkursion: Das Siebengebirge im Saum der Großlandschaften. – Biologie in unserer Zeit **39**: 410–416.

Kremer, B. P. (2019): Naturpark mit Weitblick. Landschaft verstehen, erleben, entdecken. Selbstverlag. Naturparkverwaltung Rhein-Westerwald, Neuwied.

Kremer, B. P. & Adolphi, K. (2015): Unsere heimische Landschaft vor 200 Jahren. – Heimat-Jb. 2016 des Landkreises Neuwied, S. 68–77.

Kremer, B. P., Fischer, E. & Roth, H. J. (1997): Das Kannenbäckerland. Bedeutende Kulturlandschaft im Vorderen Westerwald. – Rhein. Landschaften **46**; Neuss.

Kremer, B. P. & Roth, H. J. (2004): Das Untere Lahntal zwischen Limburger und Mittelrheinischem Becken. – Rhein. Landschaften **53**; Köln.

Kremer, B. P. & Roth, H. J. (2006): Mittelrheinische Geotope, zu ihrer Inventarisierung im nördlichen Rheinland-Pfalz mit besonderer Berücksichtigung des Westerwaldes. – Pollichia-Kurier **22**(2): 9–13.

Roth, H. J. (1984): Die Westerwälder Seenplatte. – Rhein. Landschaften **2**; Neuss.

Roth, H. J. (1991): Die Landschaft des Westerwaldes. In: Westerwald-Verein (Hrsg.), Gr. Westerwaldführer, S. 21–94. – Montabaur.

Roth, H. J. (1994): Siebengebirge. – Rhein. Landschaften **13**; Neuss.

Roth, H. J. (1995): Der Westerwald. Land zwischen Rhein, Lahn und Sieg. Begleitheft zum gleichnamigen Film. Geschichts- und Kulturwerkstatt Westerwald. Montabaur, Westerburg.

Roth, H. J. (1996): Pflanzen- und Tierwelt. In: Hucke, H.-J., Großer Westerwald Führer, S. 41–49; Westerwald-Verein, Montabaur.

Geologie

(siehe auch unter Paläontologie)

Ahrendt, H., Hunziker, J. C. & Weber, K. (1978): K/Ar-Altersbestimmungen an schwachmetamorphen Gesteinen des Rheinischen Schiefergebirges – Z. dt. geol. Ges. **129**: 229–247, Hannover.

Ahrendt, H., Clauer, N., Hunziker, J.C. & Weber, K. (1983): Migration of folding and metamorphism in the Rheinisches Schiefergebirge deduced from K-Ar and Rb-Sr age determinations. In: Martin, H. & Eder, F.W. (eds), Intracontinental fold belts. Case Studies in the Variscan Belt of Europe and the Damara Belt in Namibia. Springer, Berlin Heidelberg New York, pp. 323–338.

Becker, A. & Kirnbauer, T. (1998): Zur Gewinnung und Verwendung des Lahnmarmors. - Jb. nass. Ver. Naturkde., Sb. **1**: 237–244, Wiesbaden.

Bender, P. (1997): Paläozoikum der Bickener und Wildestein-Schuppe. In: Bender, P., Lippert, H.-J. & Nesbor, H.-D. (Hrsg.): Erläuterungen zur GK von Hessen 1:25 000, Blatt-Nr. 5216 Oberscheld, S. 91–111, Hess. Landesamt Bodenforschung, Wiesbaden.

Bender, P. (2006): Geologische Karte der Hörre (zwischen Dill und Lahn) und der Frankenbacher Schuppenzone, 1:40 000. Hess. Landesamt Umwelt Geologie, Wiesbaden.

Bender, P. & Nesbor, H.-D. (2017): Geologische Karte Hessen 1:25 000 (GK25), Blatt 5216 Oberscheld; Bl. 5217 Gladenbach, Wiesbaden.

Bender, P., Lippert, H.-J. & Nesbor, H.-D. (1997): Erl. Geol. Kt. Hessen 1:25 000. 421 S., 41 Abb., 28 Tab., 2 Beibl.; Wiesbaden.

Birkelbach, M., Dörr, W., Franke, W., Michel, H. Stibane, F. & Weck, R. (1988): Die geologische Entwicklung der östlichen Lahnmulde (Exkursion C am 7. April 1988). – Jber. Mitt. oberrhein. geol. Ver., N.F. **70**: 43–74, Stuttgart.

Dörr, W. (1990): Stratigraphie, Stoffbestand und Fazies der Gießener Grauwacke. – Geol. Abh. Hessen **91**: 1–94, Wiesbaden.

Eckelmann, K., Königshof, P., Linnemann, U. & Nesbor, H. D. (2012): Kontinente auf Wanderschaft. Ein geologisches Puzzle am Ostrand des Rheinischen Schiefergebirges. - Senckenberg - Natur Forschung Museum **142**(1/2): 18–23, Frankfurt/M.

Eckelmann, K., Nesbor, H.-D., Königshof, P., Linnemann, U.-G., Hofmann, M., Sagawe, A., & Lange, J.-M. (2014): Plate interactions of Laurussia and Gondwana during the formation of Pangaea - Constraints from U-Pb LA-SF-ICP-MS detrital zircon ages of Devonian and Early Carboniferous siliciclastics of the Rhenohercynian zone, Central European Variscides. - Gondwana Research **25**(4): 1484–1500; Amsterdam (Elsevier).

Erben, H. K. (1962): Zur Analyse und Interpretation der Rheinischen und Hercynischen Magnafazies des Devons - Symposium Silur/Devon-Grenze, 1960: 42–61; Stuttgart (Schweizerbart).

Felix-Henningsen, P. (1990): Die mesozoisch-tertiäre Verwitterungsdecke (MTV) im Rheinischen Schiefergebirge. Aufbau, Genese und quartäre Überprägung. – Relief, Boden, Paläoklima **6**: IX , 1–192; Berlin, Stuttgart (Borntraeger).

Flick, H. (1984): Kristallisation des Quarzes in kieselsäurereichen Schmelzen – Möglichkeiten seiner Verwendung als geologisches Thermometer und Barometer, insbesondere für Vulkanite. – Habil. Heidelberg, 135 S.; Heidelberg. [Ms.]

Flick, H. (2010): Lahn-Dill-Gebiet. Riffe, Erz und edler Marmor. – Streifzüge durch die Erdgeschichte, 116 S.; Wiebelsheim (Quelle & Meyer, Ed. Goldschneck).

Flick, H. (2013): Das Rheinische Schiefergebirge, eine geologische Geschichte. – Aufschluss **64**: 208–237; Heidelberg.

Flick, H. & Flick, U. (2017): Der Boden unter unseren Füßen. – Ballersbacher Bl. 2017: 85–104, 22 Abb.; Ballersbach.

Flick, H. & Nesbor, H.-D. (1988): Der Vulkanismus in der Lahnmulde. – Jber. Mitt. oberrh. geol. Ver., N.F., **70**: 411–475; Stuttgart.

Flick, H. & Nesbor, H.-D. (1990): Paläozoischer Vulkanismus. In: Requadt, H., Erl. geol. Kt. RLP 1:25 000, Bl. 5613 Schaumburg: 34–43, 61–65, 72–84, Abb. 6–10, 16 u. 23–32; Mainz.

Flick, H., & Schmidt, J. (1987): Eine Vulkaninsel mit Saumriff im Devon des südlichen Rheinischen Schiefergebirges. – Facies **17**: 67–71; Erlangen.

Flick, H., Nesbor, H.-D. & Behnisch, R. (1990): Iron ores of the Lahn-Dill type formed by diagenetic seeping of pyroclastic sequences – a case study on the Schalstein section at Gänsberg (Weilburg). – Geol. Rdsch. **79**: 401–415; Stuttgart.

Franke, W. (2000): The mid-European segment of the Variscides: tectonostratigraphic units, terrane boundaries and plate tectonic evolution. In: Franke, W., Haak, V., Oncken, O. & Tanner, D. (eds.), Orogenic Processes: Quantification and Modelling in the Variscan Belt. Geol. Soc. London, Special Publ. **179**(1): 35–61.

Franke, W. (2007): Paläogeographie und Tektonik des autochthonen Lahngebietes (Exkursion C am 12. April 2007). – Jb. Mitt. oberrh. geol. Ver., N.F., **89**: 151–165; Stuttgart.

Germann, K. & Parekh, P. P. (1981): Eigenschaften und Entstehung der „Lahn-Phosphorite". – Z. dt. geol. Ges. **132**: 305–323; Hannover.

Kegel, W. (1953): Das Paläozoikum der Lindener Mark bei Gießen. – Abh. Hess. L.-A. Bodenforsch. **7**: 1–55; Wiesbaden.

Kegler, J. (1957): Die Gaudernbacher Schichten (westliche Lahnmulde, Rheinisches Schiefergebirge). – Ber. Oberhess. Ges. Natur- u. Heilkde. Gießen, N.F., Naturwiss. Abt. **35**: 23–37; Gießen.

Kirnbauer, T. (1991): Geologie, Petrographie und Geochemie der Porphyroide des Unteren Ems/Unterdevon (Porphyroide) im südlichen Rheinischen Schiefergebirge. - Geol. Abh. Hessen **92**: 1–228; Wiesbaden.

Kirnbauer, T. (1998a): Synorgene Mineralisationen. In: Kirnbauer, T. (Hrsg.), Geologie und hydrothermale Mineralisationen im rechtsrheinischen Schiefergebirge. Jb. Nass. Ver. Naturkde., Sb. **1**: 146–150; Wiesbaden.

Kirnbauer, T. (1998b): Phosphorit. In: Kirnbauer, T. (Hrsg.), Geologie und hydrothermale Mineralisationen im rechtsrheinischen Schiefergebirge. Jb. Nass. Ver., Sb. **1**: 216–226; Wiesbaden.

Kirnbauer, T. (1998c): Eisenmanganerze des Typs. In: Kirnbauer, T. (Hrsg.), Geologie und hydrothermale Mineralisationen im rechtsrheinischen Schiefergebirge. Jb. Nass. Ver. Naturkde., Sb. **1**: 209–216; Wiesbaden.

Kirnbauer, T. & Hucko, S. (2011): Hydrothermale Mineralisation und Vererzung im Siegerland. – Aufschluss **62**: 257–296; Heidelberg.

Klein, E. (2008): Der „Große Stein" bei Holzhausen (Westerwald) – eine geologisch-geomorphologische Beschreibung. – Decheniana **161**: 87–91.

Königshof, P. (2007): Mittel- bis oberdevonische Riffkarbonate in der Lahnmulde (südliches Rh. Schiefergebirge), (Exkursion H am 13. April 2007). – Jb. Mitt. oberrh. geol. Ver., N.F., **89**: 261–272; Stuttgart.

Königshof, P., Nesbor, H.-J. & Flick, H. (2010): Volcanism and reef development in the Devonian: a case study from the Lahn syncline, Rheinisches Schiefergebirge (Germany). – Gondwana Research **17**: 264–280; Amsterdam.

Kossmat, F. (1927): Gliederung des varistischen Gebirgsbaues. – Abh. sächs. geol. L.-A., **1**: 1–39; Leipzig.

Kraus, D. (2017): Die Eroberung der Finsternis. Höhlenforschung zwischen Breitscheid und Erdbach. Hrsg. Landesverband f. Höhlen- u. Karstforsch. Hessen; Westernohe (Schriftgut Kultur & Medien).

Kröll, R. (2010): Mofetten im Rhein beim Hammersteiner Werth und in der Wied bei Datzeroth. – Mainzer geowiss. Mitt. **38**: 61–71.

Lang, R. & Frost, W. (2007): Basaltsäulen wie sie schöner nicht sein können - Der Basaltkegel „Druidenstein" bei Kirchen/Sieg. In: Look, E.-R. & Quade, H., Faszination Geologie. Die bedeutendsten Geotope Deutschlands, S. 108–109; Stuttgart (Schweizerbart).

Leischner, W. (2011): Zur Erdgeschichte im rechtsrheinischen Bonn: Mit seinen Naturlagerstätten, Geotopen, Natur- und Bodendenkmalen. Siegburg (Rheinlandia).

Lippert, H.-J. & Flick, H. (1998): Vulkano-sedimentäre Roteisenerze vom Lahn-Dill-Typ. In: Kirnbauer, T. (Hrsg.), Geologie und hydrothermale Mineralisationen im rechtsrheinischen Schiefergebirge. Jb. Nass. Ver. Naturkd., Sb. **1**: 121–128; Wiesbaden.

Lippert, H.-J. & Solle, G. (1953): Profil durch die Dillmulde von Haiger bis Herbon. – Z. dt. Geol. Ges. **104**: 292–303; Hannover.

Lippert, H.-J., Hentschel, H. & Rabien, A. (1970): Erläuterungen geol. Kt. Hessen 1:25000, Bl. 5215 Dillenburg. 550 S.; Wiesbaden.

Lorenz, V. (2005): Tertiärer Vulkanismus des Westerwaldes. In: L.-A. Geologie und Bergbau RLP (Hrsg.), Geologie von Rheinland-Pfalz, S. 233–237; Stuttgart (Schweizerbart).

Mälzer, H., Hein, G. & Zippeln, K. (1983): Height Changes in the Rhenish Massif: Determination and Analysis. In: Fuchs, K., Gehlen, K. v., Mälzer, H., Murawski, H. & Semmel, A. (Eds.), Plateau Uplift. The Rhenish Shield - A Case History, pp. 164–176; Berlin, Heidelberg (Springer).

Moe, A. (2000): Structural development of a volcanic sequence of the Lahn area during the Variscan orogeny in the Rhenohercynian belt (Germany). – Diss. Heidelberg, 170 S.; Heidelberg [Mskr.]

Nesbor, H.-D. (1997): Petrographie der vulkanischen Gesteine. In: Bender, P., Lippert, H.-J. & Nesbor, H.-D., Erl. geol. Kt. Hessen 1:25000, Bl. 5216 Oberscheld: 159–207, Abb. 8–14, Tab. 16–18; Wiesbaden.

Nesbor, H.-D. (2004): Paläozoischer Intraplattenvulkanismus im östlichen Rheinischen Schiefergebirge. Magmenentwicklung und zeitlicher Ablauf. – Geol. Jb. Hessen **131**: 145–182; Wiesbaden.

Nesbor, H.-D., Buggisch, W., Flick, H., Horn, M. & Lippert. H.-J. (1993): Vulkanismus im Devon des Rhenoherzynikums. Fazielle und paläogeographische Entwicklung vulkanisch geprägter mariner Becken am Beispiel des Lahn-Dill-Gebietes. – Geol. Abh. Hessen **98**: 3–87; Wiesbaden.

Raumer, J. v. & Stampfli, G. M. (2008): The birth of the Rheic Ocean. Early Palaeozoic subsidence patterns and subsequent tectonic plate scenarios. - Tectonophysics **461**(1-4): 9–20.

Raumer, K. v. (1815): Das Schiefergebirge des nordwestlichen Deutschlands, der Niederlande und des nordöstlichen Frankreichs: Ein geognostischer Versuch. 136 S.; Berlin (Realschulbuchhandlung).

Ribbert, K.-H. (2010): Geologie im Rheinischen Schiefergebirge. Teil 1: Nordeifel. 184 S.; Krefeld (Geol. Dienst NRW).

Schäfer, P. (2005): Tertiäre Ablagerungen im Westerwald. – In: L.-A. Geologie und Bergbau RLP (Hrsg.): Geologie von Rheinland-Pfalz, S. 226–230; Stuttgart (Schweizerbart).

Schindler, E., Brocke, R., Becker, R. T., Buchholz, P., Jansen, U., Luppold, F. W., ... Wexer, D. (2018): Das Devon in der Stratigraphischen Tabelle von Deutschland 2016. – Z. dt. Ges. Geowiss. **168**: 447–463; Stuttgart.

Schindler, T. (2011): Das Tertiär des Westerwaldes. Paläogeografie, Fossilien und neue Forschungsansätze. – Aufschluss **62**: 241–256; Heidelberg.

Schmincke, H.-U. (1988): Devonischer und karbonischer Vulkanismus bei Dillenburg und Herbornseelbach (Exkursion F am 8. April 1988). – Jb. Mitt. oberrh. geol. Ver., N.F. **70**: 99–140; Stuttgart.

Servais, T., Dzik, J., Fatka, O., Heuse, T., Vecoli, M. & Verniers, J. (2008): Ordovician. In: McCann, T. (Ed.), The Geology of Central Europe, Vol. 1: Precambrian and Palaeozoic. Geological Society, pp. 203–248; London.

Schreiber, U. (1996): Tertiärer Vulkanismus des Westerwaldes. In: Thein, J. & Schäfer, A. (Hrsg.), TERRA NOSTRA, Exkursionsführer 148. Hauptversammlung der DGG, S. 187–212.

Stets, J. & Schäfer, A. (2002): Depositional Environments in the Lower Devonian Siliciclastics of the Rhenohercynian Basin (Rheinisches Schiefergebirge, W-Germany). Case Studies and a Model. – Contr. Sed. Geol. **22**: IV, 1–78.

Stets, J. & Schäfer, A. (2009): The Siegenian delta: land-sea transitions at the northern margin of the Rhenohercynian Basin. In: Königshof, P. (Ed.): Devonian Change: Case Studies in Palaeogeography and Palaeoecology. Geological Society, Spec. Publ. **314**: 37–72; London.

Stets, J. & Schäfer, A. (2011): The Lower Devonian Rhenohercynian Rift – 20 Ma of sedimentation and tectonics (Rhenish Massif, W-Germany). – Z. dt. Ges. Geowiss. **162**: 93–115.

Stolz, Ch. & Grunert, J. (2008): Deckschichten, Auenlehme und Kolluvien im Hohen Westerwald. – Jb. nass. Ver. Naturkde. **129**: 117–131.

Struve, W. (1992): Neues zur Stratigraphie und Fauna des rhenotypen Mittel-Devon. – Senckenbergiana Lethaea **71**(5-6): 503–624.

Thews, J.-D. (1996): Erläuterungen zur Geologischen Übersichtskarte von Hessen 1:300 000, Teil 1: Abh. Hessen. Wiesbaden.

Vierschilling, A. (1910): Die Eisen- und Manganerzlagerstätten im Hunsrück und im Soonwald. – Z. prakt. Geol., Jg. 18: 393–431; Berlin [Diss. TH Aachen]

Wierich. F. (1999): Orogene Prozesse im Spiegel synorogener Sedimente. Korngefügekundliche Liefergebietsanalyse siliziklastischer Sedimente im Devon des Rheinischen Schiefergebirges – Marburger Geowiss., **1**: 1–224; Marburg.

Wierich, F. (2006): Die Mitteldeutsche Kristallinschwelle. In: Stratigraphie von Deutschland VI. Unterkarbon (Mississippium). SDGG **41**: 585–590; Hannover.

Zeh, A. & Gerdes, A. (2010): Baltica- and Gondwana derived sediments in the Mid-German Crystalline Rise (Central Europe): Implications for the closure of the Rheic Ocean - Gondwana Res. **17**: 254–263; Amsterdam.

Weddige, K. (Hrsg.) (1996, 1998): Devon-Korrelationstabelle. – Senckenbergiana Lethaea **76**, **77**; Frankfurt/M.

Paläontologie

Altmeyer, H. (1979): Prototaxiten im Emsquarzit. - Grondboor & Hamer **4**: 134–135.

Basse, M. & Müller, P. (1998): Devon-Trilobiten aus dem Lahn-Dill-Gebiet. – Fossilien **1**(3/4): 325–336; Stuttgart.

Basse, M. & Müller, P. (2000): *Illaenula struvei* n. sp. aus Wissenbach-Schiefern der Dill-Mulde. – Senckenbergiana Lethaea **7**(2): 441–457; Frankfurt/Main.

Basse, M. & Müller, P. (2004): Eifel-Trilobiten III. *Corynexochida, Proetida* (2), *Harpetida, Phacopida* (2), *Lichida*. – S. 1-261; Wiebelsheim (Quelle & Meyer).

Flick, U. (1999): Die Trilobiten von Greifenstein/Hörre. Ableger einer böhmischen Fauna im Rheinischen Schiefergebirge. – Jb. nass. Ver. Naturkde. **120**: 23–50; Wiesbaden.

Heidelberger, D. (2000): Mitteldevonische (Givetische) Gastropoden (*Mollusca*) aus der Lahnmulde (südl. Rh. Schiefergebirge). – Geol. Abh. Hessen **106**: 1–291; Wiesbaden.

Heidelberger, D. & Amler, M. R. W. (2005): Mollusken aus dem mitteldevonischen Riff vom Hermannstein bei Wetzlar. – Hessen Archäologie 2004: 11–14; Stuttgart (Theiss).

Herrmann, M., Ashraaf, A. R., Uhl, D. & Mosbrugger, V. (2009): Die oberoligozäne Palynoflora der Bohrung Enspel 1996/1 (Westerwald, West-Deutschland), Teil 1: Sporen und Gymnospermen. – Mainzer geowiss. Mitt. **37**: 33–76.

Herrmann, M., Ashraaf, A. R., Uhl, D. & Mosbrugger, V. (2010): Die oberoligozäne Palynoflora der Bohrung Enspel 1996/1 (Westerwald, West-Deutschland), Teil 2: Angiospermen und Paläökologie. – Mainzer geowiss. Mitt. **38**: 9–60.

Jungheim, H. J. (1986): Fossilien aus dem Rheinischen Mitteldevon, 96 S.; Köln.

Karl, H.-V. & Wettlaufer, M. (2011): Eine Bachschildkröte (*Testudines: Geoemydidae*) aus dem Oberoligozän von Enspel (Westerwald, Rheinland-Pfalz). – Mainzer naturwiss. Archiv **48**: 171–186.

Koenigswald, W. v. & Meyer, W. (Hrsg.) (1994): Erdgeschichte im Rheinland: Fossilien und Gesteine aus 400 Millionen Jahren, S. 57–70; München (Pfeil).

Köhler, J. & Uhl, D. (2014). Die Blatt- und Karpoflora der oberoligozänen Fossillagerstätte Enspel (Westerwald, Rheinland-Pfalz). – Mainzer naturwiss. Archiv, Beih. **35**: 1–87.

Müller, P. (1995): Fossile Stachelhäuter im Westerwald. – Jb. Westerwald-Kreis **1990**: 95–98; Montabaur.

Müller, P. (1996): Fossile Stachelhäuter im Westerwald. – Jb. Westerwald-Kreis **1996**: 69–71; Montabaur.

Müller, P. (1997): Fossillagerstätten im Westerwald. – Westerburger H. **25**: 1–52.

Müller, P. (2011): Fossilien aus dem Westerwälder Devon und Karbon. – Aufschluss **62**: 219–239; Heidelberg.

Müller, P. & Amler, M. R. W. (2006): Devonische Fossilien aus dem Profil Haiger-Hütte. – Hessen Archäologie 2005: 11–13; Mainz.

Müller, P. & Hahn, G. (2010): Edrioasteroidea aus den Seifen-Schichten des Westerwaldes (Unter-Devon), Teil 1. – Geologica et Palaeontologica **43**: 83–91; Marburg.

Müller, P. & Hahn, G. (2018): Die Trilobiten der Erdbach-Kalke von Erdbach (Hessen) und die der „Phillipsien-Bank" im Raum Warstein (Nordrhein-Westfalen), sowie eine Revision der Cystispininae (mittleres Mississippium). - Abh. Senckenberg Ges. Naturforsch. **574**: 1–237.

Paläontologischer Arbeitskreis Koblenz (1992): Spuren des Lebens. Fossilien von Rhein und Mosel, 179 S.; Koblenz.

Poschmann, M. (2008): Ein außergewöhnlicher Seeskorpion-Fund (Chelicerata: Eurypterida) aus dem Unterdevon des Westerwaldes. – Mainzer naturw. Archiv **46**: 81–88.

Westerwald: Teillandschaften und Morphologie

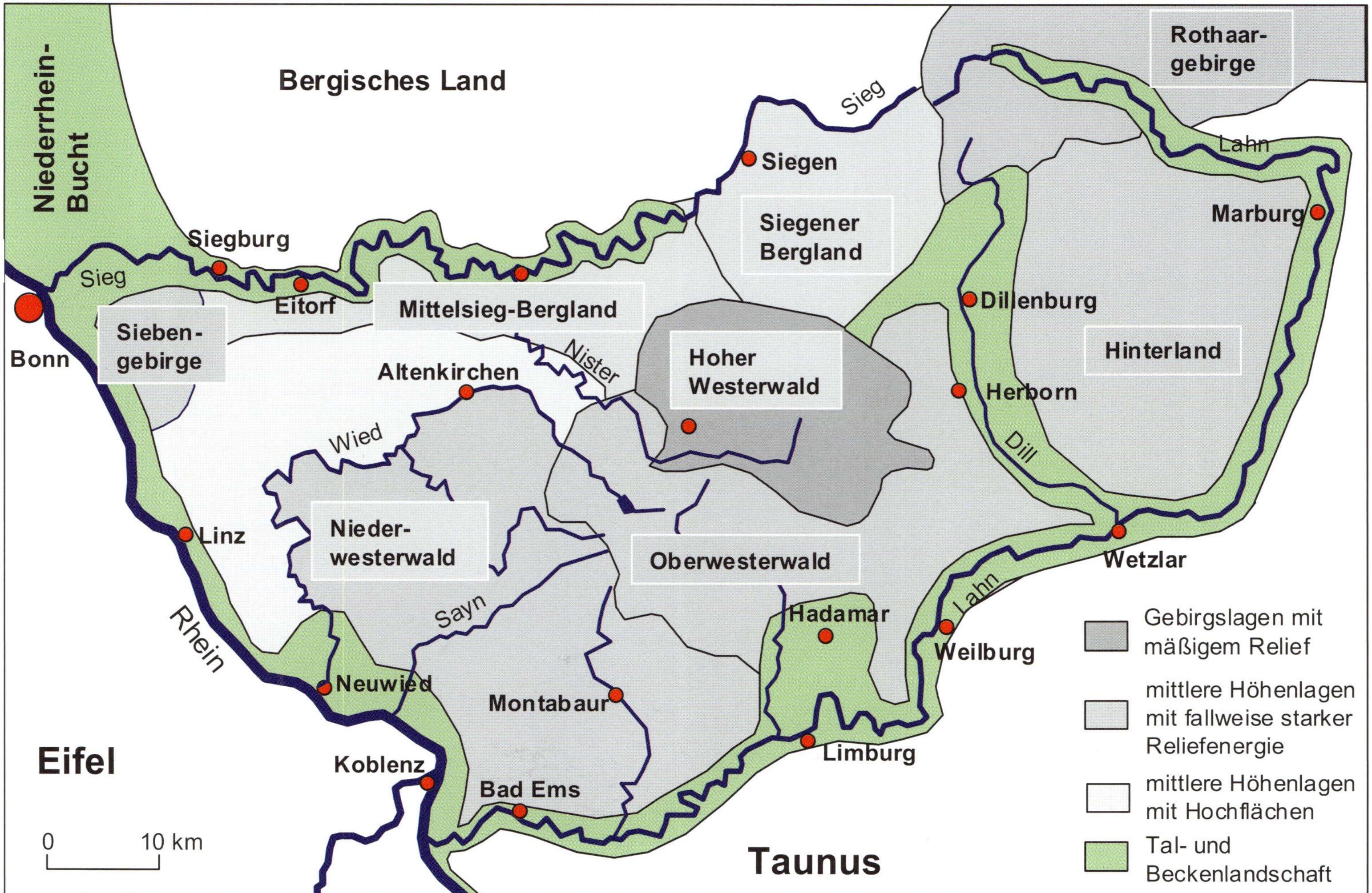

Westerwald: Politische Grenzen

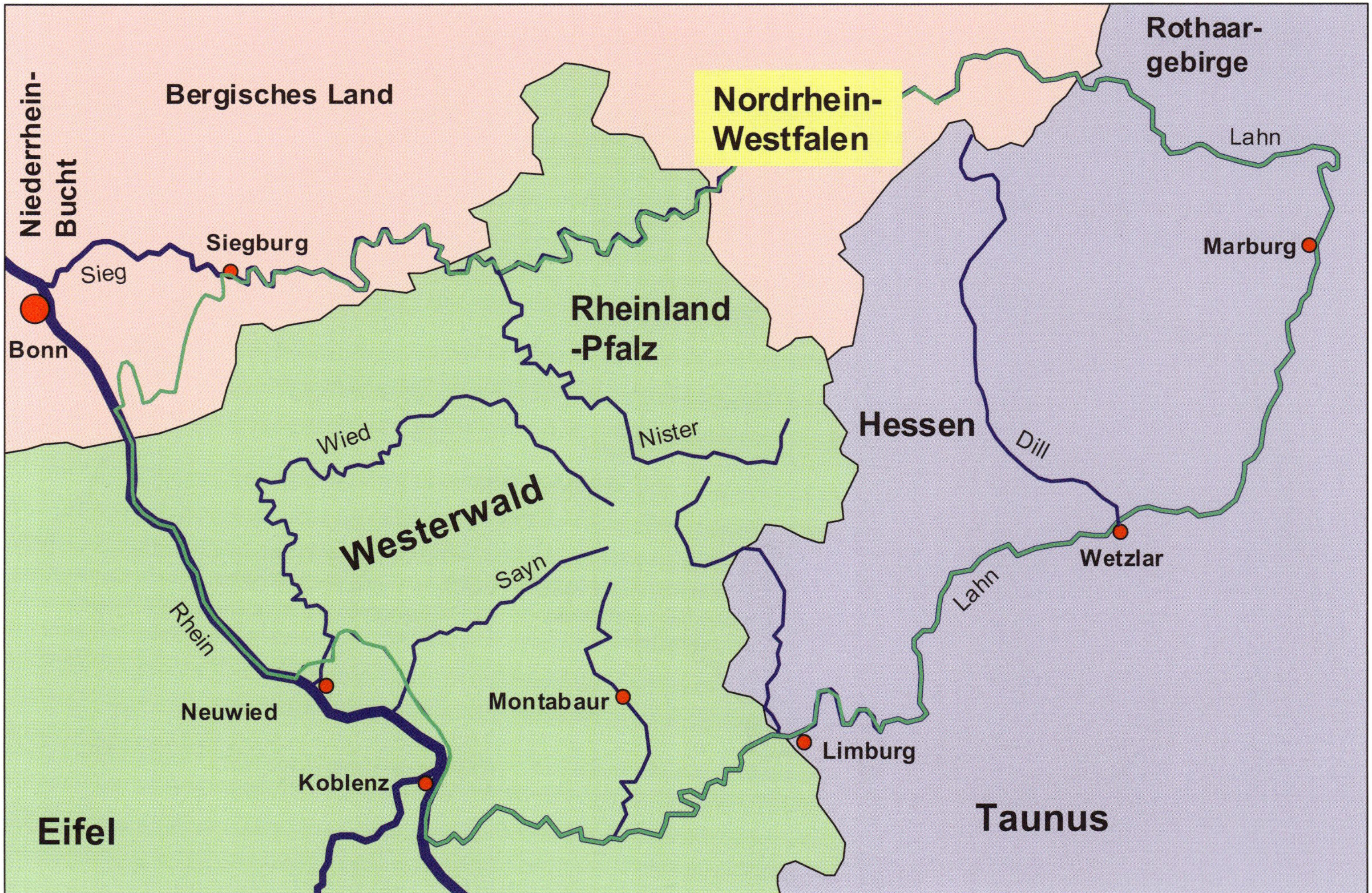

Poschmann, M. (2009): Brachiopoden und Seelilien. Meeresablagerungen an der Ortsumgehung Neuhäusel (B49), Westerwaldkreis. - Pollichia-Kurier **25**(3): 23–24; Bad Dürkheim.

Poschmann, M. (2012): Ein neues Vorkommen der „Hachenburger Pflanze" sowie von Seeskorpionen (Eurypterida) im Unterdevon (Siegenium) des Lahrbachtales (Westerwald, Rheinland-Pfalz, SW-Deutschland). - Mainzer naturw. Archiv **49**: 5–12; Mainz.

Poschmann, M. & Dunlop, J. A. (2011): Trigonotarbid arachnids from the Lower Devonian (Siegenian) of Bürdenbach (Lahrbach Valley, Westerwald area, Rhenish Slate Mountains, Germany). - Paläontol. Z. **85**(4): 433–447; Berlin.

Poschmann, M. & Jansen, U. (2003): Lithologie und Fossilführung einiger Profile in den Siegen-Schichten (Unter-Devon) des Westerwaldes (Rh. Schiefergebirge). - Senckenbergiana Lethaea **83**: 157–183; Frankfurt.

Poschmann, M. & Wuttke, M. (2003): Rettungsgrabungen an der ICE-Neubautrasse im Raum Hombach-Willroth (Devon; Rheinisches Schiefergebirge, Westerwald), Kreis Altenkirchen.- Archäologie in Rheinland-Pfalz **2002**: 4–5.; Mainz (Philipp von Zabern).

Poschmann, M., Dunlop, J. A., Kamenz, C. & Scholtz, G. (2008): The Lower Devonian scorpion *Waeringoscorpio* and the respiratory nature of its filamentous structures, with the description of a new species from the Westerwald area, Germany. - Paläont. Z. **82**(4): 420–438; Stuttgart.

Schindler, T., Amler, M. R. W., Braun, A., Grimm, M. C., Haas, W., Heumann, G., . . . Schindler, E. (2004): Neue Erkenntnisse zur Paläontologie, Biofazies und Stratigraphie der Unterdevon-Ablagerungen (Siegen) der ICE-Neubaustrecke bei Aegidienberg (Siebengebirge, W-Deutschland). - Decheniana **157**: 135–150; Bonn.

Schraut, G. (2000): Eine neue *Otarion*-Art (Trilobita, Arthropoda) aus dem Greifensteiner Kalk (unteres Mittel-Devon, Unter-Eifelium) von Greifenstein bei Herborn (Hessen, Deutschland). - Paläontol. Z. **74**(3): 305–316.

Struve, W. (1975): Die ältesten Fossilien Hessens. - Natur u. Museum **105**(9): 268–282; Frankfurt/Main.

Uhl, D. (2014): Paläobotanische Problematika aus dem Oberoligozän von Enspel. - Mainzer naturwiss. Archiv **51**: 45–53.

Uhl, D., Schindler, T. & Wuttke, M. (2011): Paläoökologische Untersuchungen im Oberoligozän von Norken (Westerwald, Rheinland-Pfalz, W-Deutschland). Erste Ergebnisse. - Mainzer naturwiss. Archiv **48**: 115–127.

Mineralien, Lagerstätten

Jungbluth, V. (2010): Die Bodenschätze des Vorderwesterwaldes. - Heimatkdl. Buchreihe östl. rh. Schiefergebirge, Bd. 3, 135 S.; Weilburg.

Michel, G., Adams, U. & Schollmayer, G. (1998): Mineral- und Heilwässervorkommen in Nordrhein-Westfalen und angrenzenden Gebieten, 80 S.; Krefeld.

Rondorf, A. & E. (1992): Die Mineralien der Grube „Schöne Aussicht" in Dernbach bei Montabaur. - Lapis **17**(9): 31–36.

Schnorrer-Köhler, G. (1987): Die Minerale der Grube Marie bei Wilnsdorf im Bergrevier Siegen II. Lapis **12**(1): 11.

Botanik, Flora, Vegetation

Adolphi, K. (1995): Neophytische Kultur- und Anbaupflanzen als Kulturflüchtlinge des Rheinlandes. - Nardus **2**: 1–272.

Adolphi, K. & Bruno, P. K. (2011): *Hypericum calycinum* (Immergrünes Johanniskraut) - eine neue Art in Deutschland. - Florist. Rundbr. **44**: 80–84.

Bönsel, D., Schmidt, P. & Wedra, C. (2012): Die Pflanzenwelt im Westerwald. 15 faszinierende Entdeckungstouren zwischen Rothaargebirge und Lahntal, 176 S.; Wiebelsheim (Quelle & Meyer).

Dick, H. (1983): Der Westerwaldkreis. Schwerpunkt kommunaler Forstwirtschaft. - Allgem. Forstzeitschrift **38**(33/34): 833–835; München.

Erdnüß, F. (2000): Die naturnahen Erlenwälder des Westerwaldes. Soziologie, Ökologie und Diversität unter Einbeziehung der Moose und Flechten. - Archiv naturwiss. Dissertationen, 123 S.

Erdnüß, F. & Fischer, E. (2000): Moosflora und -vegetation naturnaher Erlenwälder im rheinland-pfälzischen Westerwald. - Limprichtia **14**: 85–119; Bonn.

Fasel, P. (1981): Die Fuchskaute im Westerwald. – Ornithologie und Naturschutz **2**: 74–83; Nassau.

Fasel, P. (1984): Vegetation, Flora und Fauna des Hohen Westerwaldes, dargestellt am Beispiel ausgewählter Untersuchungsflächen in der Gemeinde Burbach-Lippe. 232 S. [unveröff. Mskr.].

Fischer, E. (1978): Flora des Gelbachtales. II. Farnflora des mittleren und unteren Gelbachtales. - Ww. **71**, 3: 87 - 91; Montabaur.

Fischer, E. (1984a): Die Vegetation des Hoffmannsweihers, ein Beispiel für die Schutzwürdigkeit und die mögliche Erhaltung einer temporären Phytocoenose. – Ornithologie und Naturschutz **5**: 33–41; Nassau.

Fischer, E. (1984b): Beitrag zur Kenntnis der Verbreitung und Soziologie von *Centunculus minimus* L. im Westerwald. – Ornithologie und Naturschutz **5**: 56–64; Nassau.

Fischer, E. (1985): Die *Pteridophyta* der Meßtischblätter 5312 Hachenburg, 5313 Bad Marienberg, 5412 Selters und 5512 Montabaur. Ergebnisse einer botanischen Rasterkartierung. Ornithologie und Naturschutz **6**: 42–64; Nassau.

Fischer, E. (1986): Botanisch-floristische Beobachtungen aus Westerwald, Mittelrhein und Hunsrück. – Ornithologie und Naturschutz im Reg.-Bez. Koblenz **7**: 92–124; Nassau.

Fischer, E. (1987): Die Vegetation der Naturschutzgebiete „Feuerhecke, Aubachtal, Viehweide am Bartenstein und Bermeshub“ (TK 5314) im hessischen Westerwald. - Jb. Nass. Ver. Naturkde. **109**: 53–152; Wiesbaden.

Fischer, E. & Killmann, D. (2008): Wiederfund von *Lobaria virens* in Deutschland. - Herzogia **21**: 79–84.

Frahm, J.-P. (2009): *Sphagnum strictum* am 2. Fundort in Deutschland wiedergefunden. - Archive for Bryology **52**: 1–4.

Jungbluth, J., Fischer, E. & Kunz, M. (1989): Die Naturschutzgebiete in Rheinland-Pfalz IV. - Beih. Mainzer Naturwiss. Archiv **11**: 1–414; Mainz.

Kalheber, H. (1966): Zum Vorkommen des Scheidigen Gelbsterns – *Gagea spathacea* (Hayne) Gilib. – im Westerwald. - Hess. Floristische Briefe **15**(179): 57–58; Darmstadt.

Killmann, D., Fingerhuth, J., Dziegielewski, D., Rohirse, S., Zimmermann, M., Landsrath, A., Braun, U. & Fischer, E. (2009): Zur Rotalgenflora ausgewählter Mittelgebirgsbäche im nördlichen Rheinland-Pfalz und in angrenzenden Gebieten. The red algae flora of selected streams in northern Rhineland-Palatinate and adjacent areas. – Decheniana **162**: 35–48.

Krause, A. (1972): Laubwaldgesellschaften im östlichen Hunsrück. Natürlicher Aufbau und wirtschaftsbedingte Abwandlungen. - Diss. Botanicae **15**: 117 S.; Lehre.

Kunz, M. (1998): Zur Verbreitung und Bestandssituation der Blauen Himmelsleiter (*Polemonium caeruleum* L., 1753) in Rheinland-Pfalz (Polemoniaceae, Himmelsleitergewächse). - Fauna Flora RLP **8**(4): 925–947.

Laven, L. & Thyssen, P. (1959): Flora des Köln-Bonner Wandergebietes. - Decheniana **112**(1): 1–179; Bonn.

Meusel, H., Jäger, E. & Weinert, E. (1965): Vergleichende Chorologie der zentraleuropäischen Flora. Text- und Kartenteil. Text 583 S., Karten 258 S.; Jena (Fischer).

Meusel, H., Jäger, E. & Weinert, E. (1978): Vergleichende Chorologie der zentraleuropäischen Flora. II. Text 418 S., Karten S. 259–421; Jena (Fischer).

Möseler, B. M. (1989): Die Kalkmagerrasen der Eifel. – Decheniana Beih. **29**: 1–79.

Mückschel, C. & Licht, W. (1996): Vegetationsökologische Untersuchungen in aufgelassenen Basaltsteinbrüchen im Niederwesterwald. – Mitt. Pollichia **83**: 127–176.

Nitsche, S. & Nitsche, L. (2009): Naturschutzgebiete in Hessen schützen – erleben – pflegen. Band 5. Landkreis Marburg-Biedenkopf, Lahn-Dill-Kreis, Landkreis Gießen, 399 S.

Nowak, B. (1987): Magerrasen und Therophytenfluren im „Wacholderheiden bei Niederlemp“ (Lahn-Dill-Kreis, Hessen). - Tuexenia **7**: 267–293; Göttingen.

Nowak, B. & Wedra, C. (1985): Die Vegetation einer bemerkenswerten Wiesenfläche im Gladenbacher Bergland – Hessische Floristische Briefe **34**: 8–16; Darmstadt.
Runge, F. (1980): Die Pflanzengesellschaften Mitteleuropas. 278 S.; Münster.
Sabel, K. J. & Fischer, E. (1985): Boden- und vegetationsgeographische Untersuchungen am Ostabfall der Montabaurer Höhe (Niederwesterwald). - Decheniana **138**: 221 - 236; Bonn.
Schmidt-Fasel, S. & Schmidt, D. (1986): Zur Flora und Fauna des Nistertals zwischen Stein-Wingert und Wissen. - Ornithologie und Naturschutz im Reg.-Bez. Koblenz **7**: 149-156; Nassau.
Schumacher, W. (Hrsg.)(1995): Atlas der Farn- und Blütenpflanzen des Rheinlandes. Bonn

Zoologie, Faunistik

Bitz, A. et al. (1996): Die Amphibien und Reptilien in Rheinland-Pfalz, S. 312, Landau. GNOR-Eigenverlag.
Börner, A.-R. (2015): Eidechsen im unteren Lahn- und oberen Mittelrheintal. - Saurologica 4: 1–114; Köln.
Braun, M. & Klein, W. (2016): Fische im Naturpark Nassau. Broschüre des Naturparks Nassau, 24 S., Nassau.
Braun, M., Braun, U. & Klenk, R. (2017): Fledermäuse im Naturpark Nassau. Broschüre des Naturparks Nassau, 24 S., Nassau.
Conrad, P. et al. (1988): Einwanderer. Zur Geschichte und Biologie eingeschleppter und eingewanderter Arten in Rheinland-Pfalz. I. Säugetiere. Mainzer Naturwiss. Archiv, Beiheft **10**; Mainz.
Freyhof, J. (1998): Die Fische und Neunaugen der Sieg in den Grenzen von Nordrhein-Westfalen. - Decheniana **151**: 183–194.
Kiefer, A., Schreiber, C. & Veith, M. (1996): Felsüberwinternde Fledermäuse (*Mammalia, Chiroptera*) im Regierungsbezirk Koblenz. Vergleich zweier Kartierungsperioden. - Fauna und Flora in Rheinland-Pfalz, Beiheft **21**: 5–34, Landau.
Kinzelbach, R. & Niehuis, M. (1990): Wirbeltiere. Beiträge zur Fauna von Rheinland-Pfalz. - Mainzer Naturwiss. Archiv, Beiheft **13**: 1–375; Mainz.
Kunz, A. (2009): Materialien zur historischen Fischfauna des Westerwaldes (1555–1900) (*Vertebrata: Pisces*). - Fauna und Flora in Rheinland-Pfalz **11**(3): 769–787; Landau.
Pelz, G. R. & Brenner, T. (1998): Fische und Fischerei in Rheinland-Pfalz. Bestandsaufnahme, fischereiliche Nutzung, Fischartenschutz. - Ministerium für Umwelt, Forsten und Verbraucherschutz, 258 S.; Mainz.
Schiefenhövel, Ph. & Klar, N. (2009): Die Ausbreitung der Wildkatze (*Felis silvestris* Schreber, 1777) im Westerwald - Fauna und Flora in Rheinland-Pfalz **11**(3): 941–960; Landau.
Trockur, B. et al. (Hrsg./Ed.)(2011): Atlas der Libellen/Grande Région des libellules – Zentrum für Biodokumentation, Landsweiler-Reden/Musée national d'histoire naturelle du Luxembourg [et. al.]. Mainz

Ornithologie, Avifauna

Dietzen, C. et al. (2014–2017): Die Vogelwelt von Rheinland-Pfalz. Bd. 1-4 – Fauna und Flora in Rheinland-Pfalz, Beihefte 46–49.
Fischer, K., Busch, R., Fahl, G., Kunz, M. & Knopf, M. (2013): Habitat preferences and breeding success of Whinchats (*Saxicola rubetra*) in the Westerwald mountain range. - Journal of Ornithology **154**: 339–349.
Fischer, K. & Müller, K. (2018): Schlechter Erhaltungszustand wertgebender Vogelarten in EU-Vogelschutzgebieten des Westerwaldes: Drastischer Rückgang von Braunkehlchen *Saxicola rubetra* und Wiesenpieper *Anthus pratensis*. - Vogelwelt **138**: 17–28.
Kunz, A. (2017): Wasservögel am Wiesensee 1992–2017: Entwicklungen in einem „Vogelschutzgebiet" - Fauna und Flora in Rheinland-Pfalz **13**(3): 571–601.
Kunz, A. (2020): Das Vorkommen des Höckerschwans (*Cygnus olor*) an den Weihern der Westerwälder Seenplatte. - Fauna und Flora in Rheinland-Pfalz 14(2): 501–528.

Sartor, J., Müller, H. & Schreiber, K. (2020): Die Vögel des Siegerlandes. 784 S., NABU Siegen-Wittgenstein.

Stübing, S., Korn, M., Kreuziger, J. & Werner, M. (2010): Vögel in Hessen. Die Brutvögel Hessens in Raum und Zeit. Brutvogelatlas. Hrsg.: Hessische Gesellschaft für Ornithologie und Naturschutz (HGON); Echzell.

Wink, M., Dietzen, C. & Gießing, B. (2005): Die Vögel des Rheinlandes (Nordrhein). Ein Atlas zur Brut- und Wintervogelverbreitung 1990 bis 2000. – Beiträge zur Avifauna Nordrhein-Westfalens 36; Dossenheim, Neunkirchen.

Ökologie, Naturschutz

Dommermuth, M. (1996): Die Wied. Limnologische Untersuchung eines Fließgewässersystems im Westerwald (Rheinland-Pfalz) mit einem Beitrag zum Indikationswert der Chironomidae (Diptera). – Schriftenreihe Naturwissenschaftliche Forschungsergebnisse **51**: 1–308; Hamburg.

Fasel, P. (1988): Faunistisch-ökologische Untersuchung eines montanen Magerweidenkomplexes im NSG Fuchskaute, Hoher Westerwald. – Fauna und Flora in Rheinland-Pfalz **5**(1): 180–222.

Fasel, P. (1992): Erhaltung, Bewirtschaftung und Pflege von Magerrasen im Kreis Siegen-Wittgenstein – Botanik und Naturschutz in Hessen, Beih. **4**: 117–128; Frankfurt.

Jungbluth, J. H., Fischer, E., Kunz, M., Lenz, I., Gruschwitz, M., Scharf, B. W. & Stüber, R. (1989): Die Naturschutzgebiete in Rheinland-Pfalz. IV. Die Planungsregion Mittelrhein-Westerwald. Mainzer naturwiss. Archiv, Beih. **11**: 1–414.

Kremer, B. P. (1997): Lebensraum aus Menschenhand. Schützenswerte Biotope der rheinischen Kulturlandschaft. Rheinischer Verein f. Denkmalpflege, Köln.

Kremer, B. P. (2006): Die Erpeler Ley. Geotop, Denkmalbereich, Naturschutzgebiet. – Heimatjahrbuch Landkreis Neuwied, S. 233–238.

Kremer, B. P. & Adolphi, K. (2018): Steinbruchseen auf der Linzer Höhe. Eine kleine ökologische Spurensuche in der heimischen Bergbaufolgelandschaft. – Heimatjahrbuch 2019 des Landkreises Neuwied, S. 358–370.

Roth, H. J. (1981): Naturschutz im Westerwald. – Westerwaldbuch **5**: 227 S.; Montabaur.

Schwickert, P. W. (2002): Naturschutzgebiete im Westerwald. – Kreisverwaltung Montabaur (Hrsg.), 168 S., Blendwerk Verlag.

Steinwarz, D. (Hrsg.) (1998): Ökologische Untersuchungen an einem abgebauten Basaltvulkan im Niederen Westerwald (Eulenberg, Stadt Hennef, Rhein-Sieg-Kreis). – Decheniana Beih. **34**: 1–96; Bonn.

Thielmann, M. (1997): Ein bald verlorenes Paradies. Naturschutzgebiet „Gasse-Schlucht" [Erdbach]. – Heimatjahrbuch f. das Land a. d. Lahn im Lahn-Dill-Kreis, S. 85–103.

Wieber, G. & Pahl, G. (2002): Die Heinzelmannshöhlen bei Bad Ems: Karstphänomen im Oberems. – Geologisches Jahrbuch Hessen **129**: 139–144.

Forschungsgeschichte

Bartolosch, T. A. (1995): Der Basaltkegel „Druidenstein" bei Kirchen a. d. Sieg als Gegenstand früher geologischer Forschung. – Rheinische Heimatpflege **32**(4): 292–298.

Caspari, P. (1899): Bachs Flora der Rheinprovinz und der angrenzenden Länder. Paderborn.

Czysz, W. (2003): Wer hat den Namen des Minerals „Goethit" erfunden? – Mitt. Nass. V. Naturkde. **50**: 23–26.

Ehrlich, L. (2011): Goethes Reisen an Rhein und Lahn (1814 und 1815) und die in Siegen initiierte Umbenennung des Minerals „Pyrosiderit" in „Goethit". – Siegerland **88**(1): 33–41.

Kremer, B. P. (2012): Genau vermessenes Rheinland. Seit rund 200 Jahren gibt es verlässliche Kartenbilder. – Rheinische Heimatpflege **49:** 127–136.

Kunz, A. (1995): Die Fauna Neowedensis oder Wirbelthier-Fauna der Gegend von Neuwied von Maximilian Prinz zu Wied (1841). – Fauna und Flora in Rheinland-Pfalz, Beih. **17**: 43–98; Landau.

Langer, W. (1991): Der Paläontologe und Geologe Carl Ferdinand Roemer. – Natur u. Museum **121**(12): 381–386.

Pohl, K. (1982): Erinnerungen eines Westerwälder Ornithologen. – Ww. **75**(2): 83–84.

Roth, H. J. (2002): Neuwied als erste Adresse. Korrespondenzen und Begegnungen mit Maximilian Prinz zu Wied – Feste und Gäste am Rhein. Das Fürstenhaus Wied zur Zeit der Romantik. Neuwied: Kreismuseum, S. 69–81.

Roth, H. J. (2006): Das Rheinische Herbar. Eine Einrichtung des Naturhistorischen Vereins der Rheinlande und Westfalens (NHV). – Flora Colonia **9/19:** 185–188.

Roth, H. J. (2015): Zur Geschichte der Naturwissenschaften im Rheinland. - Rheinische Heimatpflege **52**(4): 243–270.

Roth, H. J. (2019): Philipp Wirtgen (1806–1870), Natur- und Heimatforscher. – Rheinische Lebensbilder **20**: 73–89; Göttingen: Vandenhoeck & Ruprecht.

Register

Der NHV ist eine der ältesten naturwissenschaftlichen Gesellschaften Deutschlands (gegr. 1834/1843). Sein Ziel ist die ideelle Förderung naturwissenschaftlicher Forschung auf den Gebieten der Zoologie, Botanik und der Geowissenschaften. Die traditionell vom NHV abgedeckten Fächer umfassen systematisch-taxonomische, biogeographische und ökologische Themenfelder, sowohl aus dem terrestrischen als auch aus dem aquatischen Bereich. Weitere traditionsreiche Fächer sind Geologie, Paläontologie, Bodenkunde und verwandte Disziplinen, denen der Verein eine Plattform bietet. Als wichtigster übergreifender Themenbereich ist der Naturschutz zu nennen. Er ist als Vereinsziel in der Satzung verankert und hat in den vergangenen Jahren stark an Bedeutung gewonnen.

Der Verein besitzt und verwaltet eine wissenschaftliche Sammlung getrockneter Pflanzen, das **Rheinische Herbar** mit etwa 80.000 Belegen.

In jedem Jahr finden **wissenschaftliche Tagungen** statt, darunter regelmäßig die Wintertagung in Bonn. Im Jahre 2019 war ihr Generalthema der Westerwald. Außerdem werden in zwangloser Folge Vorträge und Exkursionen angeboten.

Die in den **Vereinszeitschriften** DECHENIANA und DECHENIANA-Beihefte veröffentlichten Originalarbeiten haben meist einen deutlichen Bezug zum traditionellen Vereinsgebiet. Dieses umfasst Nordrhein-Westfalen, große Teile von Rheinland-Pfalz sowie das Saarland. Arbeiten aus den Nachbarregionen sind dabei ebenso willkommen wie auch der Verein allen Interessierten offensteht.

Der Verein unterhält eine umfangreiche und wertvolle **Bibliothek** mit mehreren Hundert Zeitschriften und Schriftenreihen. Viele dieser Publikationen reichen weit bis ins 19. Jahrhundert zurück. Darüber hinaus verfügt der Verein über eine größere Sammlung vor allem älterer Monographien aus allen Bereichen der Naturwissenschaften.

Gerne wird die Möglichkeit genutzt, innerhalb des Vereins für spezielle Interessengebiete **Arbeitsgemeinschaften** aus Fachleuten und ernsthaften Laienforschern zu bilden. So besteht seit vielen Jahren die „Arbeitsgemeinschaft Rheinischer Koleopterologen" (Käferspezialisten), die regelmäßig Treffen und zusätzliche eigene Exkursionen veranstaltet. (Kontakt ArGe: Dr. Thomas Wagner, Universität Koblenz-Landau, Institut für Biologie, Universitätsstr. 1, 56070 Koblenz, Tel. 0261/287-2222, Email: thwagner@uni-koblenz.de)

Kontakt NHV:
Naturhistorischer Verein der Rheinlande und Westfalens e.V. (NHV)
c/o Zoologisches Forschungsmuseum Alexander Koenig
Adenauerallee 160, 53113 Bonn
E-Mail: geschaeftsstelle@naturhistorischerverein.de
Telefon: 0049 151 62795996

Westerwald: Lage, Ausdehnung, Flussgrenzen

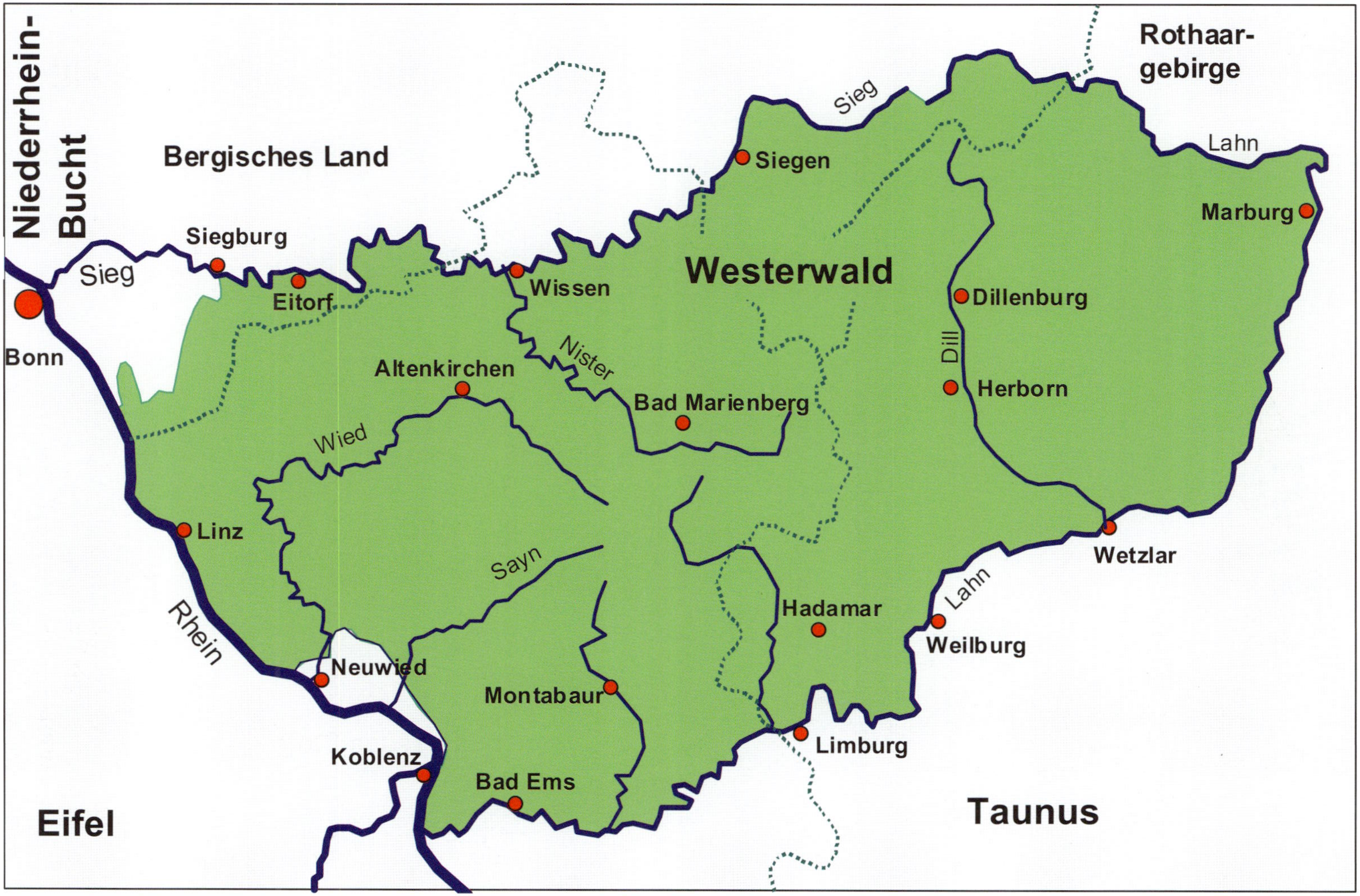

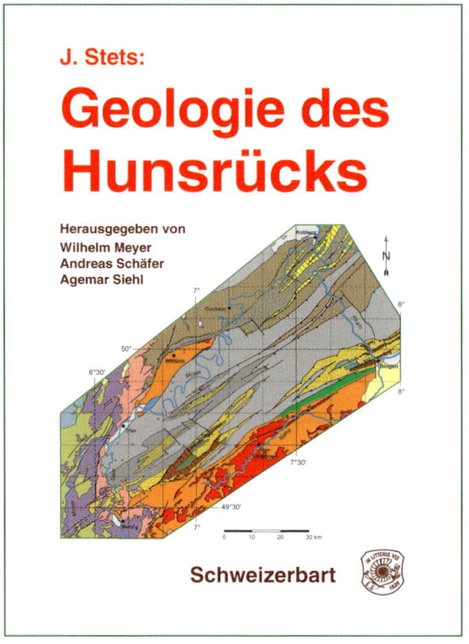

Johannes Stets:

Geologie des Hunsrücks

Hrsg.: Wilhelm Meyer, Andreas Schäfer, Agemar Siehl

2021. XVI, 792 S., 30 Abb., 33 Fotos, 18 x 25 cm
ISBN 978-3-510-65522-9, gebunden
119,– €

www.schweizerbart.de/9783510655229

Das vorliegende Buch beschreibt die vielfältige Geologie des Hunsrücks zwischen Koblenz und Trier sowie Bingen und Merzig auf Basis des aktuellen geologischen Kenntnisstandes von 2020.

Der Hunsrück, ein Höhenzug im Süden des linksrheinischen Schiefergebirges, besteht überwiegend aus Tonschiefern, Sandsteinen und Quarziten des Unterdevons. Jüngere paläozoische Gesteine finden sich nur am Nordwestrand und nahe dem Südostrand. Hier treten in einem schmalen Streifen gering metamorphe Schichten zutage: in kleinen Schuppen sind stärker metamorphe Gesteine aus dem vordevonischen Untergrund in die Schichtenfolge eingeschoben. Das berühmte Profil entlang des Mittelrheins zwischen Bingen und Koblenz wird ausführlich dargestellt, ebenso die rechte, zum Taunus gehörige Talseite. Neue Daten zur Schichtenfolge im Hunsrück werden hier vorgestellt und in die plattentektonischen Vorstellungen eingepasst. Der Fossilinhalt des Hunsrücks, darunter die berühmte Fauna aus den Dachschiefern (Hunsrückschiefer, Bundenbacher Schiefer), wird dokumentiert und daraus die Ablagerungsbedingungen der Sedimente rekonstruiert.

Auch die zahlreichen Gangerzvorkommen werden beschrieben. Die das alte Gebirge randlich überdeckenden Gesteine des Rotliegenden, der Trias und des Tertiärs werden ebenfalls behandelt, desgleichen die Täler mit ihren Terrassen und die Entstehung der heutigen Landschaft bis hin zu eiszeitlichen Schuttströmen und Vermoorungen.

Mit der „Geologie des Hunsrücks“ erscheint erstmalig ein umfassendes Standardwerk, das sich sowohl an Fachleute in Forschung und Verwaltung als auch an alle geologisch Interessierten richtet.

Schweizerbart Johannesstraße 3A, 70176 Stuttgart, Germany
Tel. +49(711)351456-0 Fax. +49(711)35145699
order@schweizerbart.de www.schweizerbart.de